"十四五"普通高等教育本科规划教材

工程教育创新系列教材

电气控制与 PLC 应用技术

主　编　郁汉琪

副主编　陈荷燕　钱厚亮　吴金娇

编　写　李佩娟　张　瑶　吴京秋　陈国军

中国电力出版社

CHINA ELECTRIC POWER PRESS

内 容 提 要

本书为南京工程学院与台达集团中达电通产教融项目合作成果。本书包括两大部分内容，电气控制技术部分，主要介绍常用低压电器的基本知识、电气控制线路的设计方法、常用的基本电气控制线路、典型生产设备的电气控制电路分析等。可编程序控制器技术部分，主要以台达 AH500 系列可编程序控制器为例，阐述了 PLC 的基本指令系统、典型程序设计和应用、综合工程案例与调试等。本书内容符合基于国际 CDIO 工程教育"做中学"的理念，符合培养应用型人才工程实践能力的需要，符合理实一体、创新教学方法的需要。

本书可作为高等院校自动化、电气工程及其自动化等相关课程的教材，也可作为相关工程技术人员的参考书。

图书在版编目（CIP）数据

电气控制与 PLC 应用技术/郁汉琪主编 .—北京：中国电力出版社，2020.11

"十三五"普通高等教育本科规划教材 . 工程教育创新系列教材

ISBN 978－7－5198－4324－3

Ⅰ.①电… Ⅱ.①郁… Ⅲ.①电气控制－高等学校－教材②PLC 技术－高等学校－教材 Ⅳ.①TM571.2②TM571.61

中国版本图书馆 CIP 数据核字（2020）第 024893 号

出版发行：中国电力出版社
地　　址：北京市东城区北京站西街 19 号（邮政编码 100005）
网　　址：http://www.cepp.sgcc.com.cn
责任编辑：冯宁宁（010－63412537）
责任校对：黄 蓓 李 楠
装帧设计：赵姗姗
责任印制：吴 迪

印　　刷：河北华商印刷有限公司
版　　次：2020 年 11 月第一版
印　　次：2020 年 11 月北京第一次印刷
开　　本：787 毫米×1092 毫米　16 开本
印　　张：14.5
字　　数：353 千字
定　　价：45.00 元

序

近年来，计算机、通信、智能控制等前沿技术的日新月异给高等教育的发展注入了新活力，也带来了新挑战。而随着中国工程教育正式加入《华盛顿协议》，高等学校工程教育和人才培养模式开始了新一轮的变革。高校教材，作为教学改革成果和教学经验的结晶，也必须与时俱进、开拓创新，在内容质量和出版质量上有新的突破。

教育部高等学校自动化类专业教学指导委员会按照教育部的要求，致力于制定专业规范和教学质量标准，组织师资培训、大学生创新活动、教学研讨和信息交流等工作，并且重视与出版社合作编著、审核和推荐高水平的自动化类专业课程教材，特别是"计算机控制技术""自动检测技术与传感器""单片机原理及应用""过程控制""检测与转换技术"等一系列自动化类专业核心课程教材和重要专业课程教材。

因此，2014年教育部高等学校自动化类专业教学指导委员会与中国电力出版社合作，成立了自动化专业工程教育创新课程研究与教材建设委员会，并在多轮委员会讨论后，确定了"十三五"普通高等教育本科规划教材（工程教育创新系列）的组织、编写和出版工作。这套教材主要适用于以教学为主的工程型院校及应用技术型院校电气类专业的师生，按照中国工程教育认证标准和自动化类专业教学质量国家标准的要求编排内容，参照电网、化工、石油、煤矿、设备制造等一般企业对毕业生素质的实际需求选材，围绕"实、新、精、宽、全"的主旨来编写，力图引起学生学习、探索的兴趣，帮助其建立起完整的工程理论体系，引导其使用工程理念思考，培养其解决复杂工程问题的能力。

优秀的专业教材是培养高质量人才的基本保证之一。这批教材的尝试是大胆和富有创造力的，参与讨论、编写和审阅的专家和老师们均贡献出了自己的聪明才智和经验知识，也希望最终的呈现效果能令大家耳目一新，实现宜教易学。

前　言

　　台达集团—中达电通股份有限公司与南京工程学院等多所院校合作，联合共建了台达自动化实验中心。经过多年的校企双方共建共融以及教学改革与创新实践，已初步探索出项目化的教学人才培养模式。通过举办"台达杯"国际高校自动化大赛，构建了全球性师生交流平台；通过开展人才就业高层论坛，分享了台达企业人才需求标准；通过共建实验室实训基地，促进了高校实验室新技术的应用水平；通过项目与教学资源开发，提高了课程建设质量。真正体现了所有共建高校与台达深度融合、协同育人。

　　本书的出版是台达自动化产品在高校教学改革中的具体应用和经验总结，也是新技术融入到专业课程的应用和研究。

　　本书的 PLC 篇章，围绕台达 AH500 系列可编程序控制器展开，编写时充分考虑理论与实践的紧密结合。每一章节紧扣工程案例，剖析和展示案例的设计流程与步骤，使读者了解到怎么样开始和切入工程项目。读者可以在实验室支撑的条件下实现学中做、做中学，进而实现相关技能训练与工程实践能力的培养目标。

　　全书第 1 章介绍常用低压电器的结构、原理、特性、选用，使学生能够正确选用、安装、使用常用的低压电器。第 2 章着重讲解典型电气控制线路的设计方法和基本环节，使学生掌握电气控制线路的基本原理。第 3 章以典型生产设备的电气控制电路为案例，通过对案例系统电气电能的分析，掌握基本的电气控制电路。第 4 章介绍了可编程序控制器的基本概念、硬软件结构及工作原理。第 5 章介绍了台达 AH500 系列可编程序控制器的编程语言与寻址方式、内部存储区资源、基本指令系统等，并用实例来说明指令的编程方法。第 6 章介绍了台达 AH500 系列机种的 PLC 程序架构、符号编程，并基于工程实例介绍 PLC 程序的设计和调试方法。第 7 章选取了两个工程实际案例介绍台达 AH500 系列 PLC 应用系统设计的步骤，其中案例 1 以大楼供水控制系统为例，说明了基于 AH500 系列 PLC 开发一项自动化任务的基本步骤；案例 2 以自动灌溉控制系统为例，介绍台达 AH500 PLC 控制器与现场执行器、传感器、HMI 和上位机监控管理组成的工业自动化系统的设计和构建过程。

　　本书由郁汉琪任主编，陈荷燕、钱厚亮、吴金娇任副主编。其中，第 1～3 章由郁汉琪、钱厚亮负责编写，第 4 章由李佩娟编写，第 5 章由张瑶编写，第 6 章、第 7 章第 1 节由陈荷燕编写，第 7 章第 2、3 节由吴金娇编写。全书由郁汉琪、陈荷燕统稿。

　　限于编者水平，加之时间仓促，书中难免有不妥之处，恳请广大读者指正。

编者
2019 年 12 月

目　　录

第1章 常用低压电器

1.1 概　　述

伴随科技及世界经济的高速发展，工业生产过程中的电气自动化水平得到大幅提高。

低压电器是电力拖动控制系统中最基本的组成元器件。作为电气工程相关技术人员，必须熟悉常用低电压电器的结构、原理以及相关主要参数，掌握其使用和维修等方面的知识和技能。

1.1.1 低压电器的分类及用途

1. 低压电器的分类

低压电器品种繁多，功能多样，构造各异，应用广泛。通常有下面几种分类方法：

（1）按用途或控制对象划分。

1）低压配电电器。主要用于低压配电系统中。要求系统发生故障时准确动作、可靠工作。如刀开关、转换开关、熔断器、断路器等。

2）低压控制器。主要用于电气传动系统中。要求寿命长且体积小、重量轻且动作迅速、准确、可靠。如接触器、继电器、起动器、电磁铁等。

（2）按动作方式划分。

1）自动切换电器。依靠自身参数的变化或外来信号的作用，自动完成接通或分断等动作。如接触器、速度继电器等。

2）非自动切换器。主要是用外力（如人力）直接操作来进行切换的电器。如刀开关、转换开关、按钮等。

（3）按执行功能划分。

1）有触点电器。有可分断的动触点、静触点，并利用触点的导通和分断来切换电路。如接触器、刀开关、按钮等。

2）无触点电器。无可分断的触点。仅仅利用电子元器件的开关效应，即导通和截止来实现电路的通、断控制。如接近开关、霍尔开关等。

（4）按工作原理划分。

1）电磁式继电器。根据电磁感应原理来动作的电器。如交流、直流接触器，电磁铁等。

2）非电量控制电器。依靠外力或非电量信号（如速度、压力等）的变化而动作的电器。如转换开关、行程开关、速度继电器等。

2. 低压电器的用途

在输送电能的输电电路以及其他各种用电场合，需要使用不同的电器实现控制电路通、断，并对电路的各种参数进行调节。低压电器在电路中的用途就是根据外部控制信号或控制要求，通过一个或多个器件组合，自动或手动接通、分断电路，连续或断续地改变电路状态，对电路进行切换、控制、保护、检测和调节。

1.1.2　低压电器型号的表示方法及代号意义

为了生产、销售、管理和使用方便，我国对各种低压电器都按规定要求编制型号，即由类别代号、组别代号、设计代号、基本规格代号和辅助代号几部分构成低压电器的型号。每一级代号后面可根据需要假设派生代码。产品代号示意图如图 1-1 所示。

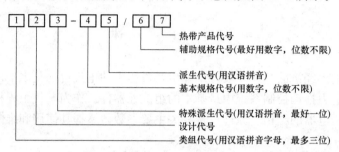

图 1-1　产品代号示意图

低压电器全型号所有部分必须使用规定符号或者文字标示，下面是各部位代号含义说明：

1. 类组代号

类组代号包括类别代号和组别代号，用汉语拼音表示，代表了低压电器元器件所属的类别以及一类电器中所属的组别见表 1-1。

表 1-1　　　　　　　　　　　低压电器产品型号类组代号

代号	H	R	D	K	C	Q	J	L	Z	B	T	M	A
名称	刀开关和转换开关	熔断器	低压断路器	控制器	接触器	起动器	控制继电器	主令电器	电阻器	变阻器	调整器	电磁铁	其他
A						按钮式		按钮					触电保护器
B									板形元器件				插销
C		插入式				磁力			冲片元器件	旋臂式			灯
D	刀开关								铁铬铝带型元器件		电压		
G				鼓形	高压				管形元器件				
H	封闭式负荷开关	汇流排式											接线盒

代号	H	R	D	K	C	Q	J	L	Z	B	T	M	A
名称	刀开关和转换开关	熔断器	低压断路器	控制器	接触器	起动器	控制继电器	主令电器	电阻器	变阻器	调整器	电磁铁	其他
J					交流	减压		接近开关					
K	开启式负荷开关							主令控制器					
L		螺旋式					电流			励磁			电铃
M		封闭管式	灭磁										
P				平面	中频					频敏			
Q										起动		牵引	
R	熔断器式刀开关							热					
S	刀形转换开关	快速	快速	时间	手动	时间		主令开关	烧结元器件	石墨			
T		有填料管式		凸轮	通用	通用		足踏开关	铸铁元器件	起动调速			
U						油浸		旋钮		油浸起动			
W			框架式			温度		万能转换开关		液体起动		起重	
X	其他	限流	限流			星三角		行程开关	电阻器	滑线式			
Y	其他	其他	其他	其他	其他	其他	其他	其他	其他	其他		液压	
Z	组合开关		塑料外壳式		直流	综合	中间					制动	

2. 设计代号

设计代号表示同一类低压电器元器件不同设计序列，用数字表示，具体数字位数没有严格限制，其中的两位和两位以上的首位数字根据功能可在下面几个数字中选择：5 表示用于化工；6 表示作用于农业；7 表示纺织用途；8 表示防爆；9 表示船用。

3. 基本规格代号

基本规格代号用数字表示，数字位数不限，用来表示同一系列产品中不同规格的品种。

4. 辅助规格代号

辅助规格代号用数字表示，位数不限表示相同系列、相同规格产品中有所区别的不同产品。

5. 派生代号

派生代号一般是用汉语拼音字母表示，最好一位字母，表示系列内个别变化的特征，加注通用派生字母见表 1-2。

表 1-2低压电器产品型号的派生代号

派生代号	代表意义	备注
A B C D…	结构设计稍有改进或变化	
C	插入式	
J	交流、防溅式	
Z	直流、自动复位、防震、重任务、正向	
W	无灭弧装置、无极性	
N	可逆、逆向	
S	有锁住机构、手动复位、防水式、三相、三个电源、双线圈	
P	电磁复位、防滴式、单相、两个电源、电压的	
K	保护式、带缓冲装置	
H	开启式	
M	密封式、灭弧、母线式	
Q	防尘式、手车式	
L	电流的	
F	高返回、带分励脱扣	
T	按（湿热带）临时措施制造	
TH	湿热带	此派生代码加注在全型号之后
TA	干热带	

在这之间，类组代号与设计代号组合表示的是产品的系列，同系列电器元器件的用途、工作原理和结构基本是相同的，规格和容量会根据具体应用而设计生产。例如：JR15 是热继电器的系列号，同属于该系列的热继电器结构和工作原理上都是一致的，但是额定电流从零点几安培到几十安培。

1.1.3　低压电器主要技术参数

在电路中，工作电压或者电流等级不同，通断频繁度不同，所带负载大小及性质不同等因素，对低压电器的技术要求也有较大差别。掌握低压电器的技术性能指标及参数，对正确选用和使用电气元器件至关重要。

1. 使用类别

根据现行国家标准 GB 14048.4—2010 规定，控制电路中常用的接触器或电动机起动器选用的类别见表1-3。

表1-3　　　　接触器或电动机起动器主电路通常选用的使用类别及其代号

电流	使用类别代号	附加类别名称	典型用途举例
AC	AC-1	一般用途	无感或微感负载、电阻炉
	AC-2		绕线式感应电动机的起动、分断
	AC-3		笼型感应电动机的起动、运行中分断
	AC-4		笼型感应电动机的起动、反接制动或反向运行、点动
	AC-5a	镇流器	放电灯的通断
	AC-5b	白炽灯	白炽灯的通断
	AC-6a		变压器的通断
	AC-6b		电容器组的通断
	AC-7a		家用电器和类似用途的低感负载
	AC-7b		家用的电动机负载
	AC-8a		具有手动复位过载脱扣器的密封制冷压缩机中的电动机控制
	AC-8b		具有自动复位过载脱扣器的密封制冷压缩机中的电动机控制
DC	DC-1		无感或微感负载、电阻炉
	DC-3		并激电动机的起动、反接制动或反向运行、点动、电动机在动态中分断
	DC-5		串激电动机的起动、反接制动或反向运行、点动、电动机在动态中分断
	DC-6	白炽灯	白炽灯的通断

注　1. AC-3使用类别可用于不频繁的点动或在有限的时间内反接制动，例如机械的移动。在有限的时间内操作次数不超过1min内5次或10min内10次。

2. 密封制冷压缩机是由压缩机和电动机构成的，这两个装置都装在同一外壳内，无外部传动轴或轴封，电动机在冷却介质中操作。

3. 使用类别AC-7a和AC-7b见GB 17885—2009。

2. 额定工作电压和工作电流

额定工作电压指在规定条件下保证电器正常工作的电压值。一般指触点额定电压值，电磁式电器有电磁线圈额定工作电压的规定要求。

额定工作电流根据具体使用条件下确定。额定工作电流与额定工作电压、电网频率、额定工作值、使用类别、触点寿命及防护参数等诸多因素有关，同一型号开关电器使用条件不同，工作电流也不同。

3. 通断能力

通断能力是以控制额定负载时所能通断的电流值来衡量的。其中接通能力是指开关闭合时不会造成触点熔焊的性能指标。断开能力是指开关断开时的可靠灭弧的性能指标。

4. 操作频率

操作频率指的是电气元器件在单位时间内允许操作的最高次数。一般会规定开关电器在一小时内可能出现的最高操作循环次数。

5. 使用寿命

低压电器的使用寿命包括机械寿命和电寿命两项指标。机械寿命是指电气元器件在零电流下能正常操作的次数。电寿命是在规定的正常工作条件下，无需更换零件或者修理的负载操作次数。

1.2　常用低压电器的基本知识

低压电器是指工作在交流 1200V 以下，直流 1500V 以下电路中的电器。常用的低压电器有断路器、接触器、行程开关、按钮、继电器等器件。

1.2.1　低压电器的电磁机构

低压电器基本由两部分组成，即感应机构和执行机构这两部分。感应机构是感受对外界信号的变化，而能做出相应反应。执行机构是根据命令信号，执行电路的通断控制。

在大多数的低压电器中，均采用电磁感应原理来实现对电路的通断控制，感受机构是电磁系统，而执行机构是触点系统。

电磁系统是电磁式电器的感受机构，将电磁能量转换为机械能量，从而带动触点动作，实现电路的通断。

电磁系统由铁芯、衔铁和线圈等部分组成。当线圈中有电流通过时，产生电磁吸力，电磁吸力克服弹簧的反作用力，衔铁和铁芯闭合，衔铁带动连接机构动作，实现触点的接通和断开，从而完成电路通断控制。接触器常用电磁系统结构，如图 1-2 所示。

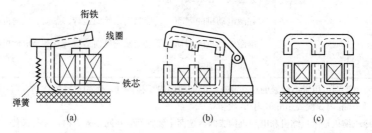

图 1-2　接触器电磁系统结构图
（a）衔铁绕棱角转动拍合式；（b）衔铁绕轴转动拍合式；（c）衔铁直线运动螺管式

图 1-2（a）衔铁棱角转动的拍合式结构，主要用于直流接触器。

图 1-2（b）衔铁绕轴转动的拍合式结构，主要用于触点容量较大的交流接触器。

图 1-2（c）衔铁直接运动的螺管式结构，主要用于交流接触器、继电器等。

电磁式电器分直流和交流两大类。直流电磁铁芯由整块铸铁构成，而交流电磁采用硅钢片叠成的，以减小磁滞损耗和涡流损耗。

在实际应用中，由于直流电磁铁线圈发热，所以线圈匝数多、导线细，不设线圈骨架，线圈和铁芯直接接触，利于线圈散热。交流电磁铁铁芯和线圈均会发热，所以线圈匝数少、导线粗，吸引线圈设有骨架，且铁芯和线圈分离，以此实现散热的功能。

1.2.2　低压电器的触点机构

1. 触点接触电阻

当动、静触点闭合后，是不可能完全无缝接触，从微观角度看，只是一些凸起点之间的接触，因此工作电流只流过相接触的凸起点，由此使有效导电面积减少，因此电阻增大。此类由于动、静触点闭合时形成的电阻，称为接触电阻。由于接触电阻的存在，不仅会造成一定的电压损耗，而且使铜耗增加，造成触点温升，导致触点表面的"膜电阻"进一步增加及相邻绝缘材料的老化，严重时可使触点熔焊，造成电气系统事故。因此，对各种电器的触点都规定了它的最高环境温度和允许温升。

2. 触点的接触形式

触点的接触形式及结构形式多种多样。通常按接触形式将触点分为点接触、线接触和面接触三种。如图 1-3 所示，显然，面接触时的实际接触面要比线接触的大，而线接触的接触面又比点接触的大。

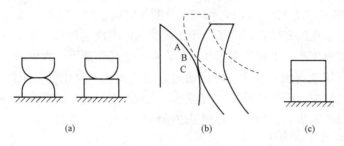

图 1-3　触点的接触形式
（a）点接触；（b）线接触；（c）面接触

图 1-3（a）所示为点接触，由两个半球形触点或一个半球形与一个平面形触点构成。该结构有利于提高单位面积压力，减小触点表面电阻，常用于小电流电器触点，如接触器的辅助触点及继电器触点。图 1-3（b）所示为线接触，通常被做成指形触点结构，其接触区是一条直线。触点通、断过程是滚动接触并产生滚动摩擦，利于去氧化膜。这种滚动线接触适用于通电次数多，电流大的场合，多用于中等容量电器。图 1-3（c）所示为面接触，这类触点一般在接触表面上镶有合金，以减小触点的接触电阻，提高触点的抗熔焊、抗磨损能力，允许通过较大的电流。中小容量的接触器的主触点多采用这种结构。

触点在接触时，为了使触点接触得更加紧密，以减小接触电阻，消除开始接触时产生的振动，一般在触点上都装有接触弹簧。当动触点刚与静触点接触时，由于安装时弹簧预先压缩了一段，因此产生一个初压力 F_1，如图 1-4（b）所示。随着触点闭合，触点间的压力将逐渐增大。触点闭合后由于弹簧在超行程内继续变形而产生一个终压力 F_2，如图 1-4（c）所示。弹簧被压缩的距离称为触点的超行程，即从静、动触点开始接触到触点压紧，整个触点系统向前压紧的距离。因为超行程，在触点有磨损情况下，触点仍具有一定压力，磨损严重时超行程将失效，触点损坏。

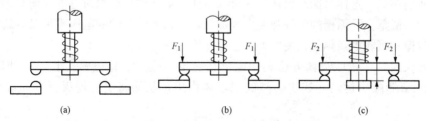

图 1-4　桥式触点闭合过程位置示意图
（a）最终断开位置；（b）刚刚接触位置；（c）最终闭合位置

触点按其原始状态可分为常开触点和常闭触点。原始状态断开，线圈通电后闭合的触头叫常开触点；原始状态闭合，线圈通电后断开的触点叫常闭触点。线圈断电后所有触点复原。触点按其所控制的电路可分为主触点和辅助触点。主触点主要用于接通或断开主电路，允许通过较大的电流，辅助触点用于接通或断开控制电路，主要用于通过较小的电流。

1.2.3　低压电器的灭弧机构

1. 电弧的产生及物理过程

自然环境中分断电路时，若电路的电压（或电流）超过某一数值时（根据触点材料的不同，此值约为 0.25～1A，12～20V），触点在分断的时候会产生放点电弧。

电弧实质上是触点间气体在强电场作用下产生的电离放电现象。所谓气体放电，是指触点间隙中的气体被电离产生大量的电子和离子，在强电场作用下，大量的带电粒子做定向运动，于是绝缘的气体就变成了导体。电流通过这个电离区时所消耗的电能转换为热能和光能，发出光和热的效应，产生高温并发出强光，使触点烧损，并使电路的切断时间延长，甚至不能断开，造成严重事故。所以，必须采取措施熄灭或减小电弧。

2. 电弧的熄灭及灭弧方法

针对需要通断大电流的电器，如低压断路器、接触器等，必须有较完善的灭弧装置。对于小容量继电器、主令电器等，由于它们的触点是通断小电流电路，因此没有强制要求。常用的灭弧方法和装置有以下几类。

（1）电动力吹弧。图 1-5 是一种桥式结构双断口触点，流过触点两端的电流方向相反，将产生互相排斥的电动力。当触点断开瞬间，断口处产生电弧。电弧电流在两电弧之间产生图中以"⊕"表示的磁场，根据左手定则，电弧电流要受到指向外侧的电动力 F 的作用，使电弧向外运动并拉长，使其迅速穿越冷却介质，从而加快电弧冷却并熄灭。该灭弧方法一般多用于小功率的电器中，当配合栅片灭弧时，可用于大功率的电器中。交流接触器通常采用该灭弧方法。

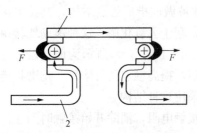

图 1-5　桥式触点灭弧原理
1—动触点；2—静触点

（2）栅片灭弧。图 1-6 为栅片灭弧示意图。灭弧栅一般是由多片镀铜薄铜片（称为栅片）和石棉绝缘板组成，通常在电器触点上方的灭弧室内固定，彼此之间互相绝缘。触点分断电路时，触点间产生电弧，电弧电流产生磁场，由于钢片磁阻比空气磁阻小得多，因此电弧上方的磁通稀疏，而下方的磁通却密集，该上疏下密的磁场将电弧拉入灭弧罩中，电弧进入灭弧栅后，被分割成数段串联的短弧。这样每两片灭弧栅片可以看作一对电极，而每对电极间均有 150～250V 的绝缘强度，使整个灭弧栅的绝缘强度大大加强，而每个栅片间的电压不足以达到电弧燃烧电压，同时栅片吸收电弧热量，使电弧迅速冷却而很快熄灭。

（3）磁吹灭弧。磁吹灭弧方法利用电弧在磁场中受力，将电弧拉长，并使电弧在冷却的灭弧罩窄缝隙中运动，产生强烈的消电离作用，从而将电弧熄灭。其原理如图 1-7 所示。

（4）窄缝灭弧。在电弧所形成的磁场电动力的快速作用下，电弧被拉长并进入灭弧罩的夹缝中，几条纵缝将电弧分割成数段，且与固体介质相接触，电弧受冷却迅速熄灭。

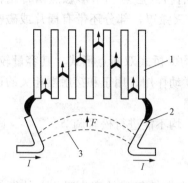

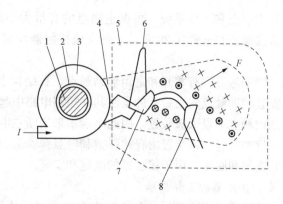

图 1-6 栅片灭弧示意图

1—灭弧栅片；2—触点；3—电弧

图 1-7 磁吹式灭弧装置

1—铁芯；2—绝缘管；3—吹弧线圈；

4—导磁颊片；5—罩；6—引弧角；7—静触点；8—动触点

1.3 控制电器

1.3.1 接触器

接触器主要是用来接通或者断开电动机主电路或其他负载电路的控制电器，应用它可以实现频繁的远距离自动控制。因其体积小、价格低、寿命长、维护方便，因此应用广泛。

1. 交流接触器的结构

图 1-8（a）为交流接触器的结构剖面示意图，它有 5 个主要部分组成。图 1-8（b）为接触器实物图。

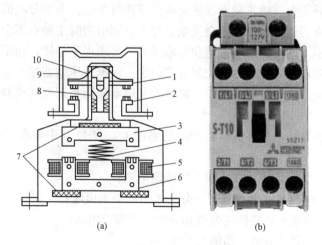

(a)　　　　　　(b)

图 1-8 交流接触器

（a）结构示意图；（b）接触器实物图

1—动触点；2—静触点；3—衔铁；4—弹簧；5—线圈；

6—铁芯；7—垫毡；8—触点弹簧；9—灭弧罩；10—触点压力弹簧

（1）电磁机构。电磁机构主要由线圈、铁芯和衔铁组成。铁芯一般采用双 E 形衔铁直动式电磁机构，有的衔铁采用绕轴转动的拍合式电磁机构。

（2）主触点和灭弧系统。根据主触点的容量大小，有桥式触点和指形触点两种结构形式。直流接触器和电流在 20 A 以上的交流接触器均配置灭弧罩，部分还带有栅片或磁吹灭弧装置。

（3）辅助触点。有常开和常闭辅助触点，在结构上均为桥式双断点形式，其容量较小。接触器安装辅助触点的主要目的是使其在控制电路中起联动作用，用于和接触器相关的逻辑控制。辅助触点不设灭弧装置，因此不能用来通断主电路。

（4）反力装置。该装置由释放弹簧和融点弹簧组成，均不能进行松紧调节。

（5）支架和底座。用于接触器的固定和安装。

2. 交流接触器的工作原理

交流接触器线圈通电后，在铁芯中产生磁通，从而在衔铁气隙处产生吸力，使衔铁闭合，主触点在衔铁的驱动下闭合，接通主电路。同时衔铁还驱动辅助触点动作，使常开辅助触点闭合，常闭辅助触点断开。当线圈断电或电压显著降低时，吸力消失或减弱（小于反力），衔铁在释放弹簧作用下打开，主、辅触点恢复到原来状态。

3. 接触器的技术参数

（1）额定电压。指主触点的额定电压，通常在接触器铭牌上标注。常见的有：交流 220、380V 和 660V；直流 110、220V 和 440V。

（2）额定电流。指主触点的额定电流，通常在接触器铭牌上标注。它是在一定的条件（额定电压、使用类别和操作频率等）下规定的，常见的电流等级有 10、20、40、63、100、150、200、400、630、800A。

（3）线圈的额定电压。指加在线圈上的电压。常用的线圈电压有：交流 220V 和 380V；直流 24V 和 220V。

（4）接通和分断能力。指主触点在规定条件下能可靠地接通和分断的电流值。在此电流值下，接通电路正常工作时主触点不会发生熔焊，分断电路时主触点不会发生长时间燃弧。

接触器使用类别不同对主触点接通和分断能力的要求也不一样，而不同使用类别的接触器可根据其不同控制对象（负载）的控制方式而定。根据低压电器基本标准的规定，其使用类别比较多。但在电力拖动控制系统中，常见的接触器使用类别及其典型用途对应关系见前述章节表 1-3。

接触器的使用类别代号通常标注在产品的铭牌上。表 1-3 中要求接触器主触点达到的接通和分断能力为：

1）AC1 和 DC1 类允许接通和分断 1 倍额定电流；

2）AC2、DC3 和 DC5 类允许接通和分断 4 倍的额定电流；

3）AC3 类允许接通 6 倍的额定电流和分断 1 倍额定电流；

4）AC4 类允许接通和分断 6 倍的额定电流。

（5）额定操作频率指接触器每小时的操作次数。此参数不同厂家产品均有说明。操作频率直接影响到接触器的使用寿命，对于交流接触器还影响到线圈的温升。

4. 接触器选用原则

接触器使用广泛，其额定工作电流或额定控制功率随使用条件的不同而不同，只有根据不同的使用条件来选用。总体来说，交流负载选用交流接触器，直流负载选用直流接触器。接触器选用主要依据以下几个方面：

（1）使用类别的选择。可根据所控制负载的工作任务选择相应的接触器。例如，生产中广泛使用中小容量的笼型异步电动机，其大部分负载是一般任务，AC3 类适用。对于控制机床电动机的接触器，其负载情况比较复杂，既有 AC3 类的也有 AC4 类的，还有 AC1 类和 AC4 类混合的负载，属于重任务范畴，则应选用 AC4 类接触器。

（2）主触点电流等级的选择。根据电动机（或其他负载）的功率和工作任务来确定接触器主触点的电流等级。当接触器的使用类别与所控制负载的工作任务相对应时，一般应使主触点的电流等级与所控制的负载相当，或稍大一些。若不对应，例如用 AC3 类的接触器控制 AC3 与 AC4 混合类负载时，则须降低电流等级使用。

（3）线圈电压等级的选择。接触器的线圈电压与控制电路的电压类型和等级相同，应根据具体情况决定。

（4）接触器选用小窍门。接触器是电气控制系统中不可或缺的执行器件，三相笼型异步电动机也是最常用的被控对象。对额定电压为 380 V 的交流接触器，已知电动机的额定功率，则相应的接触器额定电流也基本可以确定。对于 5.5kW 以下的电动机，所用接触器额定电流应为电动机额定电流的 2～3 倍；对于 5.5～11kW 的电动机，所用接触器的额定电流应为电动机额定电流的 2 倍；对于 11kW 以上的电动机，所用接触器的额定电流应为电动机额定电流的 1.5～2 倍。

（5）常用接触器。目前，常用接触器（见图 1-9）：①不可逆式接触器：采用新型集成端子盖，具备指触保护安全特性并减少高达 50% 的线圈库存。而且适用于微小负载。同产品中体积最小。②可逆式接触器：适用于交流马达正向或逆向旋转，如输送线。采用机械联锁，安全性更佳。③机械闭锁型接触器：采用了机械锁存继电器，在切断电源等情况时仍可维持功率恒定。适用于配电板、建筑核心系统的记忆电路以及其他用途。

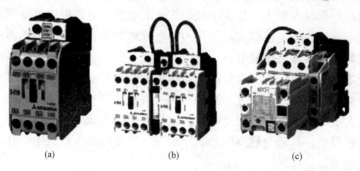

(a)　　　　　　　(b)　　　　　　　(c)

图 1-9　常用交流接触器

（a）不可逆式接触器；（b）可逆式接触器；（c）机械闭锁型接触器

5. 接触器的电气图形符号和文字符号

接触器的电气图形符号和文字符号如图 1-10 所示。

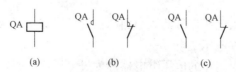

(a)　　　　　　　(b)　　　　　　　(c)

图 1-10　接触器的电气图形符号和文字符号

（a）线圈；（b）主触点；（c）辅助触点

1.3.2 电磁式继电器

1. 电磁式继电器的结构及工作原理

电磁式继电器的结构和工作原理与电磁式接触器相似，同样是由电磁机构、触点系统和释放弹簧等部分组成。图 1-11 为电磁式继电器结构示意图和实物图。

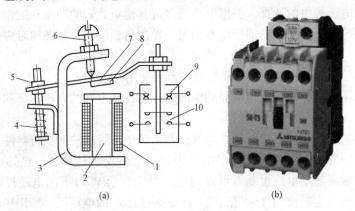

图 1-11　电磁式继电器

(a) 结构示意图；(b) 接触器式继电器实物图

1—线圈；2—铁心；3—磁轭；4—弹簧；5—调节螺母；
6—调节螺钉；7—衔铁；8—非磁性垫片；9—动断触点；10—动合触点

电流继电器与电压继电器在结构上的区别主要是线圈构造的不同。电流继电器的线圈匝数少、导线截面大；电压继电器的线圈匝数多、导线截面积小。

2. 电流继电器

电流继电器是根据输入电流信号大小而动作的继电器。电流继电器线圈串接在被测量电路中，反映电路电流的变化。根据功能划分为欠电流继电器和过电流继电器；根据线圈电流性质，可分为交流继电器和直流继电器。

线圈电流低于整定值时动作的电流继电器称为欠电流继电器。欠电流继电器用于电路的欠电流保护或控制，使用时一般将其动合触点串接在接触器的线圈电路中。正常工作状态，电路中负载电流大于电流继电器的闭合电流，衔铁处于闭合状态。当电路中负载电流降低至释放电流时，衔铁释放，其动合触点回到断开状态，使接触器线圈失电，从而切断电气设备的电源，起到欠电流保护作用。

线圈电流高于整定值时动作的电流继电器称为过电流继电器。过电流继电器主要用于电路的过电流保护和控制，使用时一般将其动断触点串接在接触器的线圈电路中。正常工作时衔铁不闭合，当电路电流超过其整定值时，衔铁闭合驱动动断触点断开，接触器线圈失电，从而切断电气设备的电源，起到过电流保护作用。

3. 电压继电器

电压继电器是根据输入电压信号的大小而动作的继电器，根据功能划分，可分为过电压继电器、欠电压继电器和零电压继电器。

线圈电压高于整定值时动作的电压继电器称为过电压继电器。过电压继电器主要用于电路的过电压保护，通常使用时将其动断触点串接在接触器的线圈电路中。继电器线圈在额定电压时衔铁不闭合，当电压超过其整定值时，衔铁闭合，其动断触点断开，使接触器线圈失电，切断电气设备的电源。

　　线圈电压低于整定值时动作的电压继电器称为欠电压继电器。欠电压继电器主要用于电路的欠电压保护，通常使用时将其动合触点串接在接触器的线圈电路中。继电器线圈在额定电压时衔铁处于闭合状态。当电路电压降低至释放电压时，衔铁释放并驱动动合触点回到断开状态，从而控制接触器切断电气设备的电源。零电压继电器用于电路的零电压或接近零电压保护，当继电器线圈电压降低至额定电压的 $5\%\sim25\%$ 时，继电器动作。

　　4. 中间继电器

　　中间继电器本质上是一种电压继电器，其辅助触点数量多，触点容量较大（额定电流5～10A）。当一个输入信号需变成多个输出信号或信号容量需要放大时，可通过这类继电器来完成。中间继电器实物图如图 1-12 所示。

图 1-12　中间继电器实物图

　　5. 电磁式继电器技术参数

　　(1) 继电特性。继电器的主要特性是输入—输出特性，如图 1-13 所示曲线通常称为继电特性。在图 1-13 中，当继电器输入量 x 由零增至 x_1 之前，输出量 y 为零。当输入量增至 x_2 时，继电器闭合，输出量为 y_1。继续增大输入量 x，输出 y_1 值不变。当输入量减小至 x_1 时，继电器释放，输出量 y_1 降至零；若输入量继续减小，y_1 值仍为零，如图 1-13 中所示。

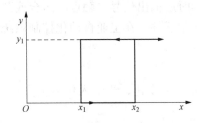

图 1-13　继电器特性曲线

　　x_2 称为继电器的闭合值，要使继电器动作，输入量 x 必须大于此值。

　　x_1 称为继电器的释放值，要使继电器释放，输入量 x 必须小于此值。

　　$K=x_1/x_2$ 称为继电器返回系数。K 值越大，继电器灵敏度越好；K 值越小，灵敏度越差。K 值可以调节，不同场合对 K 值的要求不同。例如一般继电器要求低返回系数，K 值一般在 $0.1\sim0.4$ 之间，继电器闭合后，当输入量波动幅度较大时不致引起误动作。

　　(2) 额定电压和额定电流。

　　1) 电压继电器：线圈额定电压为该继电器的额定电压。

　　2) 电流继电器：线圈额定电流为该继电器的额定电流。

　　(3) 闭合电压和释放电压、闭合电流和释放电流。

　　1) 电压继电器：使衔铁开始动作时线圈两端之间的电压称为闭合电压，使衔铁开始释放时线圈两端之间的电压称为释放电压。

　　2) 电流继电器：使衔铁开始动作时流过线圈的电流称为闭合电流；使衔铁开始释放时，流过线圈的电流称为释放电流。

　　(4) 闭合时间和释放时间。闭合时间是从线圈接受电信号至衔铁完全闭合所需要的时间；释放时间是从线圈失电到衔铁完全释放所需要的时间。

　　6. 继电器的选用原则

　　继电器是组成电气控制系统的基本元器件，选用时需综合考虑继电器的功能特点、使用条件、额定工作电压和额定工作电流等因素，以此保证控制系统正常工作。主要选用该器件的原则如下：

（1）继电器线圈额定电压或电流应满足控制电路的需求。

（2）按用途区别选择过电压继电器、欠电压继电器、过电流继电器、欠电流继电器及中间继电器等。

（3）按电流类别选用交流继电器和直流继电器。

（4）根据控制电路的要求选择触点的数量、容量和类型（常开或常闭）。

7. 电磁式继电器的电气图形符号和文字符号

继电器的电气图形符号和文字符号如图 1-14（c）所示。

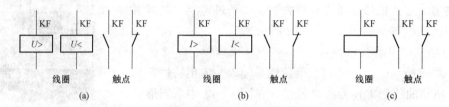

图 1-14　电磁式继电器的图形符号和文字符号

（a）电压继电器；（b）电流继电器；（c）中间继电器

1.3.3　时间继电器

自有输入信号（线圈通电或断电）开始，经过一定的延时后输出信号（触点的闭合或断开）的继电器，称作时间继电器，它也是一种常用的低压控制器件。在工业自动化控制系统中，基于时间原则的控制要求较为常见。

时间继电器的延时方式有两种：通电延时和断电延时。

通电延时：接受输入信号后延迟一定的时间，输出信号发生变化；当输入信号消失后，输出信号瞬间复原。

断电延时：接受输入信号时，瞬时产生相应的输出信号；输入信号消失后，延迟一定的时间，输出复原。时间继电器的电气图形符号和文字符号如图 1-15 所示。

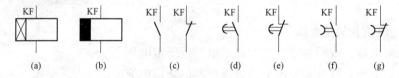

图 1-15　时间继电器的电气图形和文字符号

（a）通电延时线圈；（b）断电延时线圈；（c）瞬动触点；（d）通电延时闭合常开触点；

（e）通电延时断开常闭触点；（f）断电延时断开常开触点；（g）断电延时闭合常闭触点

时间继电器按工作原理分类。有电磁式、电动式、电子式等，其中电子式时间继电器最为常用。图 1-16 所示为一种电子式时间继电器的实物图片。

1.3.4　速度继电器

按速度原则动作的继电器，称为速度继电器。该器件常应用于三相笼型异步电动机的反接制动中。

感应式速度继电器主要由定子、转子和触点三部分组成。转子是一个圆柱型永久磁铁，定子是一个笼型空心圆环，圆环由硅钢片叠制而成，且装有笼型绕组。

图 1-17（a）为感应式速度继电器原理示意图。其转子的轴与被控电动机的轴相连接，当电动机转动时，随电动机转动，到达一定转速时，定子在感应电流和转矩的作用下跟随转动；转动到达一定角度时，装在定子轴上的摆锤推动簧片（动触点）动作，使常闭触点打开，常开触点闭合；当电动机转速低于某一数值时，定子所受的转矩减小，触点在簧片作用下返回到原来位置，使对应的触点恢复到原来状态。

图 1-16　时间继电器
实物图

一般感应式速度继电器转轴转速在 120r/min 左右时触点动作，在 100r/min 以下时触点复位到初始位置。

图 1-17（b）为感应式速度继电器的实物图片。速度继电器的电气图形符号和文字符号如图 1-18 所示。

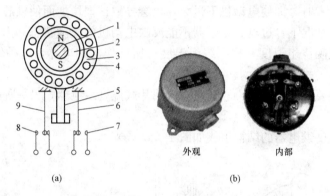

(a)　　　　　　　　　　　　(b)

图 1-17　感应式速度继电器的原理示意图及实物图

（a）原理示意图；（b）实物图片

1—转轴；2—转子；3—定子；4—绕组；5—摆锤；6、9—簧片；7、8—静触点

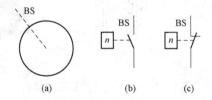

(a)　　　　　　(b)　　　　　(c)

图 1-18　速度继电器的电气图形符号和文字符号

（a）转子；（b）常开触点；（c）常闭触点

1.3.5　其他继电器

1. 固态继电器

固态继电器（Solid State Relay，SSR）是采用固体半导体元器件组装而成的一种无触点开关。它利用电子元器件的电、磁、光等特性来完成输入与输出的可靠隔离，利用大功率晶体管、单向晶闸管、功率场效应管和双向晶闸管等器件的开关特性，来实现无触点、无火花地接通和断开被控电路。图 1-19（a）所示为一款典型的固态继电器。固态继电器的电气图

形符号和文字符号如图 1-19（b）、（c）所示。

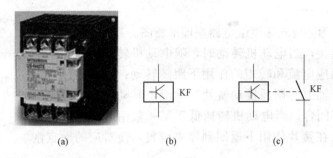

(a)　　　　　　(b)　　　　　(c)

图 1-19　固态继电器及其表示符号

（a）实物图片；（b）驱动器件；（c）触点

2. 温度继电器

当电动机绕组发生过电流时，会使其温升过高。过电流继电器可以起到保护作用。当电网电压升高到不正常时，即使电动机不过载，也会导致铁损增加而使铁芯发热，同样会使绕组温升过高。这些情况下，过电流继电器不能反映电动机的故障状态。为此，需要一种利用发热元器件间接反映绕组温度并根据绕组温度有所动作的继电器，这种继电器称作温度继电器。

温度继电器主要有两种类型：一种是双金属片式温度继电器，另一种是热敏电阻式温度继电器。

双金属片式温度继电器的结构组成如图 1-20（a）所示。

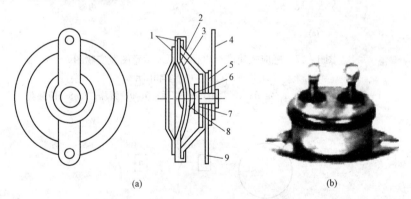

(a)　　　　　　　　　　(b)

图 1-20　双金属片式温度继电器

（a）结构图；（b）实物图片

1—外壳；2—双金属片；3—导电片；4、9—连接片；5、7 绝缘垫片；6—静触点；8—动触点

双金属片式温度继电器用作电动机保护时，将其埋设在电动机主要发热部位，如电动机定子槽内、绕组端部等，可直接反映该处发热情况。无论是电动机本身出现过载电流引起温度升高，还是其他原因引起电动机温度升高，温度继电器均可起动保护措施。此外，双金属片式温度继电器性价比高，常用于热水器外壁、电热锅炉炉壁的过热保护。

双金属片温度继电器的触点在电路图中的电气图形符号和文字符号如图 1-21（a）所示。一般的温度控制开关表示符号如图 1-21（b）所示，图中表示当温度低于设定值时动作，把"＜"改为"＞"后，温度开关就表示当温度高于设定值时动作。

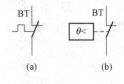

图 1-21　温度控制开关
触点表示符号

（a）双金属片温度继电器；
（b）温度控制开关

3. 液位继电器

部分锅炉需根据液位的高低来控制水泵电动机的起停，实现该功能可由液位继电器来完成。

图 1-22（a）为液位继电器的结构示意图。浮筒置于被控锅炉或水柜内，浮筒的一端有一根磁钢，锅炉外壁配有一对触点，动触点的一端同样配有一根磁钢，与浮筒一端的磁钢相配合。当锅炉或水柜内的水位降低到极限值时，浮筒下落使磁钢端绕支点 A 上翘。由于磁钢同性相斥的作用，使动触点的磁钢端被斥下落，通过支点 B 使触点 1-1 接通，2-2 断开。反之，水位升高到上限位置时，浮筒上浮使触点 2-2 接通，1-1 断开。液位继电器触点的电气图形符号和文字符号如图 1-22（c）所示。

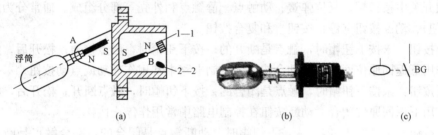

图 1-22　液位继电器结构示意图
（a）液位继电器结构；（b）实物图片；（c）触点表示符号

4. 压力继电器

通过检测气体或液体压力的变化，压力继电器发出信号，实现对压力的检测和控制。压力继电器在液压、气压等场合应用较多，其工作实质任务是当系统压力达到压力继电器的整定值时，触发电信号，控制电气元器件（如电磁铁、电动机、电泵等）动作，从而使液路或气路卸压、换向，或关闭电动机使系统停止工作，起到安全保护作用等。

压力继电器有柱塞式、膜片式、弹簧管式和波纹管式四种结构形式。图 1-23（a）所示为柱塞式压力继电器，主要由微动开关、压力传送及感应装置、设定装置（调节螺母和平衡弹簧）、外壳等部分组成。

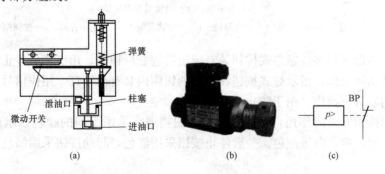

图 1-23　压力继电器
（a）柱塞式压力继电器结构原理图；（b）实物图片；（c）表示符号

图 1-23（b）所示为压力继电器实物图片。压力继电器触点的电气图形符号和文字符号
如图 1-23（c）所示。

1.4　开关及主令电器

1.4.1　按钮开关

1. 按钮开关的结构组成和工作原理

控制按钮从结构上划分，有按钮式、自锁式、紧急式、钥匙式、旋钮式和保护式等；有
些按钮还带有指示灯。旋钮式和钥匙式的按钮也称为选择开关，有双位选择开关，也有多位
选择开关。选择开关和一般按钮的最大区别是不可自动复位。其中钥匙式开关具有安全保护
功能，没有钥匙的人不能操作该开关，只有把钥匙插入后，旋钮才可被旋转。常用于电源或
控制系统的启停。

按钮开关由按钮帽、复位弹簧、动触点、静触点和外壳等部分组成。通常分为动合按钮
（起动按钮）、动断按钮（停止按钮）和复合按钮。

动合按钮：未按下钮帽时，触点是断开的；按下钮帽时，触点接通；松开后，触点在复
位弹簧作用下返回原位而断开。动合按钮在控制电路中常用作起动或点动按钮。

动断按钮：未按下钮帽时，触点是闭合的；按下钮帽时，触点断开；松开后，触点在复
位弹簧作用下返回原位闭合。动断按钮在控制电路中常用作停止按钮。

复合按钮：参见图 1-24，未按下钮帽时，动断触点是闭合的，动合触点是断开的；当
按下钮帽时，先断开动断触点，后接通动合触点；松开后，触点在复位弹簧作用下全部复
位。复合按钮在控制电路中常用于电气联锁。

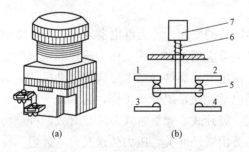

图 1-24　复合按钮开关外形与结构示意图
（a）外形图；（b）结构示意图
1、2—动断静触点；3、4—动合静触点；5—桥式动触点；6—复位弹簧；7—按钮帽

按钮的结构形式很多。紧急式按钮装有突出的蘑菇形钮帽，用于紧急停止操作；旋钮式
按钮用于旋转切换操作；指示灯式按钮在透明的钮帽内装有信号灯，用作信号指示；钥匙式
按钮须插入钥匙方可操作，用于防止误动作。

为了表示按钮开关的作用，避免误操作，钮帽通常采用不同的颜色以示区别，主要有
红、绿、黑、蓝、黄、白等颜色。一般停止按钮采用红色，起动按钮采用绿色，急停按钮采
用红色蘑菇头。

2. 按钮开关技术参数

按钮开关的主要技术参数有规格、结构形式、触点对数和颜色等。

通常采用规格为额定电压交流 500V，允许持续电流 5A 的按钮。

3. 按钮开关的选用原则

（1）根据用途选择按钮开关的形式，如紧急式、钥匙式、指示灯式和旋钮式。

（2）根据使用环境选择按钮开关的种类，如防水式、防腐式等。

（3）按工作状态和工作情况的要求，选择按钮开关的颜色。

4. 按钮开关的电气图形符号和文字符号

按钮和选择开关的电气图形符号和文字符号如图 1-25 所示。

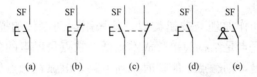

图 1-25　控制按钮的图形及文字符号

（a）常开触点；（b）常闭触点；（c）复合按钮；（d）选择开关；（e）钥匙开关

1.4.2　组合开关

1. 组合开关的结构组成和工作原理

组合开关由动触点（动触片）、静触点（静触片）、转轴、手柄、定位机构及外壳等部分构成，其动、静触点分别叠装在多层绝缘壳内。根据动触片和静触片的不同组合，组合开关有多种接线方式。图 1-26 所示为某型组合开关的外形与结构示意图。该组合开关有 3 对静触片，每个触片的一端固定在绝缘垫板上，另一端伸出盒外，连在接线上，3 个动触片套在装有手柄的绝缘轴上。转动手柄就可对 3 个触点同时接通或断开。

2. 组合开关的主要技术参数

组合开关的主要技术参数有额定电压、额定电流、极对数等。常用组合开关有单极、双极和三极。

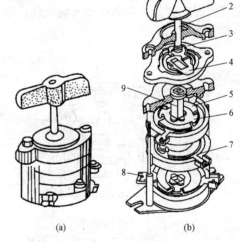

图 1-26　组合开关外形与结构示意图

（a）外观图；（b）结构图

1—手柄；2—转轴；3—弹簧；4—凸轮；5—绝缘垫板；6—动触片；7—静触片；8—接线柱；9—绝缘方轴

3. 组合开关的选用原则

1）组合开关作为电动机电源的接入开关时，其额定电流应大于电动机的额定电流。

2）组合开关控制小容量电动机的起动、停止时，其额定电流应不小于电动机额定电流的 3 倍。

4. 组合开关电气符号

组合开关的电气符号如图 1-27 所示。

1.4.3　行程开关

1. 行程开关的结构组成和工作原理

行程开关的种类很多，按结构可分为直动式、滚动式和微动式。

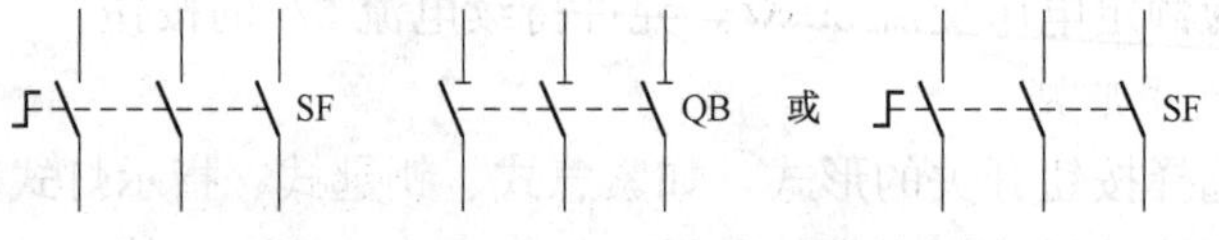

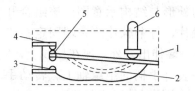

（用作控制开关）　　　　　　　　　　（用作电源开关）

图 1-27　组合开关的文字符号及图形符号

（1）直动式行程开关。直动式行程开关主要由执行机构、触点系统和外壳等部分组成，图 1-28 为其结构示意图。

直动式行程开关的动作原理与按钮类似，其采用运动部件的撞块来碰撞行程开关的推杆。直动式行程开关的优点是结构简单、成本较低，缺点是触点的分合速度取决于撞块的移动速度，若撞块移动太慢，则触点不能瞬时切断电路，电弧在触点处停留时间过长，易于烧蚀触点。

（2）微动开关。微动开关（即微动式行程开关）采用具有弯片状弹簧的瞬动机构，结构如图 1-29 所示。当推杆被压下时，弹簧片发生变形，储存能量并产生位移，当达到预定的临界点时，弹簧片以及动触点产生瞬时跳动，从而导致电路的接通、分断或转换。同样，减小操作力时，弹簧片会向相反方向跳动。微动开关体积小、动作灵敏，适合在小型机构中作为行程开关使用。

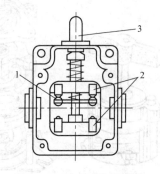

图 1-28　直动式行程开关

1—动触点；2—静触点；3—推杆

图 1-29　微动式行程开关

1—壳体；2—弓簧片；3—动合触点；

4—动断触点；5—动触点；6—推杆

2. 行程开关的选用原则

（1）根据功能要求确定开关形式和型号。

（2）根据控制要求确定触点的数量。

（3）根据控制回路的电压、电流确定开关的额定电压和额定电流。

3. 行程开关的电气图形符号和文字符号

行程开关电气图形符号及实物图如图 1-30 所示。

1.4.4　感应开关

1. 接近开关

接近开关又称无触点行程开关。当运动着的物体在与之接近到一定范围内时，接近开关就会发出因物体接

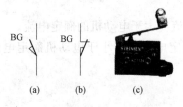

图 1-30　行程开关的电气图形

符号和文字符号

（a）常开触点；（b）常闭触点；

（c）实物图片

近而"动作"的信号，以非接触的方式控制运动物体的位置。接近开关常用于行程控制、限位保护等。

接近开关具有定位精度高、操作频率高、功率损耗小、寿命长、使用面广、能适应恶劣工作环境等优点，其主要技术参数有工作电压、输出电流、动作距离、重复精度及工作响应频率等。

接近开关的电气图形符号、文字符号和实物分别表示如图 1 - 31 所示。

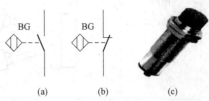

图 1 - 31　接近开关的图形和文字符号
(a) 常开触点；(b) 常闭触点；(c) 实物图片

2. 光电开光

光电开关又称为无接触式检测开关。它利用物质对光束的遮蔽、吸收或反射作用，检测物体的位置、形状、标志等。

光电开关中的核心器件是光电元器件，也就是将光照强弱的变化转换为电信号的传感元器件。光电元器件主要有发光二极管、光敏电阻、光电晶体等几种。

光电开关的电路一般由投光器和受光器两部分组成，根据设备需要，有的是投光器和受光器相互分离，有的是投光器和受光器组成一体。

按检测方式划分，光电开关可分为反射式、对射式、和镜面式三种类型。表 1 - 4 给出了光电检测分类方式。

表 1 - 4　　　　　　　　　　　光电开关的检测分类方式及特点

检测方式		光路	特点
对射式	扩散		检测距离远，也可检测半透明的密度（透过率）
	狭角		光束发散角小，抗邻组干扰能力强
	细束	检测不透明体	擅长检出细微的孔径、线型和条状物
	槽形		光轴固定，不需要调节，工作位置精度高
	光纤		适宜空间狭小、电磁干扰大、温差大、需防爆的环境

续表

检测方式		光路	特点	
反射式	限距	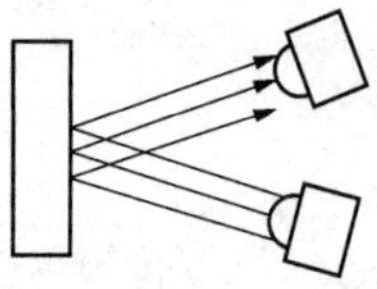	检测透明体和不透明体	工作距离限定在光束交点附近，可避免背景影响
	狭角			无限距型，可检测透明物后面的物体
	标志	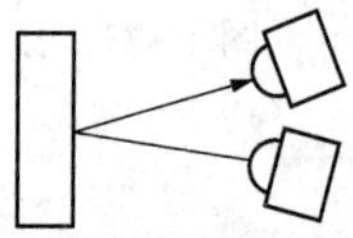		颜色标记和孔隙、液滴、气泡检出，测电表、水表转速
	扩散	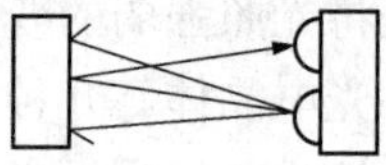		检测距离远，可检出所有物体，通用性强
	光纤	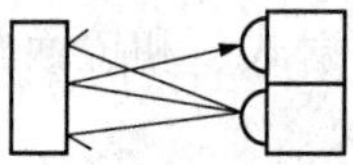		适宜空间狭小、电磁干扰大、温差大、需防爆的危险环境
镜面反射式		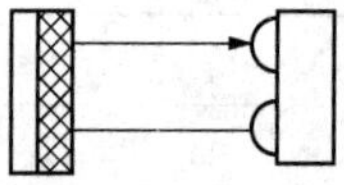		反射距离远，适宜远距检出，还可检出透明、半透明物体

光电开关的电气图形符号和文字符号如图 1-32（a），实物如图 1-32（b）所示。

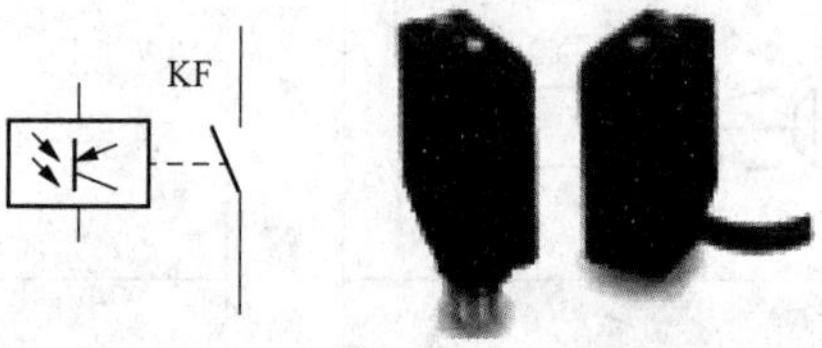

(a) (b)

图 1-32 光电开关

（a）表示符号；（b）实物图片

1.4.5 电磁开关

1. 电磁开关的特点

电磁开关可用于一般应用，如电机启动/停止和烧坏保护。电机过载，当过电流继续由于约束流动，由热继电器检测到之前，马达可以燃烧，切断电路中的电磁接触器或断路器以保护电机会燃烧。

2. 常用电磁开关

目前，常用电磁开关有：不可逆电磁开关、可逆电磁开关、机械闩锁式电磁开关、延时释放型电磁开关、盒装电磁开关、带特殊热继电器的电磁开关等，如图 1-33 所示。

(a)　　　　　　　　(b)　　　　　　　　(c)

(d)　　　　　　　　(e)　　　　　　　　(f)

图 1-33　电磁开关实物图

(a) 不可逆电磁开关；(b) 可逆电磁开关；(c) 机械闩锁式电磁开关；

(d) 延时释放型电磁开关；(e) 盒装电磁开关；(f) 带特殊热继电器的电磁开关

1.5　保　护　电　器

1.5.1　断路器

1. 低压断路器的结构及工作原理

低压断路器主要由三个部分组成：触点、灭弧系统和各种脱扣器。脱扣器包括过电流脱扣器、失压（欠电压）脱扣器、热脱扣器、分励脱扣器和自由脱扣器。图 1-34 (a) 是低压断路器结构示意图。开关是通过手动或电动合闸的，触点闭合后，自由脱扣器机构将触点锁在合闸位置。当电路发生故障时，通过各类脱扣器使自由脱扣机构动作，自动跳闸实现保护作用。图 1-34 (b) 为断路器实物图片。

(1) 过电流脱扣器。流过断路器的电流在整定值以内时，过电流脱扣器所产生的吸力不足以拉动衔铁。电流超过整定值时，强磁场产生吸力克服弹簧的拉力拉动衔铁，使自由脱扣机构动作，断路器跳闸，实现过流保护。

(2) 失压脱扣器。失压脱扣器的工作过程与过流脱扣器相反。当电源电压在额定电压时，失压脱扣器产生的磁力将衔铁闭合，使断路器保持在合闸状态。当电源电压下降到低于整定值时，在弹簧的作用下衔铁释放，自由脱扣机构动作而切断电源。

(3) 热脱扣器。热脱扣器的作用和工作原理与后续介绍的热继电器相同。

(4) 分励脱扣器。分励脱扣器用于远距离操作。在正常工作时，其线圈是断电的；在需要远程操作时，按动按钮使线圈通电，其电磁机构使自由脱扣机构动作，断路器跳闸断电。

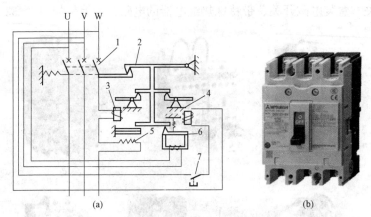

图 1 - 34　低压断路器的工作原理示意图

(a) 低压断路器的工作原理示意图；(b) 实物图片

1—主触点；2—自由脱扣机构；3—过电流脱扣器；

4—分励脱扣器；5—热脱扣器；6—失压脱扣器；7—分励脱扣按钮

以上说明是断路器可以实现的功能，并不是说在一个断路器中都具有所有功能。有的断路器没有分励脱扣器、热保护脱扣器或失压脱扣器等。但断路器都具备过电流（短路）保护功能。

2. 断路器的主要技术参数

（1）额定电压。断路器额定电压包括额定工作电压、额定绝缘电压和额定脉冲电压。

断路器的额定工作电压取决于电网的额定电压等级，我国电网的标准电压为交流 220、380、660、1140V 以及直流 220、440V 等。

断路器的额定绝缘电压是断路器的设计电压值，一般为断路器的最大额定工作电压。

断路器工作时要承受系统中所产生的过电压，额定脉冲电压应大于或等于系统中出现的最大过电压峰值。

额定绝缘电压和额定脉冲电压决定了断路器的绝缘水平，是两项非常重要的性能指标。

（2）额定电流。断路器额定电流指额定持续工作电流，也即过电流脱扣器能长期通过的电流，对可调式脱扣器则为可长期通过的最大电流。

（3）通断能力。通断能力也是指断路器在给定电压下接通和分断的最大电流值。

3. 低压断路器的选择

（1）额定电流和额定电压应大于或等于电路、设备的正常工作电压和工作电流。

（2）热脱扣器的整定电流应与所控制负载（比如电动机）的额定电流一致。

（3）欠电压脱扣器的稳定电压等于电路的额定电压。

（4）过电流脱扣器的整定电流 I_z 应大于或等于电路的最大负载电流。对于单台电动机来说，可按下式计算

$$I_z \geqslant KI_q$$

式中：K 为安全系数，可取 $1.5 \sim 1.7$；I_q 为电动机的起动电流。

对于多台电动机来说，可按下式计算

$$I_z \geqslant KI_{q,max} + \sum I_{er}$$

式中：K 取 $1.5 \sim 1.7$；$I_{q,max}$ 为最大一台电动机的起动电流；$\sum I_{er}$ 为其他电动机的额定电流之和。

（5）常用低压断路器。目前常用的低压短路器，主要有以下几类：塑壳断路器、小型断路器、低压空气短路器以及电动机断路器。

塑壳断路器如图 1-35 所示。塑壳断路器能够在电流超过跳脱设定后自动切断电流。塑壳指的是用塑料绝缘体来作为装置的外壳，用来隔离导体之间以及接地金属部分。塑壳断路器通常含有热磁跳脱单元，而大型号的塑壳断路器会配备固态跳脱传感器。

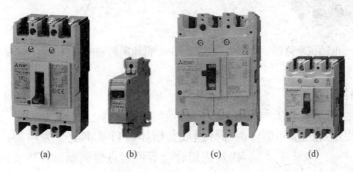

图 1-35　塑壳断路器

（a）三菱 MX 系列塑壳断路器；（b）电路保护器；（c）WS-Ⅴ系列塑壳断路器；（d）隔离开关

小型断路器又称微型断路器（Micro Circuit Breaker），如图 1-36 所示。适用于交流 50/60Hz 额定电压 230/400V，额定电流至 63A 线路的过载和短路保护之用，也可以在正常情况下作为线路的不频繁操作转换之用。小型断路器主要用于工业、商业、高层和民用住宅等各种场所。

低压空气断路器是一种不仅可以接通和分断正常负荷电流和过负荷电流，还可以接通和分断短路电流的开关电器，如图 1-37 所示。低压断路器在电路中除起控制作用外，还具有一定的保护功能，如过负荷、短路、欠压和漏电保护等。低压断路器广泛应用于低压配电系统各级馈出线，各种机械设备的电源控制和用电终端的控制和保护。

图 1-36　小型断路器

图 1-37　低压空气断路器

电动机断路器适合用于马达烧损保护，实现马达过载、缺相、短路电流保护功能，如图 1-38 所示。

4. 断路器图形符号和文字符号

低压断路器的图形符号和文字符号如图 1-39 所示。

图 1-38　电动机断路器　　　　图 1-39　低压断路器的电气图形和文字符号

1.5.2　熔断器

1. 熔断器的结构组成和工作原理

熔断器主要由绝缘底座和熔体两部分组成。熔体材料基本上分为两类：一类由铅、锌、锡及锡铅合金等低熔点金属制成，主要用于小功率电路；另一类由银或铜等较高熔点金属制成，用于大功率电路。

熔断器种类繁多，常用的有无填料瓷插式熔断器、无填料封闭管式熔断器、有填料螺旋式熔断器和快速熔断器等。

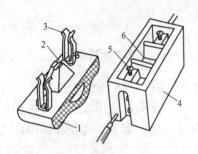

图 1-40　瓷插式熔断器结构示意图
1—瓷盖；2—熔丝；3—动触点；
4—瓷体；5—静触点；6—空腔

（1）瓷插式熔断器。瓷插式熔断器又名插入式熔断器，由瓷盖、瓷底座、静触点和熔体组成。图 1-40 所示为某型瓷插熔断器结构示意图。该熔断器结构简单、价格低廉，主要用于低压分支电路的保护，常用于早期照明回路中。

（2）螺旋式熔断器。螺旋式熔断器由瓷帽、熔管、瓷套及瓷座等部分组成。图 1-41 所示为某型螺旋式熔断器的结构示意图。

螺旋式熔断器具有体积小、灭弧能力强、有熔断指示和防振等特点，在配电及机电设备中大量使用。

（3）封闭管式熔断器。封闭管式熔断器分为无填料管式、有填料管式和快速熔断器三种。图 1-42、图 1-43 为无填料封闭管式和有填料封闭管式熔断器的外形与结构示意图。

无填料封闭管式熔断器通常由熔断器、熔体和静插座等部分组成。主要用于经常发生过载和短路的场合，作为低压配电电路或成套配电装置的连续过载及短路保护。

有填料封闭管式熔断器填料为石英砂，用来冷却和熄灭电弧，常用于大容量配电网络或

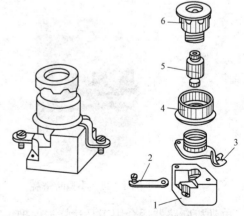

图 1-41　螺旋式熔断器的结构示意图
1—瓷座；2—下接线座；3—上接线座；
4—瓷套；5—熔断管；6—瓷帽

配电装置中。

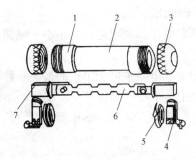 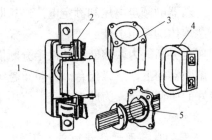

图 1-42　无填料封闭管式熔断器　　　　　图 1-43　有填料封闭管式熔断器

1—铜圈；2—熔断管；3—管帽；4—插座；　　　1—瓷底座；2—弹簧片；3—管体；

5—特殊垫圈；6—熔体；7—刀形触点　　　　　4—绝缘手柄；5—熔体

快速熔断器主要用于半导体功率元器件和变流装置的短路保护。因为半导体功率元器件的过载能力差，只能在极短的一段时间内承受过载电流，所以要求熔断器具有快速熔断的特性。

2. 熔断器的主要技术参数

(1) 额定电压。熔断器的额定电压是指熔断器长期工作时的电压，其值一般等于或大于电气设备的额定电压。

(2) 额定电流。熔断器的额定电流是指熔断器长期正常工作的电流，即长期通过熔体且不使其熔断的最大电流。熔断器的额定电流应大于或等于所装熔体的额定电流。

(3) 极限分断电流。熔断器极限分断电流是指熔断器在额定电压下能可靠分断的最大短路电流。它取决于熔断器的灭弧能力，与熔体额定电流无关。

3. 熔断器的选用原则

熔断器的选择应从以下几个方面考虑：

(1) 熔断器类型的选择。根据负载的保护特性和短路电流的大小，选择合适的熔断器的类型。例如，负载为照明或容量较小的电动机，一般考虑电路的过载保护，可采用熔体熔化系数较小的熔断器；用于低压配电电路的保护熔断器，一般是考虑短路时的分断能力，当短路电流较大时可采用具有高分断能力的熔断器，当短路电流很大时，具有限流作用的熔断器更加合适。

(2) 熔体额定电流的选择。

1) 对于电动机负载，因其起动电流大，熔断器适宜作电路短路保护而不能作过载保护。熔体的额定电流计算如下：

对于单台电动机，熔体的额定电流 (I_{er}) 应为电动机额定电流 (I_e) 的 1.5～2.5 倍，即 $I_{er} = (1.5 \sim 2.5) I_e$；轻载起动或起动时间较短时，系数可取 1.5；带重负载起动、起动时间较长或起停较频繁时，系数可取 2.5。

对于多台电动机，熔体的额定电流 (I_{er}) 应为最大一台电动机的额定电流 (I_{emax}) 的 1.5～2.5 倍，再加上同时使用的其他电动机额定电流之和 ($\sum I_e$)，即 $I_{er} = (1.5 \sim 2.5) I_{emax} + \sum I_e$。

2) 对于电阻性负载，熔断器用作过载保护和短路保护，熔体的额定电流应略大于或等于负载的额定电流。

3）对于容性负载，熔体的额定电流应为负载额定电流的 1.6 倍左右。

（3）熔断器的额定电压和额定电流。熔断器的额定电压和额定电流应不小于电路的额定电压和所装熔体的额定电流。

（4）额定分断能力。熔断器的额定分断能力必须大于电路中可能出现的最大短路电流。

（5）熔断器的上、下级配合。为防止越级熔断，上、下级（即供电干、支线）熔断器之间应有良好的协调配合。为此，在实际应用中要求上、下级熔断器的熔体额定电流的比值不小于 1.6：1。

4. 熔断器的电气图形符号和文字符号

熔断器的电气图形符号和文字符号如图 1 - 44 所示。

1.5.3 热继电器

图 1 - 44　熔断器的电气
图形符号和文字符号

热继电器是利用热效应原理来切断主电路的保护电器。广泛应用于电动机等负载的过载保护。

1. 热继电器的结构组成和工作原理

热继电器主要由双金属片、加热元器件、触点系统、动作机构、整定调整装置及温度补偿元器件等组成。图 1 - 45 所示为双金属片热继电器的结构示意图和实物图。

图 1 - 45（a）中，双金属片由两种膨胀系数不同的金属片组成，当双金属片受热膨胀时将弯曲变形。实际应用时，将发热元器件串接在电动机的主电路中，常闭触点串接于电动机的控制电路中。当负载电流超过整定电流值并经过一定时间，发热元器件所产生的热量使双金属片弯曲，驱动动触点与静触点分断，切断电动机的控制回路，使接触器线圈断电，从而断开主电路，实现对电动机的过载保护。电源切断后，电流消失，双金属片逐渐冷却，经过一段时间后恢复原状，动触点靠自身弹簧的弹性自动复位。

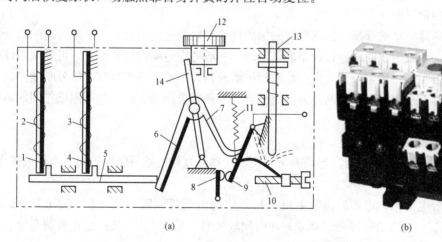

(a)　　　　　　　　　　　(b)

图 1 - 45　热继电器结构示意图和实物图

(a) 双金属片热继电器结构示意图；(b) 热过载继电器实物图

1、4—主双金属片；2、3—加热元器件；5—导板；6—温度补偿片；7—推杆；8—静触点；
9—动触点；10—调节螺钉；11—弹簧；12—凸轮旋钮；13—手动复位按钮；14—支撑杆

2. 热继电器的主要技术参数

热继电器的主要技术参数是整定电流。整定电流是指长期通过发热元器件而不动作的最大电流。电流超过整定电流 20% 时，热继电器应当在 20 min 内动作，超过的电流值越大，则动作的时间越短。整定电流的大小在一定范围内可以通过旋转凸轮旋钮来调节。选用热继电器时应取其整定电流等于电动机的额定电流。

热继电器的常用技术参数还包括额定电压、额定电流及相数等。

3. 热继电器的选用原则

热继电器影响着电动机过载保护的可靠性，选用时应根据电动机的起动情况、工作环境、负载性质等方面综合考虑。

（1）热继电器的结构形式。热继电器有两相式、三相式和三相带断电保护等形式。

星形联结的电动机可选两相或三相结构形式的热继电器。当发生一相断路时，另两相发生过载，由于流过热元器件的电流就是电动机绕组的电流，故两相或三相结构都可起保护作用。

三角形联结的电动机应选用带断相保护装置的三相热继电器。三角形联结的电动机，若有一相断电，线电流近似等于电流较大那一相的 1.5 倍。由于热继电器整定电流为电动机额定电流，若采用两相结构的热继电器，热继电器不会动作，但电流较大的一相电流超过了额定值，就有过热的危险，长时间运行则会损坏电动机。采用三相带断相保护的热继电器，当电路出现断相时，由于三相电流不平衡，热继电器将会动作，切断主电路，使电动机停转。

（2）确定热元器件的额定电流。热元器件的额定电流一般可按下式确定

$$I_{er} = (0.95 \sim 1.05)I_e$$

式中：I_e 为电动机的额定电流；I_{er} 为热元器件的额定电流。

对于起动频繁、工作环境恶劣的电动机，则按下式确定

$$I_{er} = (1.15 \sim 1.5)I_e$$

热元器件选好后，还需按电动机的额定电流来调整其整定值。

（3）非频繁起动场合，要保证热继电器在电动机的起动过程中不产生误动作。通常，当电动机起动电流为其额定电流的 6 倍以及起动时间不超过 6s 时，若很少连续起动电动机，就可按电动机的额定电流选取热继电器。

（4）对于重复短时起停的电动机（如起重机电动机），由于其不断地重复大电流起动，热继电器双金属片的温升跟不上电动机绕组的温升，电动机将得不到可靠的过载保护。因此，对于频繁通断的电动机，不宜采用双金属片式热继电器，可采用过电流继电器作为它的过载保护和短路保护。

（5）热继电器不能用作短路保护。因为当发生短路时要求立即断开电路，而热继电器由于热惯性不能立即动作。

（6）常用的热继电器有：过载/断相保护热继电器如图 1-46（a），可以检测电机的过载，限制电流和相位不匹配。延迟热继电器如图 1-46（b），配有可饱和电抗器，也可以应用于需要时间启动的电机。快速动作特性热继电器如图 1-46（c），适用于热容量允许时间短的电机。

4. 热继电器图形符号和文字符号

热继电器电气图形符号和文字符号如图 1-47 所示。

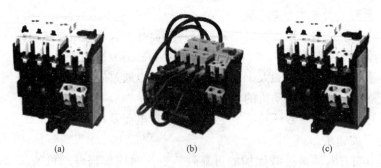

图 1-46　常用热继电器

(a) 过载/断相保护热继电器；(b) 延迟热继电器；(c) 速度型热继电器

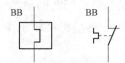

图 1-47　热继电器的电气图形符号和文字符号

习　题

1-1　如何区分直流电磁系统和交流电磁系统？如何区分电压线圈和电流线圈？

1-2　交流电磁系统中短路环的作用是什么？三相交流电磁铁有无短路环？为什么？

1-3　交流电磁线圈误接入直流电源、直流电磁线圈误接入交流电源，将发生什么问题？为什么？

1-4　电弧如何产生的？有哪些危害？直流电弧与交流电弧各有什么特点？低压电器中常用的灭弧方式有哪些？

1-5　接触器的主要结构有哪些？交流接触器和直流接触器如何区分？

1-6　交流接触器在衔铁吸合时线圈中会产生冲击电流，为什么？直流接触器会产生这种现象吗？为什么？

1-7　中间继电器的作用是什么？中间继电器与接触器有何异同？

1-8　对于星形联结的三相异步电动机能否用一般三相结构热继电器作断相保护？为什么？

1-9　试比较电磁式时间继电器、空气阻尼式时间继电器、电动式时间继电器与电子式时间继电器的优缺点及应用场合。

1-10　在电动机的控制电路中热继电器与熔断器各起什么作用？两者能否互相替换？为什么？

1-11　低压断路器具有哪些脱扣装置？试分别说明其功能。

1-12　按钮与行程开关有何异同点？什么是主令控制器？作用是什么？

1-13　常用的启动器有哪几种？各用在什么场合？牵引电磁铁由哪几部分组成？应用场合如何？频敏变阻器主要适用于什么场合？由什么特点？

第2章 典型电气控制电路

2.1 电气控制电路绘制原则及标准

电气控制电路是用导线将用电设备、控制器等元器件按一定的要求连接起来，并实现某种特定控制功能的电路。为了表达生产机械电气控制系统的结构、原理等设计意图，便于电气控制系统的安装、调试、使用和维修，将电气控制系统中各电气元器件及其连接电路用一定的图形表达出来，这就是电气控制系统图。

电气控制系统图通常有三类：电器布置图、电气原理图和电气安装接线图。在图上用不同的图形符号来表示各种电气元器件，用不同的文字符号来说明图形符号所代表的电器元器件的基本名称、用途、主要特征及编号等。按电气元器件的布置位置和实际接线，用规定的图形符号绘制的图称为安装图。根据电路工作原理用规定的图形符号绘制的图称做原理图。原理图能够清楚地表明电路功能，便于分析系统的工作原理。各类图均有其不同的用途和规定画法，应根据简明易懂的原则，采用国家标准统一规定的图形符号、文字符号和标准画法来绘制。本节首先简要介绍现行国标中规定的有关电气技术方面常用的文字符号和图形符号，然后重点介绍电气原理图的绘制原则方法。

2.1.1 电气控制电路图的图形符号、文字符号及接线端子

电气原理图中电气元器件的图形符号和文字符号必须符合国家标准规定。一般来说，国家标准是在参照国际电工委员会（IEC）和国际标准化组织（ISO）所颁布标准的基础上制定的。现行和电气制图有关的主要国家标准有：

（1）GB/T 4728 2005—2008《电气简图用图形符号》。

（2）GB/T 5465 2008—2009《电气设备用图形符号》。

（3）GB/T 20063—2006《简图用图形符号》。

（4）GB/T 5094 2003—2005《工业系统、装置与设备以及工业产品-结构原则与参照代号》。

（5）GB/T 20939—2007《技术产品及技术产品文件结构原则字母代码-按项目用途和任务划分的主类和子类》。

（6）GB/T 6988—2008《电气技术用文件的编制》。

电气元器件的文字符号一般由1~2个字母组成。第一个字母在GB/T 5094.2—2003中的"项目的分类与分类码"中给出；而第二个字母在GB/T 20939—2007中给出。本书采用最新的文字符号来标注各电气元器件。

需要说明的是，技术的发展使专业领域的界限模糊化，机电结合更加紧密。GB/T 5094.2—2003和GB/T 20939—2007中给出的文字符号也适用于机械、液压等领域。

电气元器件的第一个字母，即GB/T 5094.2—2003的"项目的分类与分类码"见表2-1所列。

2.1.2　电气元器件布置图

电气元器件布置图主要用来表达各种电气设备在机械设备和电气控制柜中的实际安装位置，为机械电气控制设备的制造、安装、维护提供必要的资料。以机床为例，其各电气元器件的安装位置是由机床的结构和工作要求决定的，如电动机要和被拖动的机械部件在一起，行程开关应放在行程末端，操作元器件要配置在操纵面板等操作方便的地方，一般电气元器件应放在控制柜内。

表 2-1　　　　　　　　　　GB/T 5094.2—2003 中项目的字母代码（主类）

代码	项目的用途或任务
A	两种或两种以上的用途或任务
B	把某一输入变量（物理性质、条件或事件）转换为更进一步处理的信号
C	材料、能量或信息的储存
D	为将来标准化备用
E	提供辐射或热能
G	起动能量流或材料流，产生用作信息载体或参考源的信号
H	产生新类型材料或产品
F	直接防止（自动）能量流、信息流、人身或设备发生危险的或意外的情况，包括用于防护的设备和系统
J	为将来标准化备用
K	处理（接收、加工和提供）信号或信息（用于保护目的的项目除外，见 F 类）
L	为将来标准化备用
M	提供用于驱动的机械能量（旋转或线性机械运动）
N	为将来标准化备用
P	信息表述
Q	受控切换或改变能量流、信息流或材料流（对于控制电路中的开关信号，见 K 类或 S 类）
R	限制或稳定能量、信息或材料的运动或流动
S	把手动操作改变为进一步处理的特定信号
T	保持能量性质不变的能量变换，已建立的信号保持信息内容不变的变换，材料形态或形状的变换
U	保持物体在指定位置
V	材料或产品的处理（包括预处理后处理）
W	从一地到另一地引导或输送能量、信号、材料或产品
X	连接物
Y	为将来标准化准备
Z	为将来标准化准备

　　电气元器件布置主要由机床电气设备布置图、控制柜及控制板电气设备布置图、操作台及悬挂操纵箱电气设备布置图等组成。图 2-1 所示为某型车床电气布置图。

2.1.3　电气原理图

电气原理图是根据控制系统工作原理绘制的，结构简单、层次分明，便于研究和分析电路工作原理。电气原理图表达所有电气元器件的导电部件和接线端之间的相互关系，与各电气元器件的实际布置位置和实际接线情况无关，且不反映电气元器件的大小。现以图 2-2 所示某型车床的电气原理图为例来说明电气原理图绘制的基本规则和应注意的事项。

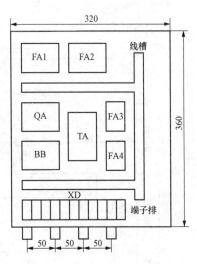

图 2-1　某型车床电气位置图

（1）绘制电气原理图的基本规则。

1）原理图一般分为主电路和辅助电路两部分画出。主电路指大电流通过的路径。例如，电源到电动机绕组。辅助电路包括控制电路、信号电路、照明电路及保护电路等，由继电器的线圈和触点，接触器的线圈和辅助触点、照明灯、按钮等电气元器件组成。通常主电路用粗实线表示，画在左边；辅助电路用细实线表示，画在右边。

2）各电器元器件不画实际的外形图，而采用国家规定的统一标准图形符号，文字符号也采用国家标准。属于同一电器的线圈和触点，都要采用同一文字符号表示。对同类型的电器，在同一电路中的表示可在文字符号后加注阿拉伯数字序号加以区分。

3）各电气元器件和部件在控制电路中的位置，应根据便于阅读的原则安排，同一电器元器件的各部件根据需要可不画在一起，但文字符号要一致。

4）所有电器的触点状态，都应按没有通电和没有外力作用时的初始开、关状态画出。例如继电器的触点，按吸引线圈不通电时的状态画，按钮、行程开关触点按不受外力作用时的状态画出等。

5）无论是主电路还是控制电路，各电气元器件一般要求按动作顺序从上到下，从左到右依次排列。

6）有直接电连接的交叉导线的连接点，要用黑圆点表示，无直接电连接的交叉导线，交叉处不能画黑圆点。

（2）图面区域的划分。电气原理图上方的 1、2、3、…数字是图区编号，是为了便于检索电气电路，方便阅读分析，避免遗漏而设置的。一般 CAD 图样图区编号在下方也可显示。

图区编号下方的"开关电源及保护……"等字样，表明对应区域下方元器件或电路的功能，使读者能清楚地知道某个元器件或某部分电路的功能，以利于理解整个电路的工作原理。

（3）符号位置的索引。符号位置的索引用图号、页次和图区编号的组合索引法，索引代号的组成如下：

图号　　页次　图区号（行号、列号）

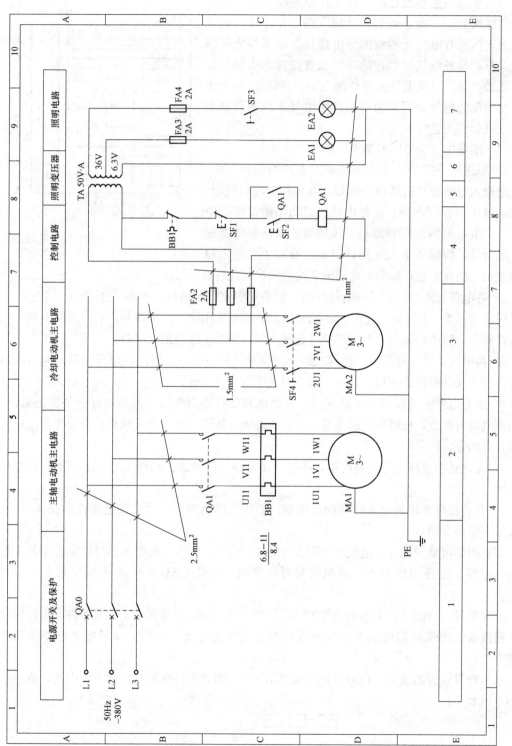

图 2-2　某型车床电气原理图

当某图号仅有 1 页图样时，只写图号和图区的行、列号，在只有 1 个图号多页图样时，则图号可省略，而元器件的相关触点只出现在一张图样上时，只标出图区号（无行号时，只写列号）。

（4）电气原理图中技术数据的标注。电气元器件的技术数据，除在电气元器件明细表中标明外，也可用小号字体注在其图形符号的旁边。

2.1.4　电气安装接线图

为了进行设备的布线或排缆，必须提供其中各个部件（包括元器件、器件、组件等）之间电气连接的详细信息，包括连接关系、线缆种类和铺设路线等。用电气图的方式表达的图称为接线图。

安装接线图是检查电路和维修电路不可缺少的技术文件。根据表达对象和用途的不同，接线图有单元接线图、互连接线图和端子接线图等。GB/T 6988.1—2008《电气制图国家标准》详细规定了安装接线图的编制规则。主要有下面几项：

（1）在接线图中，一般都应标出各部件的相对位置、部件代号、端子间的电连接关系、端子号、导线类型、截面积等。

（2）同一控制盘上的电气元器件可直接连接，但盘内元器件与外部元器件连接时必须通过接线端子排进行。

（3）接线图中各电气元器件图形符号与文字符号均应以原理图为准，并保持一致。

（4）互连接线图中的互连关系可用连续线、中断线或线束表示，连接导线应注明导线根数，导线截面积等。接线图不表示导线实际走线途径，施工时由施工人员根据实际情况选择最佳走线方式。图 2-3 所示为某型车床电气互连接线图。

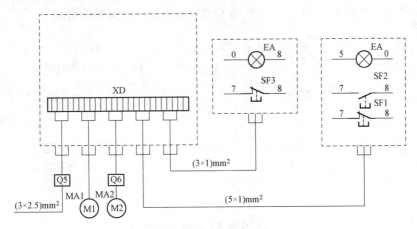

图 2-3　某型车床电气互连接线图

2.2　电气控制电路的基本环节

2.2.1　起动、点动和停止控制环节

1. 单向全压起动控制电路

图 2-4 是一个常用的电动机控制电路。主电路由断路器 QA0、接触器 QA1 的主触点、热继电器 BB 的热元器件与电动机 MA 构成；控制回路由起动按钮 SF2、停止按钮 SF1、接

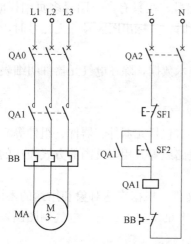

图 2-4　单向全压起动控制电路

触器 QA1 的线圈及其常开辅助触点、热继电器 BB 的常闭触点等几部分构成。正常起动时，合上 QA0，接入三相电源，按下起动按钮 SF2，交流接触器 QA1 的吸引线圈通电，接触器主触点闭合，电动机接通电源直接起动运转。同时与 SF2 并联的常开辅助触点 QA1 也闭合，当手松开，SF2 自动复位时，接触器 QA1 的线圈仍可通过辅助触点 QA1 使接触器线圈继续通电，从而保持电动机的连续运行。这个辅助触点起着自保持或自锁的作用。这种由接触器（继电器）自身的常开触点来使其线圈长期保持通电的环节叫"自锁"环节。

按下停止按钮 SF1，控制电路被切断，接触器线圈 QA1 断电，其主触点断开，将三相电源断开，电动机自由停车。同时 QA1 的辅助常开触点也断开，"自锁"解除，因而当手松开停止按钮后，SF1 在复位弹簧的作用下，恢复到原来的常闭状态，但接触器线圈已经不能再依靠自锁环节通电了。

2. 电动机的点动控制电路

生产机械在安装或维修时，一般均需要试车或调整，常需点动控制。点动控制的操作要求为按下起动按钮时，常开触点接通电动机起动控制回路，电动机通电转动；松开按钮后，由于按钮自动复位，常开触点断开，切断了电动机控制回路，电动机断电停转。点动起、停的时间由操作者手动控制。图 2-5 中列出了实现点动的几种控制电路。

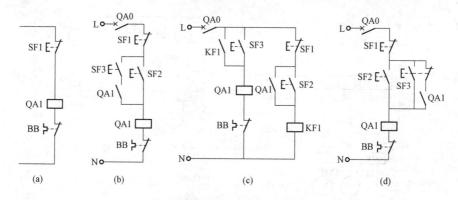

图 2-5　实现点动的几种控制电路

（a）最基本的点动控制电路；（b）带旋转开关 SF3 的点动控制电路；
（c）利用中间继电器实现点动的控制电路；（d）用复合按钮 SF3 实现点动的控制电路

图 2-5（a）是最基本的点动控制电路。当按下点动起动按钮 SF1 时，接触器 QA1 线圈得电，主触点闭合，电动机电源接通，起动运转。当松开按钮 SF1 时，接触器 QA1 线圈失电，主触点断开，电动机被切断电源而停止运转。

图 2-5（b）是带旋转开关 SF3 的点动控制电路。当需要点动操作时，将旋转开关 SF3 转到断开位置，使自锁回路无效，按下按钮 SF2 时，接触器 QA1 线圈得电，主触点闭合，

电动机接通电源，起动运转；当手松开按钮 SF2 时，接触器 QA1 线圈失电，主触点断开，电动机电源被切断而停止，从而实现了点动控制。当需要连续工作时，将旋转开关 SF3 转到闭合位置，自锁回路有效，即可实现连续控制。

图 2-5（c）是利用中间继电器实现点动的控制电路。利用连续起动按钮 SF2 控制中间继电器 KF1，KF1 的常开触点并联在 SF3 两端，控制接触器 QA1，再控制电动机实现连续运转；当需要停转时，按下 SF1 按钮即可。当需要点动运转时，按下 SF3 按钮即可。这种方案的特点是在电路中单独设置一个点动回路，适用于电动机功率较大并需经常点动控制操作的场合。

图 2-5（d）是采用一个复合按钮 SF3 实现点动的控制电路。需要点动控制时，按下点动按钮 SF3，其常闭触点先断开自锁电路，常开触点后闭合，接通起动控制电路，接触器 QA1 线圈通电，主触点闭合，电动机得电起动旋转。松开 SF3，接触器 QA1 线圈失电，主触点断开，电动机失电自由停车。若需要电动机连续运转，则按起动按钮 SF2，停机时按下停止按钮 SF1 即可。这种方案适用于需经常点动控制操作的场合。

2.2.2　可逆控制与互锁环节

在生产加工过程中，生产机械常常要求具有上下、左右往返等相反方向的运动，如起重机吊钩的上升与下降、电梯的上下运行、机床工作台的前进与后退等运动的控制，要求电动机能够实现正反向运行。由交流电动机工作原理可知，将三相交流异步电动机的三相电源进线中的任意两相对调，即可实现电动机逆向旋转。因此，需要对单向运行的控制电路做相应的补充，即在主电路中设置两组接触器主触点，来实现电源相序的切换；在控制电路中对两个接触器线圈进行控制，这种可同时控制电动机正反转的控制电路称为可逆控制电路。

图 2-6 所示即是三相交流电动机的可逆控制电路。图 2-6（a）为主电路，其中接触器 QA1 和 QA2 所控制的电源相序相反，因此可使电动机可逆向运行。如图 26（b）所示的控制电路中，要使电动机正转，按下正转起动按钮 SF2，QA1 线圈得电，其主触点 QA1 闭合，电动机正转，同时由其辅助常开触点构成的自锁环节可保证电动机连续运行；按下停止按钮 SF1，可使 QA1 线圈失电，其主触点断开，电动机停止运行。要使电动机反转，按下反转起动按钮 SF3，QA2 线圈得电，其主触点 QA2 闭合，电动机反转，同时由其辅助常开触点构成的自锁环节可保证电动机连续运行；按下停止按钮 SF1，可使 QA2 线圈失电，其主触点断开，电动机停止运行。

通过上面的分析，可以看出此控制电路可实现电动机的正反转控制，但还存在致命的缺点。当电动机已经处于正转运行状态时，如果没有按下停止按钮 SF1，而是直接按下反转起动按钮 SF3，结果会导致 QA2 线圈得电，主电路中 QA2 的主触点立即闭合，造成电源线间短路的严重事故。为避免此类故障的发生，需在控制电路上加以改进，如图 2-6（c）所示。与图 2-6（b）不同的是，分别在 QA1 的线圈控制支路中串联了一个 QA2 的常闭触点，在 QA2 的线圈控制支路中串联了一个 QA1 的常闭触点。这时在按下正转起动按钮 SF2，QA1 线圈得电，其主触点 QA1 闭合，电动机正转的同时，其辅助常闭触点 QA1 处于断开状态，使得 QA2 的线圈控制支路处于断开状态，此时，即使按下反转起动按钮 SF3 也无法使 QA2 的线圈得电，只有当电动机停止正转之后，也就是 QA1 线圈失电后，反转控制支路才可能被接通。该电路就可以保证受控电动机主回路中的 QA1、QA2 主触点不会同时闭合，有效

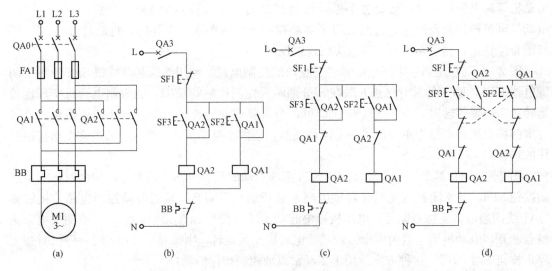

图 2-6 三相交流异步电动机可逆控制电路

(a) 主电路；(b) 无互锁的控制电路；

(c) 电互锁控制电路；(d) 采用复合按钮的双重互锁控制电路

避免了电源相间短路的故障。这种在控制电路中利用辅助触点互相制约工作状态的控制环节，称之为"电互锁"环节。设置电互锁环节是可逆控制电路中防止电源相间短路最为有效的保证。

电动机可逆运行按照操作顺序划分，有"正—停—反"和"正—反—停"两种控制策略。图 2-6 (c) 控制电路做正反向控制时，必须先按下停止按钮 SF1，然后再进行反向起动操作，所以它是"正—停—反"控制策略。但在有些生产过程中需要能直接实现正反转的变换控制。电动机正转的时候，按下反转按钮前必须先断开正转接触器线圈电路，待正转接触器释放后再接通反转接触器，为此可以采用两个复合按钮来实现。其控制电路如图 2-6 (d) 所示。该电路既有接触器的互锁（称为电互锁），又有复合按钮的互锁（称为机械互锁），保证了电路可靠运行，这样的控制电路在电力拖动控制系统中经常使用。正转起动按钮 SF2 的常开触点用来使正转接触器 QA1 的线圈瞬时通电，常闭触点则串接在反转控制接触器 QA2 线圈的控制电路中，用来使之线圈断电。反转起动按钮 SF3 同样按 SF2 规则运行，当按下 SF2 或 SF3 时，首先其常闭触点断开，然后才是常开触点闭合。有这样的措施需要改变电动机运转方向时，就不必按 SF1 停止按钮了，直接操作正反转按钮即能实现电动机安全地可逆运行。

2.2.3 顺序及多地控制环节

(1) 顺序控制电路。多机拖动系统中，各电动机工作任务不同，经常需按一定的顺序起动，才能保证操作过程的合理性和工作的安全可靠。例如某型铣床要求主轴电动机起动后，进给电动机才可起动。这类要求一台电动机起动后另一台电动机方能起动的控制逻辑称为电动机的顺序控制。

如图 2-7 所示为几种电动机顺序控制电路。

图 2-7 (b) 所示控制电路特点：电动机 M2 的控制电路并接在接触器 QA1 的线圈两侧，之后再与 QA1 自锁触点串联，从而保证了 QA1 必须先得电闭合，电动机 M1 起动之

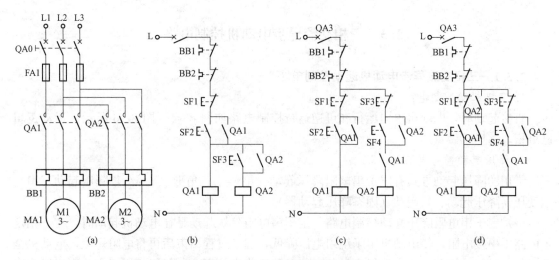

图 2-7　电动机的顺序控制电路

(a) 主电路；(b) 控制电路之一；(c) 控制电路之二；(d) 控制电路之三

后，QA2 线圈才可能得电，MA2 才能起动，以实现 MA1→MA2 的顺序控制要求。两台电动机同时停止运行。

图 2-7（c）所示控制电路特点：在电动机 MA2 的控制电路中串接了接触器 QA1 的常开辅助触点。如果 QA1 线圈不得电，MA1 不起动，即使按下按钮 SF4，由于 QA1 的常开辅助触点未闭合，QA2 线圈始终不能得电，从而保证必须是 MA1 起动后，MA2 才能起动的控制逻辑。停机无顺序要求，按下 SF1 为同时停机，按下 SF3 为 MA2 必须单独停机。

图 2-7（d）所示控制电路特点：在 SF1 的两端并接了接触器 QA2 的常开辅助触点，在电动机 MA2 的控制电路中串接了接触器 QA1 的常开辅助触点从而实现 MA1 起动后，MA2 才能起动；MA2 停转后，MA1 才能停转的控制，即 MA1、MA2 是顺序起动，逆序停机。

（2）多地控制电路。能在两地或多地分别控制同一台电动机的控制逻辑称为电动机的多地控制。例如某型机床在操作台的正面及侧面均能对铣床进行操作控制。如图 2-8 所示为电动机两地控制的典型控制电路。其中 SF1、SF2 为安装在甲地的起动按钮和停止按钮，SF3、SF4 为安装在乙地的起动按钮和停止按钮。多地控制的电路特点是两地起动按钮并联在一起，如图 2-8 所示中 SF2 和 SF4 停止按钮并联在一起，SF1 和 SF3 的串联在一起。因此，在甲地、乙地可以起、停同一台电动机，达到多地控制的目的，操作更加方便。

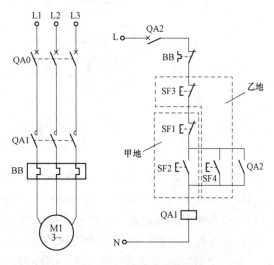

图 2-8　两地控制电路

2.3　三相交流异步电动机控制电路

2.3.1　三相交流异步电动机起动控制电路

1. 直接起动控制电路

直接起动时，电动机单向运行和可逆运行控制电路如图 2 - 4～图 2 - 6 所示，运动逻辑已分析，这里不做重述。

2. 降压起动控制电路

常用的降压起动方式有定子串电阻降压起动、星形－三角形（Y—△）降压起动、串自耦变压器降压起动、软起动（固态降压起动器）。

（1）定子串电阻降压起动控制电路。定子串电阻降压起动是在电动机起动时，在三相定子电路中串接电阻，使电动机定子绕组电压降低，起动过程结束后再将电阻短接，电动机全压运行。显然，这种方法会消耗大量的电能且装置成本较高，一般仅适用于大功率绕线式交流电动机的一些特殊应用场合，如起重机械等。

图 2 - 9 所示为定子串电阻降压起动控制电路。其工作过程如下：

合上断路器 QA0→按下 SF2→QA1 线圈得电→QA1 主触点闭合，电动机 M1 串电阻 R 起动。

                             ↘ QA1 辅助常开触点闭合，自锁。

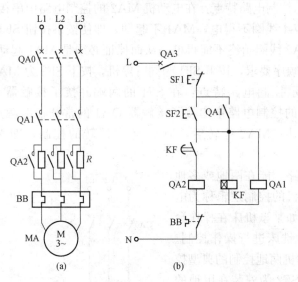

图 2-9　定子串电阻降压起动控制电路
(a) 主电路；(b) 控制电路

同时，KF 线圈得电开始延时→延时时间到→KF 延时闭合→QA2 得电→QA2 主触点闭合→将定子串接的电阻 R 短接，使电动机在全压下进入稳定运行状态。

控制电路中时间继电器 KF 在电动机起动后，仍一直通电，处于动作状态，这是不必要的，可以调整控制电路，使得电动机起动完成后，由接触器 QA1、QA2 线圈得电使之正常运行。定子串电阻降压起动的优点是按时间原则切除电阻，动作可靠，电路结构简单；缺点是电阻上损耗无用功大。起动电阻一般采用由电阻丝绕制的板式电阻。为降低电功率损耗，可采用电抗器代替电阻。

（2）星形—三角形降压起动控制电路。正常运行时，定子绕组接成三角形的笼型异步电动机，常可采用星形—三角形（Y—△）降压起动方法来实现电动机起动。Y—△降压起动方法是指起动时先将电动机定子绕组接成 Y 形，这时加在电动机每相绕组上的电压为电源电压额定值的 $1/\sqrt{3}$，从而其起动转矩为△接法时直接起动转矩的 1/3，起动电流降为△连接时直接起动电流的 1/3，减小了起动电流对电网电压稳定性的影响。待电动机起动后，按预先设定的时间再将定子绕组切换成△接法，使电动机在额定电压下正常运转。

星形—三角形降压起动控制电路如图 2 - 10 所示。其起动过程分析如下：

合上断路器 QA0→按下按钮 SF2→QA1 线圈得电→QA1 主触点闭合→电动机 Y 接法起动。

↓ ↘ QA2 线圈得电→ QA2 主触点闭合↗

KF 线圈得电→延时时间到→KF 延时常开触点闭合→QA3 线圈得电→①

↘ KF 延时常闭触点断开→QA2 线圈断电→②

①→QA3 主触点闭合→电动机△接法运行

②→QA2 主触点释放脱开↗

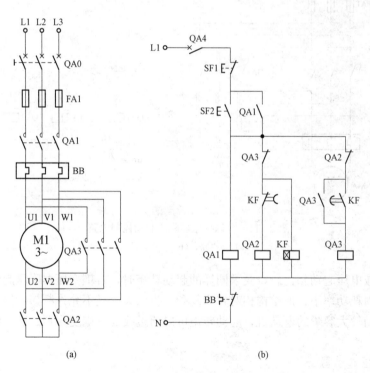

图 2 - 10 Y—△降压起动控制电路

(a) 主电路；(b) 控制电路接

在电路中，KF 在起动时得电，处于工作状态；起动结束后，KF 处于断电状态。与其他降压起动方法相比，Y—△降压起动方法的起动电流小、投资少、电路简单，但起动转矩小，转矩特性差。因而这种起动方法常常用于小容量电动机及轻载状态下中大容量电动机起动，且只运用于在正常运运行时定子绕组转接成三角形的三相异步电动机。

（3）自耦变压器降压起动控制电路。在自耦变压器降压起动控制电路中，电动机起动电流的控制是通过自耦变压器的降压作用实现。电动机起动时，定子绕组上的电压是自耦变压器的二次侧电压；起动完成后，自耦变压器被切除，定子绕组重新接上额定电压，电动机在全电压下稳态运行。图 2-11 为自耦变压器降压起动的控制电路。其起动过程分析如下：

合上 QA0→按下 SF2→QA1 线圈得电→QA1 主触点闭合→M 定子绕组经自耦变压器降压起动。

KF 得电→KF 瞬动触点闭合→自锁

开始延时→时间到→KF 延时常闭触点断开→QA1 线圈失电→①

KF 延时常开触点闭合→QA2 线圈得电→②

①→QA1 主触点断开→变压器断开。

②→QA2 主触点闭合→M 全电压运行。

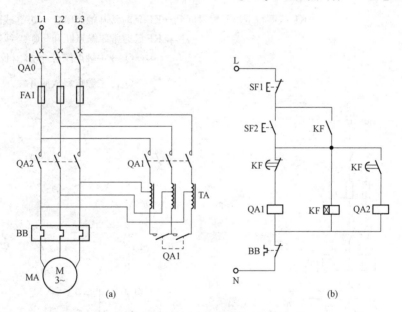

图 2-11 自耦变压器降压起动控制电路
(a) 主电路；(b) 控制电路

与串电阻减电压起动相比较，要求同样的起动转矩时，自耦变压器降压起动对电网的电流影响不大，损耗功率小；但结构相对较为复杂、投入大，且不允许频繁启停。因此，该方法主要用于起动较大容量的电动机，起动转矩可以通过改变自耦变压器二次测线圈抽头的连接位置实现。

3. 固态降压起动器

固态降压起动器是一种集电动机软起动、软停车、轻载节能和多种保护功能于一体的新型电动机控制装置。该装置可以实现交流异步电动机的软起动、软停止功能，同时还具有过载、缺相、欠压、过压、过热等多项保护功能，是传统串电阻降压起动、Y—△起动、自耦变压器降压起动措施最理想的替代产品。

固态降压起动器由电动机启停控制装置和软起动控制器组成。其核心部件是软起动控制器，它是由半导体功率器件及其他电子元器件组成的。软起动控制器的主体结构是一组串接于电源与被控电动机之间的三相反并联晶闸管及其控制电路，利用晶闸管移相控制原理，控制三相反并联晶闸管的导通角，控制电动机的输入电压，以此实现不同的起动功能。起动时，控制晶闸管的导通角从零开始，逐渐前移，电动机的端电压从零开始，按预设函数逐渐增大，直至达到起动转矩要求而使电动机顺利起动，最后再使电动机全电压运行。软起动控制器原理结构图如图 2-12 所示。

图 2-13 为某型软起动器的外形图，该装置采用微电脑控制技术，运用于为多种规格的三相异步电动机软起动和软停止。被广泛应用于石油、冶金、消防、石化、矿山等工业领域的电动机传动设备。

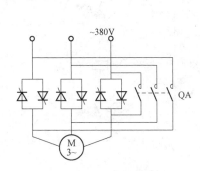

图 2-12　起动器原理结构图　　　　图 2-13　某型软起动控制器的外形图

图 2-14 该型软起动控制器引脚示意图。图 2-15 是该型软起动器起动一台电动机的控制电路。

2.3.2　三相交流异步电动机制动控制电路

交流异步电动机定子绕组切断电源后，由于惯性作用，转子需经一段时间才能自由停止转动，这往往不能满足某些生产机械的工艺要求，造成运动部件停位不当，工作不安全。因此，必须采取有效的制动措施。所谓制动是指使电动机脱离正常工作电源后迅速停转的措施。交流异步电动机的制动方法有机械制动和电气制动两种。机械制动是利用机械装置使电动机迅速停转。常用的机械制动装置是电磁抱闸，抱闸装置由制动电磁铁和闸瓦制动器组成，又分为断电制动型和通电制动型两种。机械制动动作时，将制动电磁铁的线圈电源切断或接通，通过机械抱闸制动电动机；电气制动是在电动机上制造一个与原转子转动方向相反的制动转矩，使电动机迅速停转。电气制动方法主要有反接制动、能耗制动及发电制动等。

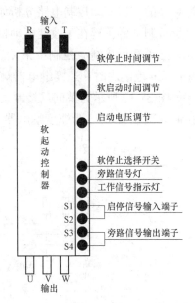

图 2-14　某型软起动控制引脚示意图

1. 反接制动控制电路

反接制动是通过改变异步电动机定子绕组中三相电源的相序，制造一个与转子惯性转动方向相反的反向转矩，实现制动。

反接制动时，由于转子与旋转磁场的相对转速接近 2 倍的同步转速，所以定子绕组中流过的反接制动电流接近全压起动时起动电流的 2 倍，冲击电流很大。为减小冲击电流，需要

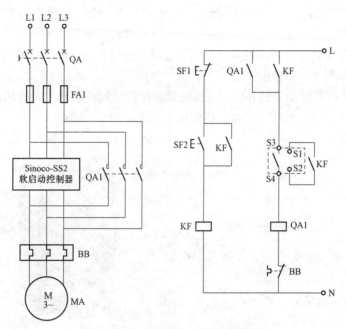

图 2-15 软起动器电动机控制电路图

在电动机主电路中串接电阻,该电阻称为反接制动电阻。

当反接制动使电动机转速下降近零时,须及时切断反相序电源,以防电动机反向起动。一种典型的反接制动控制电路分析如下:

反接制动的关键在于改变电动机电源相序,当转速下降至近零时,能自动将电源分断。为此,必须在反接制动控制中采用速度继电器来检测电动机的速度变化。当转速在 120~3000r/min 范围内时,速度继电器触点动作,当转速低于 100r/min 时,其触点恢复原位。

如图 2-16 所示为单向反接制动控制电路。图中 QA1 为旋转时使用的接触器,QA2 为反接制动接触器,BS 为速度继电器,RA 为反接制动电阻,BB 为热继电器。

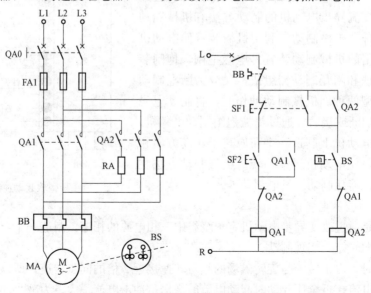

图 2-16 单向反接制动控制电路

图 2-16 反接制动控制电路工作原理分析如下：

起动：合上电源断路器 QA0→按下起动按钮 SF2→QA1 线圈得电→①

　　　→QA1 辅助常闭触点断开 → 与 QA2 互锁

　　①→QA1 辅常开触点闭合 → 自锁

　　　→QA1 主触点闭合 → 电动机 MA 全压起动 → 当电动机转速上升至 120r/min 时 → ②

②→速度继电器 BS 动作→BS 常开触点闭合→为反接制动做准备

制动：停机时按下停止按钮 SF1→QA2 线圈得电→QA1 线圈失电—电动机 MA 断电惯性运转→①

　　　→QA2 辅助常闭触点断开 → 与 QA1 互锁

　　①→QA2 辅助常开触点闭合 → 自锁

　　　→QA2 主触点闭合 → 串电阻反接制动 RA → 电动机转速降至 100r/min 时 → ②

②→BS 常开触点断开→QA2 线圈断电→反接制动结束→电动机自由停转

2. 能耗制动控制

能耗制动是指三相异步电动机脱离电源后，迅速给定子绕组接入直流电流产生恒定磁场，利用转子感应电流与恒定磁场的互相作用达到制动的目的。能耗制动的控制既可以按时间原则，由时间继电器控制；又可以按速度原则，由速度继电器控制。典型的单向运行能耗制动控制电路分析如下。

图 2-17（a）中 QA1 为单向运行接触器，QA2 为能耗制动接触器，TA1 为整流变压器，TB2 为桥式整流电路，RA 为能耗制动电阻 BS 为速度继电器。

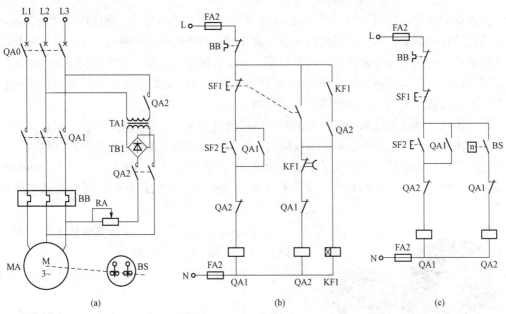

图 2-17　单向运行能耗制动控制电路

（a）为单向运行能耗制动主电路；（b）按时间原则进行的能耗制动控制电路；

（c）按速度原则控制的能耗制动控制电路

图 2-17（b）电路中，将 KF1 常开瞬动触点与 QA2 辅助常开触点串联组成联合自锁，主要是考虑按下制动按钮 SF1 后电动机能迅速制动，两相的定子绕组不会长时间接入直流电源。

图 2-17（c）电路中，由速度继电器 BS 来控制能耗制动过程，只是在需要停机制动时，按一下停止按钮（自复位）SF1 即可。

2.4　步进电动机控制电路

2.4.1　步进及步进驱动器

1. 步进电动机

（1）步进电动机简介。在定位控制中，步进电动机作为执行元器件获得了广泛的应用。步进电动机区别于其他电动机的最大特点是：

1）可以用脉冲信号直接进行开环控制，系统简单、经济。

2）位移（角位移）量与输入脉冲个数严格成正比，且步距误差不会长期积累，精度较高。

3）转速与输入脉冲频率成正比，且可在相当宽的范围内进行调节，多台步进电动机同步性能较好。

4）易于起动、停止和变速，且停止时有自锁能力。

5）无刷，电动机本体部件少、可靠性高、易维护。

步进电动机的缺点是：带惯性负载能力较差，存在失步和共振，不能直接使用交直流驱动。

步进电动机受脉冲信号控制，并把脉冲信号转化成与之相对应的角位移或直线位移，而且在进行开环控制时，步进电动机的角位移量与输入脉冲的个数严格成正比，角速度与脉冲频率成正比，时间上与脉冲同步，因而只要控制输入脉冲的数量、频率和绕组通电的相序即可获得所需的角位移（或直线位移）、转速和方向。这种增量式定位控制系统与传统的直流伺服系统相比几乎无需进行系统调试，成本明显降低。

因为步进电动机是受脉冲信号控制的，所以把这种定位控制系统称为数字量定位控制系统。按其作用原理，步进电动机分为反应式（VR）、永磁式（PM）和混合式（HB）三种，其中混合式应用最广泛，它吸取了永磁式和反应式的优点，既具有反应式步进电动机的高分辨率，即每转步数比较多的特点，又具有永磁式步进电动机的高效率、绕组电感比较小的特点。

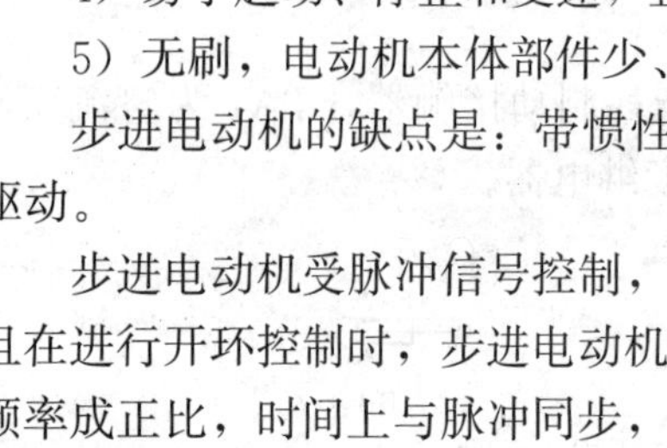

（2）步进电动机的结构。步进电动机的结构和三相异步电动机一样是由定子、转子、机座和端盖组成的，但其具体构造却不相同。图 2-18 为步进电动机的外观图。

图 2-19 为一两相混合式步进电动机的结构图。由图 2-19 可见，其定子铁心上有 8 个凸出的极，称为定子凸极，也称 8 个大齿，每个大齿上有 5 个距离相等的小齿。每个凸极上套有一个集中绕组，相对两极的绕组

图 2-18　步进电动机的外观图

串联构成一相。转子仅为一铁心，其上没有绕组。在面向气隙的转子铁心表面有 50 个齿距相等的小齿。定子固定在机座上，而转子则通过轴承由左、右两端的端盖支撑在定子的中间。上述结构也可以用如图 2-20 所示的结构示意图来表示。

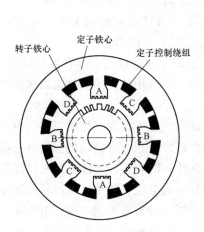

图 2-19 步进电动机结构示意图转子线圈   图 2-20 步进电动机的结构图

（3）步进电动机的工作原理。反应式步进电动机不像传统交流电动机那样依靠定、转子绕组电流所产生的磁场间相互作用形成的转矩而使转子转动，步进电动机的转子没有绕组，它是根据在磁场中磁通总是沿磁阻最小的路径进行闭合产生磁拉力而形成转矩的原理使转子产生转动。现以图 2-21 所示的三相反应式步进电动机工作原理图来进行说明。

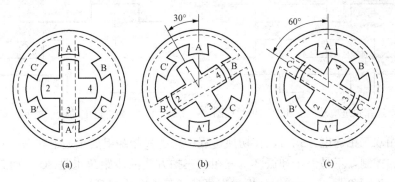

图 2-21 三相步进电动机的工作原理图

三相步进电动机有 6 个定子凸极，每个凸极上都套有绕组，相对的凸极绕组串联成一相绕组，一共三相绕组 A、B、C。为说明方便，假定转子仅有 4 个齿，如图中 1、2、3、4 所示。如果给定子绕组轮流通电，通电顺序为 A-B-C-A-B。其时序如图 2-22 所示。

首先对 A 相绕组进行通电，因磁通要沿最小路径闭合，将使转子的 1、3 齿与 A 相绕组的凸极对齐，如图 2-21（a）所示。注意，这时转子的 2、4齿与 B 相（或 C 相）绕组的凸极错开一个 30°的角。

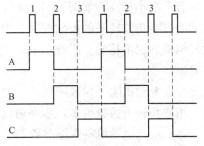

图 2-22 电动机三相单三拍时序图

如果使 A 相断电 B 相通电时，同样磁通要沿最小路径闭合，将会产生磁拉力，强行将转子的 2、4 齿转动与 B 相绕组的凸极对齐才停止转动，如图 2-21（b）所示。这就相当于把转子顺时针方向转动了 30°。这种 1 个脉冲使步进电动机转动的角度称为步距角 θ_s。转子转动后你会发现，转子的 1、3 极与 C 相或 C 相绕组的凸极又错开 30°。

B 相断电、C 相通电时，同样原理，转子又沿顺时针方向转动 1 个步距角，如此循环往复，不断按 A-B-C-A 顺序通电，转子便按一定方向转动起来。

如果要改变转子的转向，则只要按照 A-C-B 顺序通电即可，读者可自行分析。

步进电动机的转速取决于绕组顺序变化的频率。如果用脉冲控制绕组的接通和断开，那么只要控制脉冲的频率就可以控制电动机的转速。

定子绕组每改变一次通电方式称为一拍，上述通电方式称为三相单三拍。单指每次只有一个绕组通电，三拍指经过三次通电切换为一个循环。三相步进电动机三相单三拍时序图如图 2-22 所示。在实际使用中，单三拍由于在切换时一相绕组断电后而另一相绕组才开始通电，这种情况容易造成失步；此外，由于是一相绕组通电吸引转子，也容易使转子在平衡位置附近产生振荡，故运行稳定性较差，所以很少采用。通常都改成"双三拍"或"单、双六拍"通电方式。"双三拍"的通电方式为 AB-BC-CA-AB 或 AC-CB-BA-AC，其时序图如图 2-23 所示。"单、双六拍"的通电方式为 A-AC-C-CB-B-BA-A 或 A-AC-C-B-CB-BA-A，其时序图如图 2-24 所示。

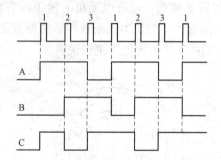

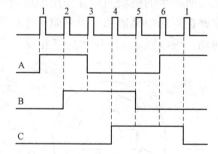

图 2-23　三相步进电动机三相双三拍时序图　　图 2-24　三相步进电动机三相单、双六拍时序图

采用三相双三拍通电方式时，在切换过程中总有一相绕组处于通电状态，转子的齿极受到定子磁场的控制，不易失步和振荡，三相双三拍方式的步距角也是 30°，而三相单、双六拍通电方式的步距角为 15°（详细分析过程可参考其他有关书籍）。

不论是 30°，还是 15°，其步距角都太大，不能满足控制精度的要求。为了减小步距角，往往将定子凸极和转子做成多齿结构，转子上开有数目较多的齿极，而定子的每个凸极上又开有若干个小齿极，如图 2-19 所示。定子凸极和转子的小齿齿宽和齿距都相同，这时转子转动的步距角与转子的齿数有关，齿数越多，步距角越小。但若通电方式不同，其步距角在同样结构下也不相同。因此，同一台步进电动机都会给出两个步距角，如 1.5°/3°，0.75°/1.5°等。

步进电动机除了做成三相外，也可以做成二相、四相、五相、六相等。一般最多做到六相。相数和转子齿数越多，步距角就越小。相数越多，其供电电源越复杂，成本也就越高。

（4）步进电动机的性能参数与选用。

1）步进电动机性能参数。

（a）相数与拍数。步进电动机的相数指步进电动机的定子绕组数，目前常用的有二相、三相、四相和五相步进电动机。步进电动机的拍数是指步进电动机完成一个磁场周期性变化所需要的脉冲数，也就是步进电动机运行 1 周所需的脉冲数。

步进电动机按其通电方式的不同有单拍运行，双拍运行和单、双拍运行方式。其运行方式不同，步进电动机的拍数也不一样。把单拍运行叫作整步运行，而把双拍（含单、双拍）运行叫作半步运行。

（b）步距角。步进电动机步距角的定义是每向步进电动机输入一个电脉冲信号时，电动机转子转动的角度。它表示步进电动机的分辨率。步距角越小，步进电动机的分辨率越高，定位精度也越高。

步距角的大小与电动机的相数有密切关系，相数越多，步距角就越小。例如，常用的二、四相电动机的步距角为 $0.9°/1.8°$，三相电动机为 $0.75°/1.5°$，五相电动机为 $0.36°/0.72°$ 等。

在没有细分驱动前，如希望改进步距角的大小和改善低频时的振动及噪声时只能选择五相式电动机来解决，而有了细分驱动后，利用细分技术既可将步距角变小又可改善振动和噪声，使得"相数"选择变得没有实际意义了。

步距角精度是指步进电动机转过 1 个步距角时其实际值与理论值的误差，以误差值除以步距角的百分比来表示。不同的步距角其值也不同，一般在 3%～5% 之内。由子步进电动机在不失步的情况下其步距角的误差是不会累积的，因此当用步进电动机做定位控制时，不管运行位移是多少，其误差始终被控制在 1 个步距角精度里。这也是步进电动机定位控制系统虽然是开环控制也能获得很高精度的原因。

（c）额定电压与额定电流。额定电流是指步进电动机静止时每相绕组所允许输入的最大电流，也即输入脉冲电流在高电平时的电流值，而用电流表检测的是脉冲电流的平均值，一般要比额定电流小。驱动电源的输出电流应大于或等于电动机的额定电流。

额定电压是指驱动电源提供的直流电压，一般有 6、12、27、48、60、80V 等。但它不等于加在绕组两端的电压。

（d）起动频率。起动频率又称实跳频率、起跳频率等。它是指步进电动机在不失步情况下起动的最高频率。它是步进电动机的一项重要指标。

起动频率又分为空载起动频率和负载起动频率，空载起动频率常在产品目录上给予说明。负载起动频率比空载起动频率低。

起动频率不能选得太低。为了避开电动机在低频时共振情况的发生，起动频率要高于电动机的共振频率。另外，起动频率又不能太高，因为步进电动机在起动时除了要克服负载转矩外，还要使转子加速运行，当频率过高时，转子的转动速度会跟不上定子磁场的速度变化而发生失步和振荡。步进电动机的起动频率一般为几百赫兹到几千赫兹之间，三菱电动机 FX PLC 的定位指令中所讲的基底速度即指步进电动机的起动频率，它规定了基底速度必须小于最大允许运行速度的 1/10。

起动频率还与负载转矩大小有关，它们之间的关系称为起动距频特性。由距频特性可知，负载转矩越大，起动频率就越低。另外，当负载转矩一定时，转动惯量越大，起动频率也越低。

（e）运行频率。运行频率指步进电动机起动后在频率逐步加大时能维持运行并不发生失步的最高频率。当电动机带动负载运行时，运行频率与负载转矩大小有关，两者的关系称为运行矩频特性，通常以表格或曲线形式给出。如图 2 - 25 所示为某品牌步进电动机矩频特性。

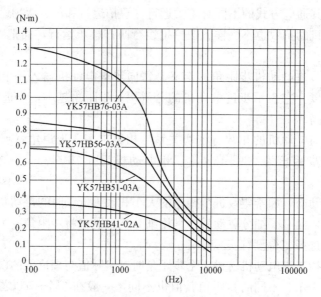

图 2 - 25　二相步进电动机矩频特性

运行频率通常比起动频率高得多，如果在短时间里上升到运行频率，同样会发生失步。因此，在实际使用时通常通过加速使频率逐渐上升到运行频率连续运行。

提高步进电动机的运行频率对于提高生产效率具有很大的实际意义，所以在保证不失步的情况下，应尽量提高步进电动机的转速以提高生产效率。

（f）保持转矩。保持转矩是指步进电动机在通电情况下没有转动时，定子能锁住转子的能力。它也是步进电动机的一个重要性能指标。步进电动机在低速时的转矩接近保持转矩，通常所说的步进电动机转矩是多少 N·m，在没有特殊说明的情况下都是指保持转矩。

对于反应式步进电动机来说，保持转矩是在通电情况下才有的。如果不通电，则不存在保持转矩，这点在实际应用时务必注意。而对于永磁式步进电动机来说，由于有永磁极的存在，在断电时仍然会有保持转矩。

（5）步进电动机的转速、失步与过冲。

1）转速。

转子转动一周所需的脉冲数为

$$pls = \frac{360°}{\theta}$$

设步进电动机每秒输入的脉冲数为 f（Hz），那么电动机的转速为

$$n = \frac{f}{pls}\text{r/s} = \frac{f\theta \times 60}{360°}\text{r/min}$$

2）步进电动机的失步与过冲。当步进电动机以开环的方式进行位置控制时，负载位置对控制回路没有反馈，步进电动机就必须正确响应每次励磁变化。如果励磁频率选择不当，

则步进电动机就不能够移动到新的位置，即发生失步现象或过冲现象。失步就是漏掉了脉冲没有运动到指定的位置；过冲和失步相反，即运动到超过了指定的位置。因此，在步进电动机开环控制系统中，如何防止失步和过冲是开环控制系统能否正常运行的关键。

产生失步和过冲现象的原因很多，当失步和过冲现象分别出现在步进电动机起动和停止的时候，其原因一般是系统的极限起动频率比较低，而要求的运行速度往往比较高，如果系统以要求的运行速度直接起动，因为该速度已经超过起动频率而不能正常起动，轻则发生失步，重则根本不能起动而产生堵转。系统运行起来后，如果达到终点时立即停止发送脉冲，令其立即停止，则由于系统惯性的作用，步进电动机会转过控制器所希望的停止位置而发生过冲。

为了克服步进电动机的失步和过冲现象，应该在起动和停止时加入适当的减速控制。通过一个加速和减速过程，以较低的速度起动而后逐渐加速到某一速度运行，再逐渐减速，直至停止，可以减少甚至完全消除失步和过冲现象。

步进电动机在高速时也会发生失步，这是因为步进电动机的转矩随转速的增加而下降。因此，当步进电动机由运行转速变化至高速时，会因转矩减小带不动负载而引起失步。这时，必须重新选择符合高速运转而转矩又满足要求的电动机才行。

（6）步进电动机的选用。步进电动机的选用与伺服电动机相近，同样要求选用电动机的转矩必须符合负载运行转矩的要求；同样有转速、输出功率的要求。但步进电动机又有其自身的一些特性，使步进电动机的选择与伺服电动机有所不同。

在选择步进电动机时，输出转矩仍然是首先要考虑的（某些特轻负载除外）。输出转矩涉及负载转矩，而负载转矩的确定有计算法、试验法和类比法。计算法比较复杂，计算较为烦琐，要考虑负载的惯量、运动方式、加速度快慢等众多参数公式。对初学者来说难以做到。试验法就是在负载轴上加个杠杆，然后用一个弹簧秤去拉动杠杆。正好使负载转动时的拉力乘以力臂长度（负载轴的半径）就是负载的转矩，这种方法简单易行，但仍然存在一定误差。目前，对初学者来说最常用的是类比法，是把自己所做的设备与同行业中类似设备进行机构设置、负载质量、运动速度等方面的比较来选择步进电动机。

步进电动机选择的另一项重要指标是转速。由矩频特性可知，电动机的转矩与转速有密切关系。转速升高，转矩下降，其下降的快慢和很多参数有关。例如，驱动电压、电动机相电流、电动机的大小等，一般情况下，驱动电压越高，转矩下降越慢；相电流越大，转矩下降越慢。但在实际生产中，转速对于提高生产效率具有很大的实际意义，但转速提高了，转矩下降很快，所以在步进电动机的选择中，转矩和转速的选择是矛盾的。步进电动机的转速一般应控制在 600～1200r/min 以下。如图 2 - 25 所示的 YK757HB76 - 0.3A 型二相步进电动机，其步距角为 18°，由图中可以看出，当频率大于 1000Hz 时，转矩下降较快，因此实际应用时，应控制在 1000Hz（300r/min）以下。

实际选择步进电动机时应先确定转矩，再确定转速，然后根据这两个参数去观察各种步进电动机的矩频特性，选出符合这两个参数的电动机。如果找不到，则必须考虑加配减速装置，或降低转速。对于一些负载转矩特别小的设备，如绕线机等，其主要考虑的指标是转速，因此可以在高速下运行，不必考虑其转矩能力。

步进电动机确定后，步进驱动器的选择也很重要。原则上说，不同品牌的步进驱动器与步进电动机是可以选择使用的，建议是最好选择同一品牌的步进驱动器和步进电动机。主要原因是同时生产步进电动机和步进驱动器的生产厂家，在产品设计时就已经考虑它们之间的配合使用问题。通常都会给出参考意见，什么样的步进电动机配什么样的驱动器，不需要用户再去思考配合好不好的问题；另外一点是从厂家的售后服务、技术支持方面来说，不会产生不同产品间互相推卸责任的烦恼。

2. 步进驱动器

（1）步进驱动器的结构组成。步进电动机不能直接接到交直流电源上，而是通过步进驱动器与控制设备相连接，如图 2-26 所示。控制设备发出能够进行速度、位置和转向的脉冲，通过步进驱动器对步进电动机的运行进行控制。

步进电动机控制系统的性能除了与电动机本身的性能有关外，在很大程度上还取决于步进驱动器的优劣，因此对步进驱动器的组成结构及其使用做一些基本的了解是必要的。

步进驱动的主要组成结构如图 2-27 所示，一般由环形脉冲分配器和脉冲信号放大器组成，现对它们的作用做一些简单介绍。

图 2-26　步进电动机控制系统框图　　　　图 2-27　步进驱动器的组成框图

1）环形脉冲分配器。环形脉冲分配器用来接收控制器发生的单路脉冲串，然后经过一系列由门电路和触发器所组成的逻辑电路变成多路循环变化的脉冲信号，经脉冲信号放大器功率放大后直接送入步进电动机的各相绕组中，驱动步进电动机的运行。例如，三相步进电动机三相双六拍运行时，环形脉冲分配器就在单路脉冲控制下连续输出三路如图 2-24 所示的三相双六拍脉冲波形，经功率放大后送入步进电动机的三相绕组中。可见，步进驱动器必须和步进电动机配套使用，几相的步进电动机必须与几相的步进驱动器配合才能使用。

2）脉冲信号放大器。脉冲信号放大器由信号放大与处理电路、推动放大电路以及驱动电路和相应的保护电路组成。

信号放大与处理电路是将由环形分配器送入的信号进行放大，变成能够驱动推动级的信号，而信号赴理电路则是实现信号的某些转换，合成和产生斩波、抑制等特殊功能的信号，从而形成各种功能的驱动。

推动级是将上一级的信号再加以放大，变成能够足以推动驱动电路的输出信号，有时推动级还承担电平转换的作用。

驱动级是功率放大级，其作用是把推动级来的信号放大到步进电动机绕组所需要的足够的电压和电流。驱动级电路不但需要满足绕组有足够的电压、电流及正确波形，还要保证驱动级功率放大器本身的安全。步进电动机的运行性能除了受其本体性能影响外，还与驱动级电路的驱动方式和控制方法有很大关系。

保护电路的作用主要是确保驱动级的元器件安全，一般常设计有过电流保护、过电压保护、过热保护等，有时候还需要对输入信号进行监护，对异常信号进行处理等。

（2）步进驱动器的细分。细分是指步进驱动器的细分步进驱动，也叫步进微动驱动，它是将步进电动机的一个步距角细分为 m 个微小的步距角进行步进运动。m 称为细分数。

在前面对步进电动机工作原理的讲解中，已经蕴含了步进细分的原理。对三相步进电动机来说，如果按照 A - B - C - A - …单三相方式给电动机定子绕组轮流通电，则一个脉冲信号电动机转子旋转 30°，即步距角为 30°。如果按照 A - AB - B - BC - C - CA - A - …单、双六拍方式给电动机定子绕组轮流通电，则会发现这时每一个脉冲信号输入，电动机转子仅转动了 15°，为单三拍方式的一半。这就相当于把单三拍的步距角进行了 2 细分。步距角为 15°，称为半步。

那么能不能再细分下去呢？通过对步进电动机内部磁场的研究证明是可以的。因为步进电动机的转动角度是由内部三相定子通以电流后所产生的合成磁势转动角所决定的，而合成磁势的转动角度则是由三相绕组电流所产生的合成磁场所决定的。这样，只要对 A、B、C 三相电流矢量进行分解，并相应插入等角度有规律的电流合成矢量，从而减小合成磁势转动角度，达到细分控制的目的。例如，三相电动机的 2 细分就是在 A 相、B 相和 C 相插入合成矢量 AB（由 A、B 均通电）、BC、CA 而实现的。

细分后各相电流波形均发生改变，原来没有细分时，控制电流是成方波变化的脉冲波，而细分后，控制电流则变成了以 m 步逐渐增加，使吸收转子的力慢慢改变，逐步在平衡点静止的阶梯状波。如图 2 - 28 所示，电流波形相比于脉冲波，变得平滑多了。细分程度越高，则平滑程度越好。目前，一般的细分驱动其电流的阶梯形变化都是以正弦曲线规律变化的。这种把一个步距角分成若干个小步距角的驱动方法称为细分步进驱动。

细分步进驱动是消除步进电动机低频振动的非常有效的手段。步进电动机在低频时容易产生失步和振荡，这是由步进电动机的起动特性所决定的。严重时，步进电动机会在某一频率附近来回摆动而起动不起来。过去常采用阻尼技术来克服这种低频振动现象，而细分驱动也可以有效地消除这种低频振动现象。细分前，电流的变化是

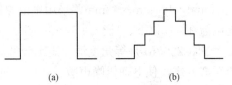

图 2 - 28　细分前、后绕组的电流波形图
(a) 细分前；(b) 细分后

从 0 突变至最大值，又从最大值突变至 0。这种短时间里的突变会引起电动机的噪声和振动。但细分后，把这种电流的突变分解为 m 个小的突变，每次仅变化几分之一，显然，这种小突变对电动机的影响比没有细分时要小，这就是细分驱动能改善步进电动机低频振动特性的原因。理论上说，细分数越大，性能改善越好，但实际上有文献介绍，到了 8 细分以后，改善的效果就不太明显了。细分驱动越是低速运行，效果越好，但如果步进电动机转速较高，其减小振动的效果也不太明显了。

细分驱动同时也带来了一个意外效果，即提高了电动机的运行分辨率。原来电动机的 1 个步距角是 1 个脉冲，有了细分后，变成了 1 个步距角需要 m 个脉冲。相当于把电动机的脉冲当量提高了 m 倍。显然这在定位控制中相当于提高了定位的分辨率。初学者往往认为细分驱动可以提高步进电动机的定位精度，而且 m 越大，分辨率越高，定位精度也越高，这是一个误解。这是因为：第一，m 加大时，细分电流的控制难度也加大，常常出现并不是在细分范围里精确停止的现象，反而产生较大的误差。第二，从步进电动机结构原理来讲，当运行 m 个小步距角达到步进电动机范围的步距角时，步距角的失调多少才是步进电动机的定位精度，而这个精度与电动机的结构有关，与 m 无关。因此，在实际使用时，不能为

追求高分辨率而加大细分数 m。

2.4.2 YK 型步进驱动器

在这一节中将对某公司生产的 YKC2608M 型步进电动机驱动器进行详细剖析，目的是通过对一个产品的讲解使读者能触类旁通，举一反三地学会步进电动机驱动器的正确使用。

1. YK 型步进驱动器规格

（1）YK 型步进驱动器命名规则。该公司生产的步进驱动器命名规则如图 2-29 所示。

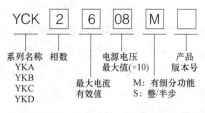

图 2-29   YK 型步进驱动器命名规则

1）驱动器相数有二相和三相两大系列，与二相和三相步进电动机配套使用。

2）最大电流有效值是判断驱动器驱动能力大小的指标，有 2.0、3.5、6.0、8.0A 等规格。驱动器输出电流是可调的，使用时必须根据步进电动机的额定电流进行调节，不能大于电动机的额定电流。

3）电源电压最大值为标示值乘以 10，它是指驱动器电源供给电压的最大值，用来判断驱动升速能力和在高速运行时的能力。常规供电电压最大值有 DC24、DC40、DC60、DC80、AC100V 等。

4）该司生产的步进电动机的细分有两种，大部分都带有细分功能，也有个别型号仅能选择整步和半步两种步距角。

（2）YKC2608M 步进驱动器简介。YKC2608M 是一种经济、小巧的步进驱动器，体积为 15mm×107mm×48mm、采用单电源供电、驱动电压为 DC18~60V 或 AC18~60V、适配电流在 6A 以下、外径为 57~86mm 的各种型号的两相混合式步进电动机。

YKC2608M 是等角度恒力矩细分型高性能步进电动机驱动器。驱动器内部采用双极恒流斩波方式，使电动机噪声减小，电动机运行更平稳。驱动电源电压的增加使电动机的高速性能和驱动能力大为提高，而步进脉冲停止超过 100ms 时可按设定选择为半流/全流锁定。用户在运行速度不高的时候使用低速高细分，使步进电动机的运转精度得到提高，同时也减小了振动，降低了噪声。

YKC2608M 采用光电隔离信号输入/输出，有效地对外电路信号进行了隔离，增强了抗干扰能力，使驱动能力从 2.0A/相到 6.0A/相分 8 档可用。最高输入脉冲频率可达 200kHz。

驱动器设有 16 档等角度恒转矩细分。细分数从 $m=2$ 到 $m=256$。输入脉冲串可以在脉冲＋方向控制方式和正向—反向脉冲控制方式之间进行选择。驱动器还带有过电流和欠电压保护，当电流过大或电压过低时，相应指示灯会亮。

2. 驱动器外形及端口

YKC2608M 步进驱动器的外形及其各端口位置如图 2-30 所示。

YKC2608M 的端口由 4 部分组成，各个端口名称及其功能说明详见表 2-2。进一步的说明将在后面展示。

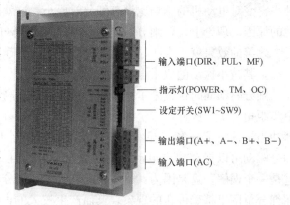

—— 输入端口(DIR、PUL、MF)

—— 指示灯(POWER、TM、OC)

—— 设定开关(SW1~SW9)

—— 输出端口(A+、A-、B+、B-)

—— 输入端口(AC)

图 2-30   YKC2608M 型步进驱动器外形及端口图

表 2 - 2　　　　　　　　　　**YKC2608M 型步进驱动器端口名称及说明表**

	符号	名称	说明
输入端口	DIR−	脉冲信号输入	当输入脉冲为脉冲＋方向控制方式时，为方向输入端；当输入脉冲为正/反向脉冲时，为反向脉冲输入端
	DIR+		
	PUL−	脉冲信号输入	当输入脉冲为脉冲＋方向控制方式时，为脉冲输入端；当输入脉冲为正/反向脉冲时，为正向脉冲输入端
	PUL+		
	MF−	脱机信号输入	该信号有效时，断开电动机线圈电流，电动机处于自由转动状态
	MF+		
	AC	电源型号输入	驱动器电源电压输入端，为 AC18～60V 或 DC18～60V
	DC		
指示灯	POWER	电源指示灯	通电时，指示灯亮
	TM	工作指示灯	有脉冲输入时，指示灯闪烁
	O.C	过流/欠压指示灯	电流过大或电压过低时，指示灯亮
设定开关	SW1～SW3	工作电流设定开关	利用 ON/OFF 组合，可提供 8 档输出电流
	SW4	半流/全流选择开关	选择停机时电动机线圈的电流大小
	SW5～SW8	细分设定开关	利用 ON/OFF 组合，提供 $m=2$ 到 $m=256$ 共 16 档细分
	SW9	脉冲输入方式设定	设定驱动器脉冲输入方式
输出端口	A+	控制电压输出	向电动机提供控制电压的输出方式，根据电动机的不同出线进行连接
	A−		
	B+		
	B−		

3. 驱动器输入输出信号

驱动器通过内置高速光电耦合器输入脉冲信号，要求信号电压为 5V，电流大于 15mA。输入极性如图 2 - 31（a）所示。3 个输入信号共用一个电源时，分为共阴极［见图 2 - 31（b）］和共阳极［见图 2 - 31（c）］两种接法。这两种接法除了公共端不同外，外接电源的正、负极也不相同。

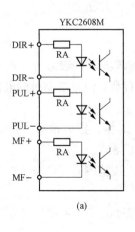
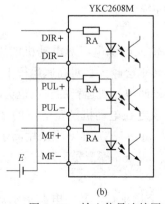
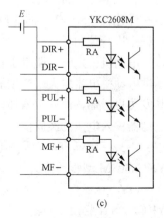

(a)　　　　　　　　　　(b)　　　　　　　　　　(c)

图 2 - 31　输入信号连接图

驱动器也可采用差分信号输入，这时差分信号由控制器分别输出与驱动器输入端口连接。差分信号的传输抗干扰能力强，传输距离长，但必须连接能发出差分信号的控制器才行。

当驱动器与 PLC 相连时，首先要了解 PLC 的输出信号电路类型（是集电极开路 NPN 还是 PNP）、PLC 的脉冲输出控制类型（脉冲—方向还是正—反方向脉冲），然后才能决定连接方式。下面以驱动器与三菱电动机 FX$_{3U}$ PLC 的连接为例介绍。

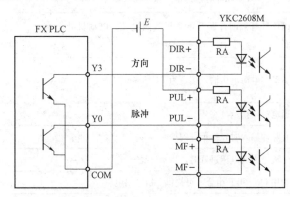

图 2-32　驱动器与 FX PLC 的连接图

三菱电动机 FX$_{3U}$ PLC 的晶体管输出为 NPN 型集电极开路输出，各个输出的发射极连接在一起组成 COM 端，PLC 的脉冲输出控制类型为脉冲＋方向，高速脉冲输出口规定为 Y_0、Y_1、Y_2 最多可连接 3 台步进驱动器控制两台步进电动机。综上分析，FX PLC 与驱动器的连接如图 2-32 所示。

图 2-32 中，E 是控制信号电路的直流电源，可以是外置电源，也可以用 PLC 内置电源。驱动器要求控制信号电源电压为 5V，如果电源电压高于 5V，则必须另加限流电阻 RA，RA 的选取为：12V 时为 510Ω；24V 时为 1.2kΩ，如图 2-33 所示。面对脱机信号则分别为 820Ω 和 1.2kΩ。

脱机信号又称电动机释放信号、Free 信号。步进电动机通电后如果没有脉冲信号输入，则定子不运转，其转子处于锁定状态，用手不能转动，但在实际控制中常常希望能够用手转动进行一些调整、修正等工作。这时，只要使脱机信号有效（低电平）就能断开定子线圈的电流，使转子处于自由转动状态（脱机状态）。当与 PLC 连接时，脱机信号（MF 端）可以像方向信号一样连接一个 PLC 的非脉冲输出端用程序进行控制。

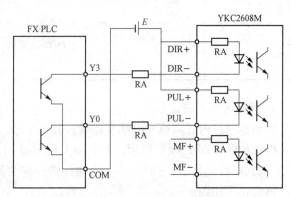

图 2-33　附加电阻的位置图

步进电动机一定时，驱动器的输入电源电压对电动机的影响较大，一般来说，电压越高，步进电动机电流增大所产生的转矩会越大，对高速运行十分有利。但是电动机的电流增加，其发热也增加，温升也增加，同时电动机运行的噪声也会增加。

驱动器输入电压的经验值一般设定在电动机额定电压的 3～25 倍。据此推算，建议 57 型采用 DC 24～48V，86 型采用 DC 36～70V，110 型采用高于 DC 80V。

YKC2608M 型驱动器适配 57、60、86 等型号，其输入电源电压范围是 DC 18～60V 或 AC 18～60V。

YKC2608M 驱动器面板上有 3 个指示灯，其中电源指示灯和过电流、欠电压指示不再说明，仅对工作指示灯 TM 做一些说明。

TM 信号又称原点输出信号，在某些型号驱动器中是作为一种输出信号设置的，这个信号是随电动机运转而产生的。二相电动机转子有 50 个齿，每转 1 个齿就发出 1 个 TM 信号，电动机转动 1 圈发出 50 个 TM 信号。当用它来控制指示灯时，可作为驱动器有无连续脉冲信号输入指示。当有脉冲信号输入时，电动机运转，TM 灯就不断地闪烁，转速越快，闪烁频率越高。

4. 微动开关

YKC2608M 驱动器装有 9 个微动开关，用来进行各种设定选择。

（1）工作电流设定 SW1～SW3。工作电流指步进电动机额定电流，其设定与微动开关 SW1～SW3 的 ON/OFF 位置有关，见表 2-3。驱动器的工作电流必须等于或小于步进电动机的额定电流。

表 2-3　　　　　　　　　工 作 电 流 设 定

SW1	SW2	SW3	工作电流有效值（A）
OFF	OFF	OFF	2.00
ON	OFF	OFF	2.57
OFF	ON	OFF	3.14
ON	ON	OFF	3.71
OFF	OFF	ON	4.28
ON	OFF	ON	4.86
OFF	ON	ON	5.43
ON	ON	ON	6.00

（2）停机锁定电流设定 SW4。SW4 为步进电动机停机锁定电流设定。当步进电动机步进脉冲停止超过 100ms 时可按设定选择为半流/全流锁定线圈电流，当 SW4 拨向 OFF 时，按线圈电流的一半供给，这样可以使消耗功率减半。

（3）细分电流设定 SW5～SW8。细分是驱动器的一个重要性能指令。步进电动机（尤其是反应式步进电动机）都存在一定程度的低频振荡特点，而细分能有效改善，甚至消除这种低频振荡现象。如果步进电动机处在低速共振区工作，则应选择带有细分功能的驱动器设置细分数。

细分同时提高了电动机的运行分辨率，在定位控制中，如果细分数适当，实际上也提高了定位精度。

驱动器进行细分设定后，步进电动机转动一圈所需的脉冲数变为

$$pls = \frac{360m}{\theta}$$

转速变为

$$n = \frac{f}{pls}\text{r/s} = \frac{f\theta \times 60}{360m}\text{r/min}$$

不同频率的步进驱动器对细分的描述也不同，有的是给出细分数 m，这时每圈脉冲数必须按

照上式计算，有的则直接给出细分后的每圈脉冲数。读者使用时必须注意。

YKC2608M 驱动器通过设定 SW5～SW8 这 4 个微动开关的状态给出了 16 种细分选择，见表 2-4。

表 2-4 细 分 设 定

Mode	2	4	8	16	32	64	128	256
pls/r	400	800	1600	3200	6400	12 800	25 600	51 200
SW5	ON	OFF	ON	OFF	ON	OFF	ON	OFF
SW6	ON	ON	OFF	OFF	ON	ON	OFF	OFF
SW7	ON	ON	ON	ON	OFF	OFF	OFF	OFF
SW8	ON	ON	ON	ON	ON	ON	ON	ON
Mode	5	10	20	25	40	50	100	200
Pls/r	1000	2000	4000	5000	8000	10 000	20 000	40 000
SW5	ON	OFF	ON	OFF	ON	OFF	ON	OFF
SW6	ON	ON	OFF	OFF	ON	ON	OFF	OFF
SW7	ON	ON	ON	ON	OFF	OFF	OFF	OFF
SW8	OFF	OFF	OFF	ON	OFF	OFF	OFF	OFF

（4）输入脉冲方式选择 SW9。

1）SW9＝OFF，脉冲＋方向控制方式。

2）SW9＝ON，正向脉冲＋反向脉冲控制方式。

这两种脉冲控制方式的波形如图 2-34 和图 2-35 所示。

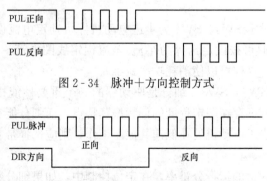

图 2-34 脉冲＋方向控制方式

图 2-35 正向＋反向脉冲控制方式

（5）与步进电动机的连接。端口 A＋、A－、B＋、B－为驱动器与步进电动机的连接端口，二相步进电动机有两个定子绕组，通常会做成四根出线，但在转矩较大时，也会做成六根出线和八根出线，如图 2-36 所示。这时，必须对步进电动机的出线进行处理，才能与步进驱动器连接。

图 2-36（a）为二相步进电动机四出线，可直接与驱动器的相应端口相连，调换 A、B 相绕组可以改变电动机的运转方向。

图 2 - 36（b）为六出线，六出线步进电动机又叫单极驱动步进电动机，但 AC 和 BC 不是普通的中间抽头，它是两个绕组同时绕制后一个绕组的终端和另一个绕组的始端的共用抽头。与四出线电动机（又叫双极驱动步进电动机）相比，其电动机绕组结构、驱动电路的结构都有很大不同。一般是低速大转矩时采用四出线，而高速驱动时采用六出线较好。六出线电动机与只有 4 个输出端口的驱动器相连时把其中间抽头悬空即可。

图 2 - 36（c）、（d）为八出线，实际上是把单极驱动步进电动机的中间由头断开，分成了两个独立绕组共 4 个绕组。在实际接线时，电动机处于低速运行时可先接成两个绕组相串联，再接到驱动器上，如电动机处于高速运行时，把两个绕组接成并联方式，再接到驱动器上，如图 2 - 36 所示。

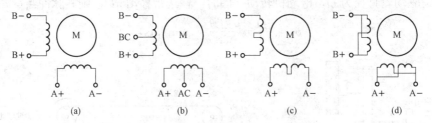

图 2 - 36　正 - 反向脉冲控制方式

(a) 四出线；(b) 六出线；(c) 八出线串联；(d) 八出线并联

（6）步进驱动器的选用。步进驱动器的选用在步进电动机确定后进行。首先根据步进电动机的额定电流选择，驱动器电流适当大于的驱动器，再比较这些驱动器的供电电压，选择供电电压较高的型号，如果是定位控制，最好选择有细分的步进驱动器，最后再校核一下安装位置与尺寸即可。如果是配套选择同一品牌的步进电动机与步进驱动器，则更为简单，生产厂家都会根据步进电动机提供适配驱动器的型号，对比一下安装尺寸即可。

2.4.3　步进电动机定位控制

1. 步进电动机定位控制的计算

（1）脉冲当量计算。相比于伺服电动机，步进电动机定位控制的计算要简单得多。下面先讨论脉冲当量的计算。

如图 2 - 37 所示，步进电动机通过丝杆带动工作台移动。设步进电动机的步距角为 θ，步进驱动器的细分数为 m，丝杆的螺距为 D。

则步进电动机一圈所需脉冲数 P 为

$$P = \frac{360m}{\theta}$$

其脉冲当量 δ 为

$$\delta = \frac{D}{P} = \frac{D\theta}{360m}\ (\mathrm{mm/pls})$$

由式可见，增加细分数 m 可使脉冲当量变小，定位的分辨率得到提高。

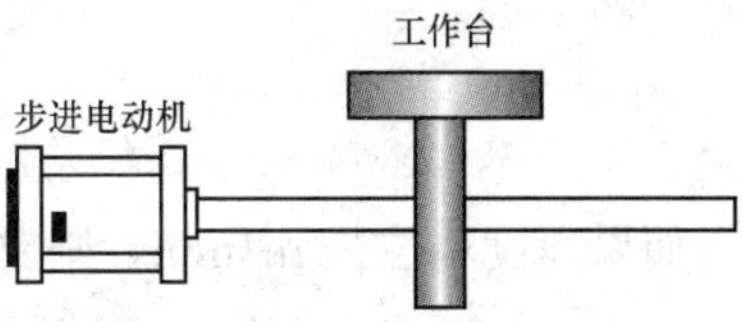

图 2 - 37　步进电动机通过丝杠图带动的工作台

如图 2 - 38 所示，步进电动机通过减速比为 K 的减速机构带动工作台移动。

这时步进电动机一圈所需要的脉冲数不变，仍为（360m/θ）个，则脉冲当量 δ 为

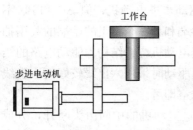

图 2-38 步进电动机通过减速比
为 K 的减速机构带动的工作台

$$\delta = \frac{D\theta}{360mK} \quad (\text{mm/pls})$$

如图 2-39 所示，步进电动机通过减速比为 K 的减速机构带动旋转工作台转动，这时步进电动机一圈所需要的脉冲数不变，仍为（$360m/\theta$）个，则脉冲当量 δ 为

$$\delta = \frac{360}{P} = \frac{360\theta}{360mK} = \frac{\theta}{mK} (\text{deg/pls})$$

如图 2-40 所示，步进电动机带动驱动轮带动输送带运转，设驱动轮直径为 D，电动机转动 1 圈时，输送带移动 πD，则其脉冲当量 δ 为

$$\delta = \frac{\pi D}{P} = \frac{\pi D\theta}{360m} \quad (\text{mm/pls})$$

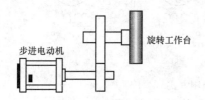

图2-39 步进电动机通过减速比为 K 的
减速机构带动的旋转工作台

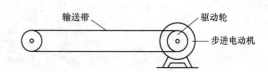

图 2-40 步进电动机带动驱动
轮带动输送带运转示意图

（2）脉冲数和频率计算。掌握了脉冲当量的计算方法后，脉冲数和频率的计算就变得相对容易多了。

在数字控制的伺服系统中，定位控制的位移距离 S 是用控制器发出的脉冲个数来控制的，而位移的速度 v 则是通过发出的脉冲频率高低来控制的。那么，脉冲个数 P 和位移距离 S，脉冲频率 f 和速度 v 是什么关系呢？

首先，讨论一下脉冲数 P 与位移距离 S 的关系。由脉冲当量公式可知，位移距离 $S = P\delta$，所以 $P = S/\delta$，这就是位移距离 S 与脉冲数 P 之间的换算关系。

换算时要注意单位关系，一般当 S 的单位为 mm，δ 的单位为 mm/pls 时，换算后的为实际脉冲数。

对速度换算来说，一般位移速度单位为 mm/s，这时只要将 v 变成脉冲数 P，就是输出脉冲的频率 pls/s。

$$f = \frac{v(\text{mm/s})}{\delta(\text{mm/pls})} = \frac{v}{\delta} \text{pls/s} = \frac{v}{\delta} \text{Hz}$$

如果速度单位是 m/min，则要进行相应的单位换算为

$$f = \frac{v \times 1000}{\delta \times 60} \text{Hz}$$

2. 步进电动机定位控制应用实例

【例 2-1】 PLC 控制步进电动机，电动机带动滚珠丝杠，工作台在滚珠丝杠上，如图 2-39 所示，步进电动机步距角 $\theta = 0.9°$，步进驱动器细分数 $m = 4$，要求工作台向前行走 100mm，丝杠螺距是 5mm，要求行走速度是 5mm/s，试求 PLC 输出脉冲的脉冲频率与脉冲数。

先求脉冲当量 δ 为

$$\delta = \frac{D\theta}{360°\mathrm{m}} = \frac{5 \times 0.9°}{360° \times 4} = \frac{1}{320}\mathrm{mm/pls}$$

则输出脉冲数 P 为

$$P = \frac{S}{\delta} = \frac{100 \times 320}{1} = 32\,000\mathrm{pls}$$

输出脉冲频率 f 为

$$f = \frac{v}{\delta}\mathrm{pls/s} = \frac{5 \times 320}{1} = 1600\mathrm{Hz}$$

【例 2 - 2】　PLC 控制步进电动机，电动机通过减速比 K 为 4 的机构带动圆盘工作台转动。如图 2 - 41 所示，步进电动机步距角 $\theta = 0.9°$，步进驱动器细分数 $m = 32$，要求圆盘工作台按 4 等分转动、停止方式运行。每等分转动时间为 5s，试求 PLC 输出脉冲的脉冲频率与脉冲数。

先求脉冲当量 δ 为

$$\delta = \frac{360°}{P} = \frac{360°\theta}{360°mK} = \frac{\theta}{mK} = \frac{0.9}{32 \times 4} = \frac{9}{1280}(\mathrm{deg/pls})$$

则所需脉冲数 P 为

$$P = \frac{90}{\delta} = \frac{90 \times 1280}{9} = 12\,800(\mathrm{pls})$$

由题可知，其转速 v 为 $90° \div 5 = 18\mathrm{deg/s}$，代入公式可求出脉冲输出频率，为

$$f = \frac{v}{\delta} = \frac{18 \times 1280(\mathrm{deg/s})}{9(\mathrm{deg/pls})} = 2560(\mathrm{Hz})$$

【例 2 - 3】　PLC 控制步进电动机，电动机通过驱动轮带动输送带前进，驱动轮直径 $D = 16\mathrm{mm}$，要求在 2s 内将物体从 A 输送到 B，移动距离为 1100mm，步进电动机的步距角 $\theta = 0.9°$，细分数 $m = 4$，试求输出脉冲数及脉冲频率。如图 2 - 41 所示。

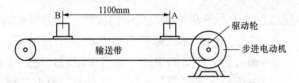

图 2 - 41　步进电动机驱动传送带工作装置

先求脉冲当量 δ 为

$$\delta = \frac{\pi D\theta}{360°\mathrm{m}} = \frac{\pi \times 16 \times 0.9}{360 \times 4} = \frac{\pi}{100}(\mathrm{mm/pls})$$

则输出频率数 P 为

$$P = \frac{1100 \times 1100}{\pi} = 35014(\mathrm{pls})$$

脉冲输出频率 f 为

$$f = \frac{35\,014}{2} = 17\,500(\mathrm{Hz})$$

【例 2 - 4】　如图 2 - 42 所示为一定长切断控制系统示意图，线材由驱动轮驱动前进，当

前进到设定定时，用切刀进行切断。其控制参数及控制要求如下：

（1）驱动轮由步进电动机同轴带动，驱动轮周长为 64mm，步进电动机的步距角为 0.9°，驱动细分数 $m=16$。

（2）切断长度 S 为 0～99mm，可调节。

（3）起动后到达设定长度时，电动机停止转动。给出 1s 时间控制切刀切断线材。1s 后，电动机重新起动。如此反复，直到按下停止按钮停止系统工作为止。

（4）为调整和维修用，单独设置脱机信号，保证步进电动机转子处于自由状态。

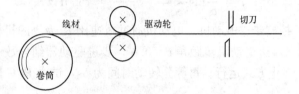

图 2-42　定长切断控制系统示意图

分析：如图 2-42 所示系统及相应参数可计算出系统的脉冲当量为

$$\delta = \frac{L}{P} = \frac{L\theta}{360°m} = \frac{64 \times 0.9°}{360° \times 16} = 0.01(\text{mm/pls})$$

调节切断长度 S，则实现该定长切断所需脉冲数为

$$PLS = \frac{S}{\delta} = \frac{S}{0.01} = 100S$$

定位控制系统对切断速度（条/分）并没有具体要求，所以设定脉冲频率为 1000Hz。

2.5　电气控制电路的保护环节

2.5.1　短路保护

在三相交流电力拖动系统中，最常见和最危险的故障是各种形式的短路。如电器或电路绝缘遭到损坏、控制电器及电路出现故障、操作或接线错误等，都可能造成短路事故。发生短路时，电路中瞬时电流可达到额定电流的十几倍到几十倍，过大的短路电流将使电器设备或配电电路受到严重损坏，甚至因电弧而引起火灾。因此，当电路出现短路电流时，必须迅速、可靠地断开电源，这就要求短路保护装置应具有瞬动特性。

短路保护的常用方法是采用熔断器、低压断路器等保护装置。熔断器和低压断路器的选用和动作值的整定，在第一章中已有介绍，这里不再重复。在对主电路采用三相四线制或对变压器采用中性点接地的三相三线制的供电电路中，必须采用三相短路保护。若主电路容量较小，电路中的低压断路器可同时作为控制电路的短路保护；若主电路容量较大，则控制电路一定要设置独立短路保护空气开关。如图 2-43 所示，主电路短路保护用空气开关 QA0，控制电路设置独立空气开关 QA2 作其短路保护。

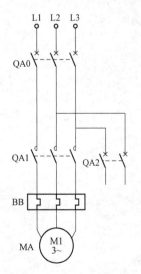

图 2-43　熔断器短路保护

2.5.2 过载保护

过载是指电动机在大于其额定电流的情况下运行，但过载电流超过额定电流的倍数有限，通常在额定电流的 1.5 倍以内。引起电动机过载的因素很多，如负载的突然增加、缺相运行以及电网供电电压降低等。若电动机长期处于过载运行，其绕组的温升将超过允许值而使绝缘材料老化、变脆，寿命缩短，严重时会使电动机损坏。异步电动机过载保护常采用热继电器作为保护元器件。

过载保护特性与过电流保护不同，故不能采用过电流保护方法来替代过载保护。例如，负载的突然短时间增加而引起过载，过一段时间又正常工作，对电动机来说，只要过载时间内绕组温升不超过允许值是允许的，不需要立即切断电源。因此过载保护要求保护电器具有与电动机反时限特性相吻合的特性，即根据电流过载倍数的不同，其动作时间是不同的，将随着过载电流的增加而减小。而热继电器正是具有这样的反时限特性，因此常被用来作为电动机的过载保护器件。由于热继电器的热惯性比较大，即使热元器件流过几倍额定电流，热继电器也不会立即动作。因此在电动机起动时间不太长的情况下，热继电器能承受电动机起动电流的冲击而不切断电器，只有在电动机长时间过载情况下热继电器才动作，断开控制电路，使接触器断电释放，电动机停止运转，实现电动机过载保护。

图 2 - 44 为过载保护电路，图 2 - 44（a）为三相过载保护，适用于无中线的三相异步电动机的过载保护；图 2 - 44（b）为两相过载保护。

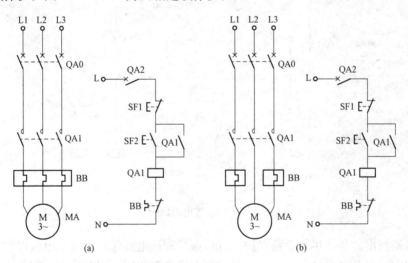

图 2 - 44 过载保护电路

（a）三相过载保护；（b）两相过载保护

2.5.3 过电流保护

过电流保护是区别于短路保护和过载保护的一种电流型保护。所谓过电流是指电动机或电器元器件在超过其额定电流的状态下运行。引起电动机电路出现过电流的原因，往往是由于电动机不正确的起动和负载转矩过大。过电流一般比短路电流小，不超过额定电流的 6 倍。在电动机的运行过程中产生这种过电流现象，比发生短路的可能性要大，特别是对于频繁启停和正反转电动机电路更是如此。通常，过电流保护可以采用过电流继电器、低压断路器、电动机保护器等。如图 2 - 45 所示为过流继电器实物图。

图 2-45　过流继电器实物图

图 2-46 所示过电流继电器是与接触器配合使用，实现过电流保护的。将过电流继电器线圈 KF2 串联在被保护电路中，电路电流达到其整定值时，过电流继电器动作，串联在控制回路中的常闭触点 KF2 断开，断开了接触器 QA1 线圈的控制支路，使得接触器的主触点脱开释放，以切断电源。这种控制方法，既可用于保护，也可达到一定的自动控制目的。这种保护主要应用于绕线转子异步电动机的控制电路中。通常为避免电动机的起动电流使过电流继电器动作，影响电动机的正常运行，常将时间继电器 KT 与过电流继电器配合使用。起动时，时间继电器 KF1 的常闭触点闭合，常开触点尚未闭合，过流继电器的线圈暂不接入电路，尽管电动机的起动电流很大，而此时过流继电器不起作用；起动结束后，时间继电器延时时间到，触点动作，即常闭触点断开，常开触点闭合，过电流继电器的线圈接入保护电路，开始起保护作用。

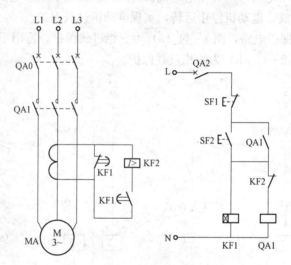

图 2-46　过电流保护

必须强调指出的是，尽管短路保护、过载保护和过电流保护都属于电流保护，但它们的故障电流整定值以及各自的保护特性、保护要求都各不相同，因此他们之间是不可以相互替代的。热继电器具有与电动机相似的反时限特性，但由于热惯性的关系，热继电器不会受短路电流的冲击而瞬时切断电路，在使用热继电器作过载保护时，还必须另装熔断器或低压断路器作短路保护。由于电路中的过电流要比短路电流小，不足以使熔断器熔断，因此，也不能以熔断器兼作短路保护和过电流保护，而需另外安装过电流继电器作过电流保护。

2.5.4　零电压（失压）保护和欠电压保护

电动机或其他电器元器件都是在一定的额定电压下才能正常工作，电压过高、过低或者工作过程中突然断电，都可能造成安全生产事故，因此在电气控制电路设计中，应根据要求设置失压保护、过电压保护及欠电压保护。

1. 零电压（失压）保护

在电动机正常工作时，由于某种原因突然断电，而使电动机停转，生产设备的运动部件也随之停止。在电源电压自行恢复时，如果电动机能自行起动，将可能造成安全生产事故。为防止电源恢复时电动机的自行起动或电器元器件自行投入工作而设置的保护，称为失压保护。若采用接触器和按钮控制电动机的起动和停止，其控制电路中的自锁环节就具有失压保护的作用。如果正常工作时，电源电压消失，接触器线圈会自动释放而切断电动机主电源；当电源恢复正常时，由于接触器自锁电路已断开，故电动机是无法自行起动的。如果不是采用自复位按钮，而是用旋钮开关等控制接触器，必须采用专门的零压继电器。工作过程中，一旦失电，零压继电器释放，其自锁也释放，当电网恢复正常时，就不会自行投入工作。

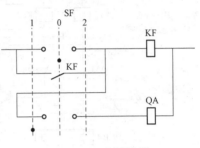

图 2-47 所示失压保护电路，主令控制器 SF 置于"零位"时，零电压继电器 KF 线圈闭合并自锁；当 SF 置于"工作位置"保证了对接触器 QA 线圈的供电。当电源断电时，零压继电器 KF 释放；当电网再接通时，必须先将主令控制器 SF 置于"零位"，使零电压继电器 KF 线圈闭合后，才可以重新起动电动机，这样就起到了失压保护的作用。

图 2-47 失压保护

2. 欠电压保护

当电网电压下降时，异步电动机在欠电压状态下运行，在负载一定情况下，电动机的主磁通下降，电流将增加。因电流增加的幅度不足以使熔断器熔断，且过电流继电器和热继电器也不动作，因此，上述电流保护器件无法对欠电压起到保护作用。但是，如果不采取保护措施，维持电动机在欠电压状态下运行的话，将会影响设备正常工作，造成安全生产事故。能够保证在电网电压降到额定电压以下某区间，如额定值的 $60\% \sim 80\%$ 时，自动切除电源，

而使电动机或电器元器件停止工作的保护环节称为欠电压保护。通常采用欠电压继电器或具有欠压保护的断路器来实现欠电压保护，如图 2-48 所示，为欠电压继电器实物图。欠压继电器的使用方法是将欠电压继电器线圈跨接在电源上，其常开触点串接在接触器控制回路中。当电网电压低于欠电压继电器整定值时，欠电压继电器动作使接触器释放。如图 2-49 所示，当电源电压正常时，欠电压继电器触点处于动作状态，其常开触点 KF3 闭合；而主电源电压下降至其整定值时，其触点复位，常开触点 KF3 断开，切断继电器 KF4 线圈的控制支路，KF4 触点复位，致使接触器 QA1、QA2 失电，切断电动机的主电源，从而实现了欠电压保护。

图 2-48 欠电压继电器实物图

图 2-49 是交流异步电动机常用的保护类型示意图。图中各保护环节分别为：主电路采用空气开关 QA0 作为短路保护（部分空气开关可以同时具有过电流保护、失压欠压保护功能），控制电路用空气开关 QA3 作为短路保护；利用热继电器 BB 用作过载保护；过流继电器 KF1、KF2 用作电动机工作时的过电流保护；按钮开关 SF2、SF3 并接的 QA1、QA2 常开辅助触点构成的自锁环节兼作失压保护；欠电压继电器 KF3 作电动机的欠电压保护。另

外电路中串接的 QA1、QA2 常闭触点构成的互锁环节起到了电动机正反转的连锁保护作用。电路发生短路故障时，由空开 QA0、QA3 切断故障；电路发生长时间过载时，热继电器 BB 动作，事故处理完毕，热继电器可以自动复位，使电路恢复工作能力。

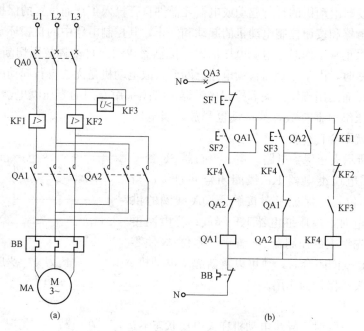

图 2-49 交流电动机常用保护类型示意图

2-1 电气系统图主要有哪几种？各有什么作用和特点？

2-2 什么是失压、欠压保护？采用什么电器元件来实现失压、欠压保护？

2-3 点动、长动在控制电路上的区别是什么？试用按钮、转换开关、中间继电器、接触器等电器，分别设计出既能长动又能点动的控制线路。

2-4 什么叫直接启动？直接启动有何优缺点？在什么条件下可允许交流异步电动机直接启动？

2-5 试设计按时间原则控制的三相笼型异步电动机串电抗器降压启动控制线路。

2-6 设计一个控制线路，三台笼型异步电动机工作情况如下：M1 先启动，经 10s 后 M2 自行启动，运行 30s 后 M1 停机并同时使 M3 自启动，再运行 30s 后全部停机。

第3章 典型生产设备的电气控制电路分析

通常生产机械的运转是由电动机、控制电器、保护电器与生产机械的传动装置组成。电动机在按照生产机械的要求运转时，需要一定的电气装置组成控制电路。由于生产机械的动作各有不同，它所要求的控制电路也不一样，但各种复杂的控制电路也都是由一些基本控制环节组成的。

在前面的章节中，已经介绍了常用低压电器和继电—接触器控制电路基本环节的知识。在此基础上，本章从常用机床的电气控制入手，对生产机械的电器控制进行分析和研究，学会阅读、分析生产机械电气控制线路的方法；加深对典型控制环节的理解和应用；了解机床的机械、液压、电气三者的紧密配合。从机床加工工艺出发，掌握各种典型机床的电气控制，为机床及其他生产机械电气控制的设计、安装、调试、运行等打下一定基础。

本章以几种典型机床的电气控制为例，详细介绍机床的基本结构、运动情况和电气控制的工作原理。在学习与分析机床电气控制电路时，应首先对机床的基本结构、运动情况、加工工艺要求等应有一定的了解，做到了解控制对象，明确控制要求。了解机械操作手柄与电器开关元件的关系；了解机床在开动前后各电器开关元件触点状态的变化情况；了解机床液压系统与电气控制的关系等。分析时，将整个控制电路按功能不同分成若干局部控制电路，逐一分析。应注意各局部电路之间的连锁与互锁关系，然后再统观整个电路，形成一个整体观念。归纳总结出生产机械电气控制规律，达到举一反三的目的。

下面以几台典型机床控制电路为例，详细分析其电路控制的原理。

3.1 磨 床 控 制 线 路

磨床是用砂轮的周边或端面进行机械加工的精密机床。磨床的种类较多，按其工作性质可分为外圆磨床、内圆磨床、平面磨床、工具磨床以及一些专用磨床（如螺纹磨床、齿轮磨床、球面磨床、花键磨床、导轨磨床与无心磨床等），其中尤以平面磨床应用最为普遍。

平面磨床是用砂轮磨削加工各种零件的平面。M7120 型平面磨床是平面磨床中使用较为普遍的一种，它的磨削精度和光洁度都比较高，操作方便，适用磨削精密零件和各种工具，并可作镜面磨削。

平面磨床可分为几种基本类型：立轴矩台平面磨床，卧轴矩台平面磨床、立轴圆台平面磨床、卧轴圆台平面磨床。现以 M7120 型卧轴矩台平面磨床的电气控制为例进行分析。

机床型号：M7120。

型号意义：M 代表磨床类；7 代表平面磨床组；1 代表卧轴矩台式；20 代表工作台的工作面宽 200mm。

3.1.1 磨床的主要结构和运动形式

（1）M7120 型平面磨床的主要结构。M7120 型平面磨床由床身、工作台（包括电磁吸盘）、磨头、立柱、拖板、行程挡块、砂轮修正器、驱动工作台手轮、垂直进给手轮、横向进给手轮等部件组成，如图 3-1 所示。

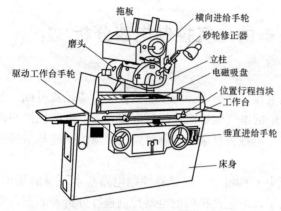

拖板
磨头
横向进给手轮
砂轮修正器
立柱
电磁吸盘
位置行程挡块
工作台
驱动工作台手轮
垂直进给手轮
床身

图 3-1 M7120 型平面磨床结构简图

（2）M7120 型平面磨床的运动形式。M7120 型平面磨床共有四台电动机。砂轮电动机是主运动电动机，它直接带动砂轮旋转，对工件进行磨削加工；砂轮升降电动机使拖板（磨头安装在拖板上）沿立柱导轨上下移动，用以调整砂轮位置；液压泵电动机驱动液压泵进行液压传动，用来带动工作台和砂轮的往复运动。由于液压传动较平稳，换向时惯性小，所以换向平稳、无振动，并能实现无级调速，从而保证加工精度；冷却泵电动机带动冷却泵供给砂轮对工件加工时所需的冷却液，同时利用冷却液带走磨下的铁屑。

3.1.2 磨床对电气线路的主要要求

（1）主电路。

磨床对砂轮电动机、液压泵电动机和冷却液泵电动机只要求单向运转，而对砂轮升降电动机要求能双向运转。

（2）控制电路。

1）为了保证安全生产，电磁吸盘与液压泵、砂轮、冷却泵三台电动机间应有电气连锁装置，当电磁吸盘不工作或发生故障时，三台电动机均不能起动。

2）冷却液泵电动机只有在砂轮电动机工作时才能够起动，并且工作状态可选。

3）电磁吸盘要求有充磁和退磁功能。

4）指示电路应能正确显示电源和液压泵、砂轮、砂轮升降三台电动机以及电磁吸盘的工作情况。

5）电路应设有必要的短路保护、过载保护和电气连锁保护。

6）电路应设有局部照明装置。

3.1.3 磨床电气控制线路分析

M7120 型平面磨床的电气控制线路如图 3-2 所示。图中分为主电路、控制电路、电磁工作台控制电路及照明与指示灯电路四部分。

（1）主电路。主电路共有四台电动机，其中 MA1 是液压泵电动机，它驱动液压泵进行液压传动，实现工作台和砂轮的往复运动；MA2 是砂轮电动机，它带动砂轮转动来完成磨削加工工件；MA3 是冷却泵电动机，它供给砂轮对工件加工时所需的冷却液；它们分别用接触器 QA1、QA2 控制。冷却泵电动机 MA3 只有在砂轮电机 MA2 运转后才能运转。MA4 是砂轮升降电动机，它用于磨削过程中调整砂轮与工件之间的位置。MA1、MA2、MA3 是长期工作的，所以电路都设有过载保护。MA4 是短期工作的，电路不设过载保护。四台电动机共用一组熔断器 FU，做短路保护。

（2）控制线路。

1）液压泵电动机 MA1 的控制。合上电源开关 QB，如果整流电源输出直流电压正常，则在图区 17 上的欠压继电器 KF 线圈通电吸合，使图区 7 （2-3）上的常开触点闭合，为起

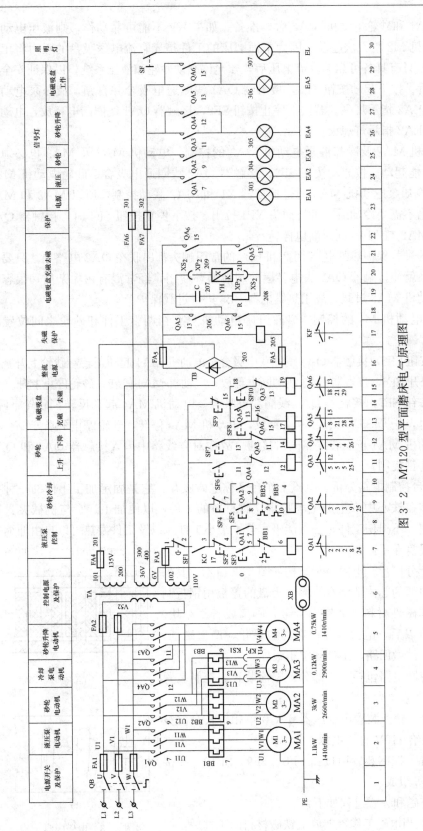

图 3-2 M7120 型平面磨床电气原理图

动液压电动机 MA1 和砂轮电动机 MA2 做好准备。如果 KF 不能可靠动作，则液压电动机 MA1 和砂轮电动机 M2 均无法起动。因为平面磨床的工件是靠直流电磁吸盘的吸力将工件吸牢在工作台上，只有具备可靠的直流电压后，才允许起动砂轮和液压系统，以保证安全。

当 KF 吸合后，按下起动按钮 SF3，接触器 QA1 线圈通电吸合并自锁，液压泵电动机 MA1 起动运转，EA2 指示灯亮。若按下停止按钮 SF2，接触器 QA1 线圈断电释放，电动机 MA1 断电停转，EA2 指示灯熄灭。

2）砂轮电动机 MA2 及冷却液泵电动机 MA3 的控制。电动机 MA2 及 MA3 也必须在 KF 通电吸合后才能起动。按起动按钮 SF5，接触器 QA2 线圈通电吸合，砂轮电动机 MA2 起动运转。由于冷却泵电动机 MA3 通过接插器 X1 和 MA2 联动控制，所以 MA2 和 MA3 同时起动运转。当不需要冷却时，可将插头 XP1 拉出。按下停止按钮 SF4 时，接触器 QA2 线圈断电释放，MA2 与 MA3 同时断电停转。

两台电动机的过载保护热继电器 BB2 和 BB3 的常闭触头都串联在 QA2 电路上，只要有一台电动机过载，就使接触器 QA2 失电。因冷却液循环使用，经常混有污垢杂质，很容易引起冷却液泵电动机 MA3 过载，故用热继电器 BB3 进行过载保护。

3）砂轮升降电动机 M4 的控制。砂轮升降电动机只有在调整工件和砂轮之间位置时使用。

当按下点动按钮 SF6，接触器 QA3 线圈获电吸合，电动机 MA4 起动正转，砂轮上升。达到所需位置时，松开 SF6，接触器 QA3 线圈断电释放，电动机 MA4 停转，砂轮停止上升。

当按下点动按钮 SF7，接触器 QA4 线圈获电吸合，电动机 MA4 起动反转，砂轮下降，当达到所需位置时，松开 SF7，QA4 断电释放，电动机 MA4 停转，砂轮停止下降。

为了防止电动机 MA4 正反转线路同时接通，故在对方线路中串入接触器 QA4 和 QA3 的常闭触头进行连锁控制。

4）电磁工作台控制电路分析。电磁工作台又称电磁吸盘，它是固定加工工件的一种夹具。利用通电导体在铁心中产生的磁场吸牢铁磁材料的工件，以便加工。它与机械夹具比较，具有夹紧迅速，不损伤工件，一次能吸牢若干个小工件，以及工件发热可以自由伸缩等优点，因而电磁吸盘在平面

磨床上用得十分广泛。电磁吸盘结构如图 3-3 所示。其外壳是钢制箱体，中部的芯体上绕有线圈，吸盘的盖板用钢板制成，钢制盖板用非磁性材料（如铅锡合金）隔离成若干小块。当线圈通上直流电以后，电磁吸盘的芯体被磁化，产生磁场，磁通便以芯体和工件做回路，工件被牢牢吸住。

电磁吸盘的控制电路包括三个部分：整流装置、控制装置和保护装置。

（a）整流装置。整流装置由变压器 TA 和单相桥式全波整流器 TB 组成，供给 110V 直流电源。

（b）控制装置。控制装置由按钮 SF8、SF9、SF10。和接触器 QA5、QA6 等组成。

电磁工作台充磁和去磁过程如下：

a）充磁过程：当电磁工作台上放上铁磁材料的工件后，按

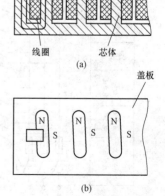

图 3-3　电磁吸盘结构

下充磁按钮 SF8, 接触系盘器 QA5 线圈获电吸合, 接触器 QA5 的两副主触头区 18 (204 - 206)、区 21 (205 - 208) 闭合, 同时其自锁触头区 14 (15 - 16) 闭合, 连锁触头区 15 (18 - 19) 断开, 电磁吸盘 YH 通入直流电流进行充磁将工件吸牢, 然后进行磨削加工。磨削加工完毕后, 在取下加工好的工件时, 先按下按钮 SF9, 接触器 QA5 断电释放, 切断电磁吸盘 YH 的直流电源, 电磁吸盘断电, 由于和工件都有剩磁, 要取下工件, 需要对吸盘和工件进行去磁。

b) 去磁过程: 按下点动按钮 SF1。接触器 QA6 线圈获电吸合, 接触器 QA6 的两付主触头区 18 (205 - 206)、区 21 (204 - 208) 闭合, 电磁吸盘 YH 通入反向直流电, 使电磁吸盘和工件去磁。去磁时, 为了防止电磁吸盘和工件反向磁化将工件再次吸住, 仍取不下工件, 所以要注意按点动按钮 SF10. 的时间不能过长, 同时接触器 QA6 采用点动控制方式。

c) 保护装置。保护装置由放电电阻 R 和电容 C 以及欠压继电器 KF 组成。

电阻 R 和电容 C 的作用: 电磁盘是一个大电感, 在充磁吸工件时, 存储有大量磁场能量。当它脱离电源时的一瞬间, 电磁吸盘 YH 的两端产生较大的自感电动势, 如果没有 RC 放电回路, 电磁吸盘的线圈及其他电器的绝缘将有被击穿的危险, 故用电阻和电容组成放电回路; 利用电容 C 两端的电压不能突变的特点, 使电磁吸盘线圈两端电压变化趋于缓慢; 利用电阻及消耗电磁能量, 如果参数选配得当, 此时 RLC 电路可以组成一个衰减振荡电路, 对去磁将是十分有利的。

欠压继电器 KF 的作用: 在加工过程中, 若电源电压过低使电磁吸盘 YH 吸力不足, 则电磁吸盘将吸不牢工件, 会导致工件被砂轮打出, 造成严重事故。因此, 在电路中设置了欠压继电器 KF, 将其线圈并联在直流电源上, 其常开触头区 7 (2 - 3) 串联在液压泵电机和砂轮电机的控制电路中, 若电压过低使电磁吸盘 YH 吸力不足而吸不牢工件, 欠电压继电器 KF 立即释放, 使液压泵电动机 M1 和砂轮电动机 M2 立即停转, 以确保电路的安全。

5) 照明和指示灯电路。图 3 - 2 中 EL 为照明灯, 其工作电压为 36V, 由变压器 TA 供给。SF 为照明开关。

EA1、EA2、EA3、EA4 和 EA5 为指示灯, 其工作电压为 6V, 也由变压器 TA 供给。

五个指示灯的作用是:

EA1 亮表示控制电路的电源正常; 不亮, 表示电源有故障。

EA2 亮表示液压泵电动机 MA1 处于运转状态, 工作台正在进行往复运动; 不亮, MA1 停转。

EA3 亮表示冷却泵电动机 MA3 及砂轮电动机 MA2 处于运行状态; 不亮, 表示 MA2、MA3 停转。

EA4 亮表示砂轮升降电动机 M4 处于运行状态; 不亮, 表示 MA4 停转。

EA5 亮表示电磁吸盘 YH 处于工作状态 (充磁或去磁); 不亮, 表示电磁吸盘未工作。

M7120 型平面磨床电气元件明细表见表 3 - 1。

表 3 - 1　　　　　　　　　　M7120 型平面磨床电器元件明细表

代号	名称	型号与规格	件数	备注
QB	电源开关	HZ1 - 25/3　5A	1	三极
MA1	液压泵电动机	J02 - 21 - 4　1.1kW、1410r/min	1	
MA2	砂轮电动机	J02 - 31 - 2　3kW、2860r/min	1	

代号	名称	型号与规格	件数	备注
MA3	冷却泵电动机	PB - 25A　0.12kW、3000r/min	1	
MA4	砂轮升降电动机	J03 - 301 - 4　0.75kW、1410r/min	1	
QA1～QA6	交流接触器	CJ0 - 10A　线圈电压110V	6	
BB1		JR10 - 10　整定电流 2.71A	1	
BB2	热继电器	JR10 - 10	1	整定电流 6.18A
BB3		JR10 - 10	1	整定电流 0.47A
FA1	熔断器	RL1 - 60/25	3	配熔体 25A
FA2～FA7		L₁ - 15/2	8	配熔体 2A
TA	控制变压器	BK - 200　380V/135 V、110V、24V、6V	1	
SF1～SF10	按钮	LA₂	10	
YH	电磁吸盘	HD×P　110V、1.45A	1	
TB	整流器	2CZ11C	4	
KF	欠电压继电器		1	
C	电容	5 μF、300V	1	
R	电阻	GF 型 500Ω、50W	1	
EA1～EA5	指示灯	XD1 型、6V	5	
SF	台灯开关		1	
EL	工作照明灯	K - 1 24V、40W	1	配灯泡
XS1、XP1	接插件	CY0 - 36、三极	1	
XS2、XP2		CY0 - 36、二极	1	
XB	接零牌		1	

3.2　钻 床 控 制 线 路

　　钻床是一种用途广泛的孔加工机床。它主要用钻头钻削精度要求不太高的孔，另外，还可以用来扩孔、铰孔、镗孔，以及修刮端面、攻螺纹等多种形式的加工。钻床的结构形式很多，有立式钻床、卧式钻床、深孔钻床及多轴钻床等。

　　摇臂钻床是一种立式钻床，它适用于单件或批量生产中带有多孔的大型零件的孔加工，是一般机械加工车间常用的机床。下面以 Z3050 型摇臂钻床为例（见图 3 - 4），分析其电气控制的工作原理。

　　机床型号：Z3050

　　型号意义：Z 代表钻床；3 代表摇臂钻床组；0 代表摇臂钻床型；50 代表最大钻孔直径 50 mm。

3.2.1　钻床的主要结构及运动形式

　　（1）Z3050 型摇臂钻床的主要结构。Z3050 型摇臂钻床主要由底座、内立柱、外立柱、摇臂、主轴箱、工作台等组成，如图 3 - 4 所示。内立柱固定在

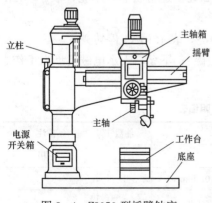

立柱　主轴箱　摇臂　主轴　电源开关箱　工作台　底座

图 3 - 4　Z3050 型摇臂钻床

底座上，在它外面空套着外立柱，外立柱可绕着固定不动的内立柱回转一周。摇臂一端的套筒部分与外立柱滑动配合，摇臂升降电动机装于立柱顶部，借助于丝杆，摇臂可沿外立柱上下移动，但两者不能做相对转动，因此，摇臂只与外立柱一起相对内立柱回转。主轴箱是一个复合部件，它由主电动机（电动机装在主轴箱顶部）、主轴和主轴传动机构、进给和进给变速机构以及机床的操作机构等部分组成。主轴箱安装在摇臂水平导轨上，它可借助手轮操作使其在水平导轨上沿摇臂做径向运动。机床除冷却泵电动机 MA4、电源开关 QS1 及 FA1、QS2 是安装在固定部分外，其他电气设备均安装在回转部分上。由于本机床立柱顶上没有集电环，故在使用时，要注意不要总是沿着一个方向连续转动摇臂，以免把穿入内立柱的电源线拧断。

（2）Z3050 型摇臂钻床的运动形式。

1）主轴及进给的传动。主轴转动及进给传动系统由主轴电动机驱动，主轴变速机构和进给变速机构都装在主轴箱里，通过主轴箱内的主轴、进给变速传动机构及正反转摩擦离合器和操纵安装在主轴箱下端的操纵手柄、手轮，能实现主轴正反转、停车（制动）、变速、进给、空挡等控制。钻削加工时，钻头一面旋转进行切削，同时进行纵向进给。主轴也可随主轴箱沿摇臂上的水平导轨做手动径向移动。

2）摇臂升降的传动。摇臂升降由摇臂升降电动机驱动，同时，摇臂与外立柱一起相对内立柱还能做手动 360°回转。

机床加工时，由液压泵电动机做动力，采用液压驱动的特殊的菱形块夹紧装置（夹紧很可靠）将主轴箱紧固在摇臂导轨上，将外立柱紧固在内立柱上，摇臂紧固在外立柱上，然后进行钻削加工。

3.2.2　Z3050 型摇臂钻床对电气线路的主要要求

（1）主轴调速及正反转。为了适应多种加工方式的要求，主轴及进给应在较大范围内调速。但这些调速都是机械调速，用手柄操作进行变速箱调速，对电动机无任何调速要求。加工螺纹是要求主轴能正反转，主轴正反转是由正反转摩擦离合器来实现的，所以只要求主轴电动机能正转。

（2）摇臂上升、下降。摇臂上升、下降是由摇臂升降电动机正反转实现的，因此，要求电动机能双向起动，同时为了设备安全，应具有极限保护。

（3）主轴箱、摇臂、内外立柱的夹紧与放松。主轴箱、摇臂、内外立柱的夹紧与放松是采用液压驱动，要求液压泵电动机能双向起动。摇臂的回转和主轴箱的径向移动在中小型摇臂钻床上都采用手动。

（4）冷却。钻削加工时，为了对刀具及工件进行冷却，需由一台冷却泵电动机驱动冷却泵输送冷却液。冷却泵电动机要求单向起动。

（5）控制电源。为了操作安全，控制电路的电源电压采用 127 V，由控制变压器 TC 供给。

（6）指示信号。摇臂采用自动夹紧和放松控制，要保证摇臂在放松状态下进行升降并有夹紧、放松指示。

3.2.3　钻床电气控制线路分析

Z3050 型摇臂钻床电气控制电路图如图 3-5 所示。

（1）主电路。Z3050 型摇臂钻床的主电路采用 380V、50Hz 三相交流电源供电，控制及照明和指示电路均由控制变压器 TA 降压后供给，电压分别为 127、36V 及 6V。组合开关

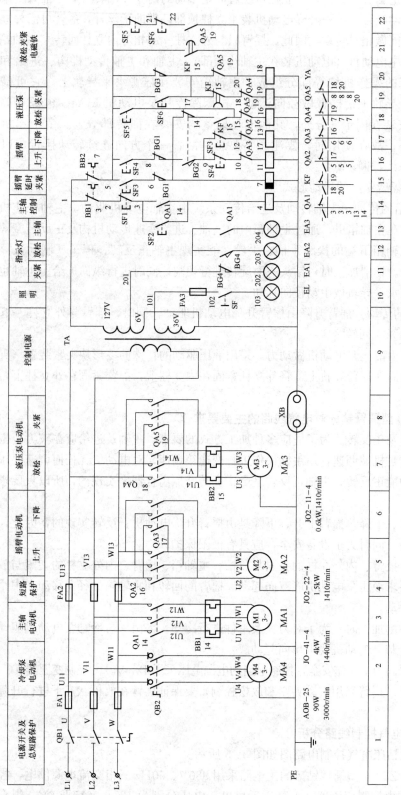

图 3 - 5　Z3050 型摇臂钻床电气原理图

QB1，为机床总电源开关。为了传动各机构，机床上装有四台电动机：MA1 为主轴电动机，由交流接触器 QA1 控制，只要求单方向旋转，主轴的正反转由机械手柄操作；MA2 为摇臂升降电动机，能正反转控制，用接触器 QA2 和 QA3 控制其正反转，因为该电动机短时间工作，故不设过载保护电器；M3 为液压泵电动机，能正反转控制，正反转的起动与停止由接触器 QA4 和 QA5 控制，该电机的主要作用是供给夹紧、松开装置压力油，实现摇臂、立柱和主轴箱的夹紧与松开；M4 为冷却泵电动机，只能正转控制。除冷却泵电动机采用开关直接起动外，其余三台异步电动机均采用接触器直接起动。四台电动机都设有保护接地措施。

电路中 MA4 功率很小，用组合开关 QB2 进行手动控制，故不设过载保护。MA1、MA3 分别由热继电器 BB1、BB2 作为过载保护。FA1 为总熔断器，兼作 MA1、MA4 的短路保护；FA2 熔断器作为 MA2、MA3 及控制变压器一次侧的短路保护。

（2）控制电路分析。

1）主轴电动机 MA1 的控制。

合上电源开关后，按起动按钮 SF2，按触器 QA1 线圈通电吸合，同时其自锁触头区 14（3～4）闭合，按触器 QA1 自锁，主轴电动机 M1 起动。同时接触器 QA1 的常开触头区 13（201～204）闭合，电动机 MA1 旋转指示灯 EA3 亮。停车时，按 SF1，接触器 QA1。线圈断电释放，MA1 停止旋转，电动机 MA1 旋转指示灯熄。

2）摇臂升降控制。

（a）摇臂上升。按摇臂上升按钮 SF3，则时间继电器 KF 线圈通电，它的瞬时闭合的动合触头区 18（14～15）闭合和延时断开的常开触点区 21（5～20）闭合，使电磁铁 YA 和接触器 QA4 线圈通电同时吸合，接触器 QA4 的主触点区 7 闭合，液压油泵电动机 MA3 起动正向旋转，供给压力油。压力油经二位六通阀体进入摇臂的“松开”油腔，推动活塞移动，活塞推动菱形块，将摇臂松开。同时，活塞杆通过弹簧片压位置开关 BG2，使其动断触点区 18（7～14）断开，动合触点区 16（7～9）闭合。前者切断了接触器 QA4 的线圈电路，接触器 QA4 主触点断开，液压油泵电动机 MA3 停止工作；后者使交流接触器 QA2 的线圈通电，主触头区 5 接通电动机 MA2 的电源，摇臂升降电动机起动正向旋转，带动摇臂上升。

如果此时摇臂尚未松开，则位置开关 BG2 其动合触头区 16（7～9）不闭合，接触器 QA2 不能吸合，摇臂就不能上升。

当摇臂上升到所需位置时，松开按钮 SF3，则接触器 QA2 和时间继电器 KF 同时断电释放，电动机 M2 停止工作，随之摇臂停止上升。

由于时间继电器（断电延时型）KF 断电释放，经 1～3s 时间的延时后，其延时闭合的常闭触点区 19（17～19）闭合，使接触器 QA5 线圈通电，接触器 QA5 的主触头区 8 闭合，液压泵电动机 MA3 反向旋转，此时，YA 仍处吸合状态，压力油从相反方向经二位六通阀进入摇臂“夹紧”油腔，向相反方向推动活塞和菱形块，使摇臂夹紧，在摇臂夹紧的同时，活塞杆通过弹簧片压位置开关 BG3 的动断触点区 20（5～17）断开，使接触器 QA5 和 YA 都失电释放，最终液压泵电动机 MA3 停止旋转。完成了摇臂的松开、上升、夹紧的整套动作。

（b）摇臂下降。摇臂下降时，其工作过程与摇臂上升相似。

按摇臂下降按钮 SF4，则时间继电器 KF 线圈通电，它的瞬时闭合的动合触头区 18（14～15）闭合和延时断开的常开触点区 21（5～20）闭合，使电磁铁 YA 和接触器 QA4 线圈通电同时吸合，接触器 QA4 的主触点区 7 闭合，液压油泵电动机 MA3 起动正向旋转，供给压力油。压力油经二位六通阀体进入摇臂的"松开"油腔，推动活塞移动，活塞推动菱形块，将摇臂松开。同时，活塞杆通过弹簧片压位置开关 BG2，使其动断触点区 18（7～14）断开，动合触点区 16（7～9）闭合。前者切断了接触器 QA4 的线圈电路，接触器 QA4 主触点断开，液压油泵电动机 MA3 停止工作；后者使交流接触器 QA3 的线圈通电，主触头区 6接通电动机 MA2 的电源，摇臂升降电动机起动反向旋转，带动摇臂下降。

同样，如果此时摇臂尚未松开，则位置开关 BG2 其动合触头区 16（7～9）不闭合，接触 QA3 不能吸合，摇臂就不能下降。

当摇臂下降到所需位置时，松开按钮 SF4，则接触器 QA3 和时间继电器 KF 同时断电释放，电动机 MA2 停止工作，随之摇臂停止下降。

由于时间继电器（断电延时型）KF 断电释放，经 1～3s 时间的延时后，其延时闭合的常闭触点区 19（17～19）闭合，使接触器 QA5 线圈通电，接触器 QA5 的主触头区 8 闭合，液压泵电动机 MA3 反向旋转，此时，YA 仍处吸合状态，压力油从相反方向经二位六通阀进入摇臂"夹紧"油腔，向相反方向推动活塞和菱形块，使摇臂夹紧，在摇臂夹紧的同时，活塞杆通过弹簧片压位置开关 BG3 的动断触点区 20（5～17）断开，使接触器 QA5 和 YA 都失电释放，最终液压泵电动机 MA3 停止旋转。完成了摇臂的松开、下降、夹紧的整套动作。

利用位置开关 BG1 来限制摇臂的升降行程。当摇臂上升到极限位置时，BG1，动作，使电路 BG1（6-7）断开，QA2 释放，升降电动机 MA2 停止旋转，但另一组 BG1（7-8）仍处闭合，以保证摇臂能够下降。当摇臂下降到极限位置时，BG1 动作，使 BG1（7-8）断开，QA3 释放，MA2 停止旋转，但另一组触点 BG1（6-1）仍处闭合，以保证摇臂能够上升。

时间继电器的主要作用是控制接触器 QA5 的吸合时间，使升降电动机停止运转后，再夹紧摇臂。KF 的延时时间视需要，整定时间为 1～3s。

摇臂的自动夹紧是由位置开关 BG3 来控制的，如果液压夹紧系统出现故障而不能自动夹紧摇臂，或者由于 BG3 调整不当，在摇臂夹紧后不能使 BG3 的常闭触点断开，都会使液压泵电动机 MA3 处于长时间过载运行状态而造成损坏。为了防止损坏 MA3，电路中使用了热继电器 BB2，其整定值应根据 MA3 的额定电流来调整。

摇臂升降电动机的正反转控制接触器不允许同时得电动作，以防止电源短路。为了避免因操作失误等原因而造成短路事故，在摇臂上升和下降的控制线路中，采用了接触器的辅助触头互锁和复合按钮互锁两种保证安全的方法，确保电路安全工作。

3）立柱和主轴箱的夹紧与松开控制。

立柱和主轴箱的松开或夹紧是同时进行的。

（a）立柱和主轴箱的松开　按下松开按钮 SF5，接触器 QA4 线圈通电吸合，接触器 QA4 的主触点区 7 闭合，液压泵电动机 MA3 正向旋转，供给压力油，压力油经二位六通阀（此时电磁铁 YA 是处于释放状态）进入立柱和主轴箱松开油缸，推动活塞及菱形块，使立柱和主轴箱分别松开，松开指示灯亮。

（b）立柱印主轴箱的夹紧　按下夹紧按钮 SF6，接触器 QA5 线圈通电吸合，接触器 QA5 的主触点区 8 闭合，液压泵电动机 MA3 反向旋转，供给压力油，压力油经二位六通阀（此时电磁铁 YA 是处于释放状态）进入立柱和主轴箱夹紧油缸，推动活塞及菱形块，使立柱和主轴箱分别夹紧，夹紧指示灯亮。

Z3050 型摇臂钻床的电气元件明细表见表 3-2。

表 3 - 2　　　　　　　　　　　Z3050 型摇臂钻床电器元件明细表

代号	名称	型号与规格	件数	备注
MA1	主轴电动机	J02 - 41 - 4、4kW、1440r/min	1	380V、50Hz、T2
MA2	摇臂升降电动机	J02 - 22 - 4、1.5kW、1410r/min	1	380V、50Hz、T2
MA3	液压泵电动机	J02 - 11 - 4、0.6kW、1410r/min	1	380V、50Hz、T2
MA4	冷却泵电动机	AOB - 25、90W、3000r/min	1	380V、50Hz
QA1	交流接触器	CJ0 - 20B 吸引线圈 127V、50Hz	1	
QA2~QA5		CJ0 - 10B 吸引线圈 127V、50Hz	4	
KF	时间继电器	JJSK2 - 4K 吸引线圈 127V、50Hz	1	
BB1	热继电器	JR0 - 40/3、三极、6.4~10A	1	整定在 8.37A
BB2		JR0 - 40/3、三极、1~1.6A	1	整定在 1.57A
QB1	组合开关	HZ2 - 25/3	1	板后接线
QB2		HZ2 - 10/3	1	板后接线
BG1	位置开关	HZ4 - 22	1	
BG2、BG3		LX5 - 11	2	
SF4		LX3 - 11K	1	
TA	控制变压器	BK - 150 380V/127 - 36 - 6V	1	6V 从 127V 中抽头
SF1、SF3、SF4	按钮	LA19 - 11	3	红、绿、黄色各 1 件
SF2、EA3		LA19 - 11D 指示灯电压为 6V	1	绿色
SF5、EA1		LA19 - 11D 指示灯电压为 6V	1	黄色
SF6、EA2		LA19 - 11D 指示灯电压为 6V	1	绿色
FA1	熔断器	RL1 - 60/30 配熔体 30A	3	
FA2		RL1 - 15/10 配熔体 10A	3	
FA3		RL1 - 15/2 配熔体 2A	1	
YA	电磁铁	MFJ1 - 3 吸引线圈 127V、50Hz	1	
EL、SF	机床工作灯	JC2	1	只要灯头部分
	低压灯泡	36V、40W	1	

3.3　万能铣床控制电路

　　万能铣床是一种通用的多用途高效率加工的机床，它可以用圆柱铣刀、圆片铣刀、角度铣刀、成型铣刀、端面铣刀等工具对各种零件进行平面、斜面、沟槽、齿轮等。装上分度头可以铣切直齿齿轮和绞刀、螺旋面（如钻头的螺旋槽、螺旋齿轮）等零件。还可以加装万能铣头和圆工作台铣切凸轮和弧形槽。所以，铣床在机械行业的机床设备中占有相当大的比重。

　　铣床的种类很多，按照结构形式和加工性能的不同，可分为立式铣床、卧式铣床、仿型铣床、龙门铣床和专用铣床等。目前，万能铣床常用的有两种：一种是卧式万能铣床，铣头水平方向放置，型号为 X62W；另一种是立式万能铣床，铣头垂直放置，型号为 X52T。这两种机床结构大体相似，差别在于铣头的放置方向上，而工作台进给方式与主轴变速等都相同，电气控制线路经过系列化以后也是一样的，只不过是容量不同。本节以卧式万能铣床进行分析。

下面以 X62W 型万能升降台铣床为例来分析其电气控制的工作原理。

机床型号：X62W

型号意义：X 代表铣床；6 代表卧式；2 代表 2 号机床（用 0、1、2、3 表示工作台面长与宽）；W 代表万能。

3.3.1 铣床的主要结构及运动形式

X62W 型万能铣床的外形如图 3-6 所示。

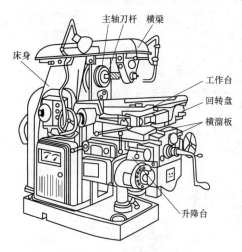

图 3-6 X62W 型万能铣床

（1）X62W 型万能铣床的主要结构。X62W 型万能铣床主要由床身、主轴、刀杆、横梁、工作台、回转盘、横溜板和升降台等组成。箱形的床身固定在地上，在床身内装有主轴的传动机构和变速操纵机构。在床身的顶部有个水平导轨，上面装着带有一个或两个刀架的悬梁。刀杆支架用来支承铣刀心轴的一端，心轴另一端则固定在主轴上，由主轴带动铣刀切削。悬梁可以水平移动，刀杆支架可以在悬梁上水平移动，以便安装不同的心轴。在床身的前面有垂直导轨，升降台可沿着它上下移动。在升降台上面的水平导轨上，装有可在平行主轴轴线方向移动（横向移动或前后移动）的溜板，溜板上部有可转动部分，工作台就在溜板上部可转动部分的导轨上做垂直于主轴轴线方向移动（纵向移动）。工作台上有 T 型槽来固定工件，这样安装在工作台上的工件就可以在三个坐标轴的六个方向上调整位置或进给。

此外，由于回转盘可绕中心转过一个角度（通常是 +45*），因此，工作台在水平面上除了能在平行于或垂直于主轴轴线方向进给外，还能在倾斜方向进给，可以加工螺旋槽，故称万能铣床。

（2）X62W 型万能铣床的运动形式。铣床运动形式有主运动、进给运动及辅助运动。铣刀的旋转运动为主运动，工作台的上下、左右、前后运动都是进给运动，其他的运动（如工作台的旋转运动）则是辅助运动。

1）主轴转动是由主轴电动机通过弹性联轴器来驱动传动机构，当机构中的一个双联滑动齿块与齿啮合时，主轴即可旋转。

2）工作台面的移动是由进给电动机驱动，它通过机械机构使工作台能进行三种运动形式六个方向的移动，即工作台面能直接在溜板上部可转动部分的导轨上做纵向（左右）移动；工作台面借助横溜板做横向（前后）移动；工作台面还能借助升降台做垂直（上下）移动。这些运动由进给电动机的正反转来实现。

3.3.2　铣床对电气线路的主要要求

（1）铣床要求有三台电动机分别作为驱动机械和冷却，即为主轴电动机、进给电动机和冷却泵电动机。

（2）主轴电动机需要正反转，但方向的改变并不频繁。根据加工工艺的要求，有的工件需要顺铣（电动机正转），有的工件需要逆铣（电动机反转）。大多数情况下是一批或多批工件只用一种方向铣削，并不需要经常改变电动机转向。因此，可用电源相序转换开关实现主轴电动机的正反转，节省一个反向转动接触器。

（3）铣刀的切削是一种不连续切削，容易使机械传动系统发生故障，为了避免这种现象，在主轴传动系统中装有惯性轮，但在高速切削后，停车很费时间，故主轴电动机采用制动停车方式。

（4）铣床所用的切削刀具为各种形式的铣刀。铣削加工一般有顺铣和逆铣两种形式，分别使用刃口方向不同的顺铣刀与逆铣刀。由于加工时有顺铣和逆铣两种，所以要求主轴电动机能正反转。

（5）对于铣床的主运动与进给运动，要求进给运动一定要在铣刀旋转之后才能进行，铣刀停止旋转前，进给运动就应该停止，否则将损坏刀具或机床。为此，进给电动机与主轴电动机需实现两台电动机的可靠连锁控制。为了防止刀具和机床损坏，要求只有主轴旋转后，才允许有进给运动。为了减少加工件表面的粗糙度，只有进给停止后，主轴才能停止或同时停止。本铣床在电气上采用了主轴和进给同时停止的方式，但由于主轴运动的惯性很大，实际上就保证了进给运动先停止，主轴运动后停止的要求。

（6）工作台既可以做六个方向的进给运动，又可以在六个方向上快速移动。

（7）工作台的三种运动形式、六个方向的移动是依靠机械的方法来实现的，对进给电动机要求能正反转，但要求纵向、横向、垂直三种运动形式相互间应有连锁，以确保操作安全。某些铣床为扩大加工能力而增加圆工作台，在使用圆工作台时，工作台的上下、左右、前后几个方向的运动都不允许进行。同时要求工作台进给变速时，电动机也能瞬间冲动及工作台六个方向的移动能快速进给、两地控制等要求。

（8）主轴运动和进给运动采用变速盘来进行选择，为了保证变速齿轮进入良好啮合状态，两种运动都要求变速后做瞬时点动。

（9）为了适应各种不同的切削要求，铣床的主轴与进给运动都应具有一定的调速范围。为了便于变速时齿轮的啮合，在变速时能瞬时有低速冲动环节，并要求还能制动停车和实现两地控制。

（10）冷却泵电动机只要求正转。

3.3.3　铣床电气控制线路分析

X62W 型万能铣床电气控制电路图如图 3-7 所示。

（1）主电路分析。

1）主电路有三台电动机，MA1 是主轴电动机，它拖动主轴带动铣刀进行铣削加工；MA2 是进给电动机，它拖动升降台及工作台进给；MA3 是冷却泵电动机，供应冷却液。每台电动机均有热继电器做过载保护。

2）主轴电动机 MA1 通过换相开关 SF14 与接触器 QA1 配合，能进行正反转控制，而与接触 QA2、制动电阻器只及速度继电器的配合，能实现串电阻瞬时冲动和正反转反接制

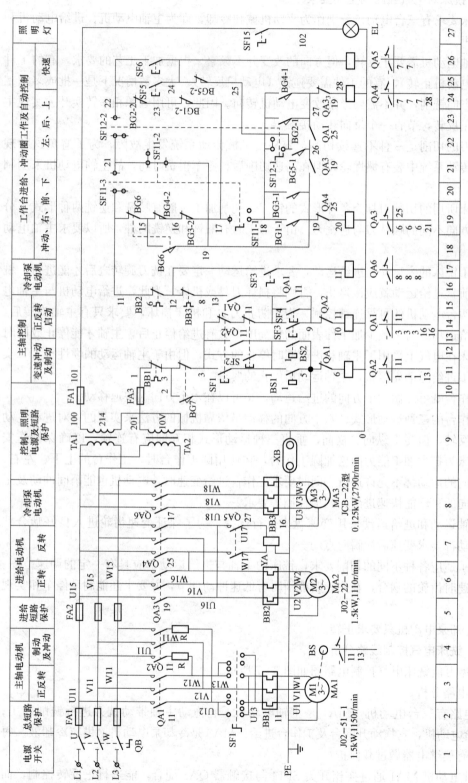

图 3-7　X62W 万能铣床电气原理图

动控制，并能通过机械进行变速。

3）进给电动机 MA2 能进行正反转控制，通过接触器 QA3、QA4 与行程开关及 QA5、牵引电磁铁 YA 配合，能实现进给变速时的瞬时冲动、六个方向的常速进给和快速进给控制。

4）冷却泵电动机 MA3 只能正转，通过接触器 QA6 来控制。

5）电路中 FA1 做机床总短路保护，也兼做 MA1 的短路保护；FA2 做 MA2、MA3 及控制、照明变压器一次侧的短路保护；热继电器 BB1、BB2、BB3 分别做 MA1、MA2、MA3 的过载保护。

（2）控制电路分析。

1）主轴电动机的控制。SF1、SF2 与 SF3、SF4 是分别装在机床两边的停止（制动）和起动按钮，实现两地控制，方便操作。QA1 是主轴电动机起动接触器；QA2 是反接制动和主轴变速冲动接触器；BG7 是与主轴变速手柄联动的瞬时动作行程开关。

2）工作台进给电动机的控制。工作台的纵向、横向和垂直运动都由进给电动机 MA2 驱动，接触器 QA3 和 QA4 使 MA2 实现正反转，用以改变进给运动方向。它的控制电路采用了与纵向运动机械做手柄联动的行程开关 BG1、BG2 和横向及垂直运动机械做手柄联动的行程开关 BG3、BG4，相互组成复合连锁控制，即在选择三种运动形式的六个方向移动时，只能进行其中一个方向的移动，以确保操作安全。

当这两个机械操作手柄都在中间位置时，各行程开关都处于未受压的原始状态，如图 3-7 所示。

（a）工作台升降（上下）和横向（前后）进给。工作台的垂直和横向运动是用同一手柄操纵的。该手柄有五个位置，即上下、前后和中间位置。此手柄是复式的，有两个完全相同的手柄分别装在工作台左侧的前后方。手柄的联动机械一方面能压下行程开关 BG3 或 BG4，另一方面同时接通垂直或横向进给离合器。当手柄扳向上或向下时机械上接通了垂直进给离合器；当手柄扳向前或扳向后时，机械上接通了横向进给离合器；手柄在中间位置时，横向和垂直离合器均不接通。手柄的五个位置是连锁的，各方向的进给不能同时接通，所以不可能出现传动紊乱的现象。

工作台的上下和前后的终端保护是利用装在床身导轨旁与工作台座上的撞铁，将操纵十字手柄撞到中间位置，使进给电动机 MA2 断电停转。

（b）工作台纵向（左右）进给。工作台的纵向运动也是由进给电动机 MA2 驱动，工作台的纵向进给运动也是用同一手柄来控制的。此手柄也是复式的，一个安装在工作台底座的顶面中央部位，另一个安装在工作台底座的左下方。手柄有三个位置：向左、零位、向右。当手柄扳到向左或向右运动方向时，手柄有两个功能：一是手柄的联动机构压下行程开关 BG1 或 BG2，使接触器 QA3 或 QA4 动作，控制进给电动机 M2 的正反转。二是通过机械结构将电动机的传动链拨向工作台下面的丝杆上当手柄扳到向左或向右运动方向时，机械结构将电动机的传动链拨向工作台下面的丝杆，使电动机的动力唯一地传到该丝杆上，工作台在丝杆带动下做左右进给；当手柄扳零位时，电动机的传动链与工作台下面的丝杆分离。

工作台左右运动的行程可通过调整安装在工作台两端的撞铁位置来实现。当工作台纵向运动到极限位置时，撞铁撞动纵向操纵手柄，使它回到零位，MA2 停转，工作台停止运动，从而实现了纵向终端保护。

在手柄扳到向左运动方向时，联动机构压下行程开关 BG2，使接触器 QA4 动作，控制进给电动机 MA2 反转；在手柄扳到向右运动方向时，联动机构压下行程开关 BG1，使接触器 QA3 动作，控制进给电动机 M2 正转；当手柄扳零位时，电动机断电 MA2 停转。

（c）工作台的快速进给控制。为了提高劳动生产率，减少生产辅助时间，X62W 万能铣床在加工过程中不做铣削加工时，要求工作台快速移动，当进入铣切区时，要求工作台以原来的进给速度移动。

工作台能快速移动。工作台快速移动控制分手动和自动两种控制方法。铣工在操作时，多数采用手动快速进给控制。工作台快速进给也是由进给电动机 MA2 来驱动，在纵向、横向和垂直三种运动形式六个方向上都可以快速进给控制。

（d）进给电动机变速时的瞬动（冲动）控制。进给变速冲动与主轴变速一样，进给变速时，为了使齿轮进人良好的啮合状态，也设有变速冲动环节。当需要进行进给变速时，应将转速盘的蘑菇形手轮向外拉出，使进给齿轮松开，并转动转速盘，把所需进给量的标尺数字对准箭头，然后再把蘑菇形手轮用力向外拉到极限位置，并随即推向原位，在推进时，其连杆机构瞬时压下行程开关 BG6，使 BG6 的常闭触点断开，常开触点闭合，使接触器 QA3 得电吸合，电动机 MA2 正转，因为 QA3 是瞬时接通的，故能达到 MA2 瞬时转动一下，从而保证变速齿轮易于啮合。

（e）圆工作台运动的控制。为了扩大机床的加工能力，可在机床上安装附件圆形工作台及其传动机械，这样铣床可以进行如铣切螺旋槽、弧形槽等曲线。圆形工作台的回转运动也是由进给电动机 MA2 经传动机构驱动的。

圆工作台工作时，所有进给系统均停止工作，只让圆工作台绕轴心转动。应先将进给操作手柄都扳到中间（停止）位置，然后将圆工作台组合开关 SF11 扳到接通位置，这时图 3-7 中图区 19 和图区 20 上的 SF（11-1）及 SF（11-3）断开，图区 22 上的 SF（11-2）闭合。

（f）连锁问题。单独对垂直和横向操作手柄而言，上下、前后四个方向只能选择其一，绝不会出现两个方向的可能性。但在操作这个手柄时，纵向操作手柄应扳到中间（零位）位置。若违背这一要求，即在上下、前后四个方向中的某个方向进给，又将控制纵向的手柄拨动了，这时有两个方向进给，将造成机床重大事故，所以必须连锁保护。从图 3-7 可以看到，若纵向手柄扳到任一方向，BG（1-2）或 BG（2-2）两个位置开关中的一个被压开，接触器 QA3 或 QA4 立刻失电，电动机 MA2 停转，从而得到保护。

同理，当纵向操作手柄扳到某一方向而选择了向左或向右进给时，BG1 或 BG2 被压着，它们的常闭触头 BG（1-2）或 BG（2-2）是断开的，接触器 QA3 或 QA4 都由 BG（3-1）和 BG（4-1）接通。若发生误操作，使垂直和横向操作手柄扳离了中间位置，而选择上下、前后某一方向进给，就一定使 BG（3-2）或 BG（4-2）断开，使 QA3 或 QA4 断电释放，电动机 M2 停止运转，避免了机床事故。

（3）铣床电气控制的工作过程。

1）主轴电动机控制的工作过程。

（a）主轴电动机起动。主轴电动机起动时，先合上电源开关 QB，再把主轴转换开关 SF14 扳到所需的旋转方向，然后起动按钮 SF3（或 SF4），接触器 QA1 线圈获电动作，其主触头图区 3 上的 QA1（U11-U12、V11-V12、W11-W12）闭合，其辅助常开触头图区

16 上的 QA1（8-9）闭合自锁，主轴电动机 MA1 获电起动。同时，接触器 QA1 的辅助常闭触头图区 11 上的 QA1（5-6）切断接触器 QA2 线圈电路进行互锁。MA1 起动后，速度继电器 BS 的一副常开触点图区 11 上的 BS（4-5）闭合，为主轴电动机 MA1 的停车制动做好准备。

（b）主轴电动机停车制动。当铣削完毕，需要主轴电动机 MA1 停车时，按停止转钮 SF1（或 SF2），接触器 QA1 线圈失电释放，其主触头图区 3 上的 QA1（U11-U12、V11-V12、W11-W12）分离，电动机 MA1 断电，接触器 QA1 的辅助常闭触头图区 11 上的 QA1（5-6）复位。同时，停止按钮 SF1（或 SF2）的动合触点图区 11（或 12）上的 SF1（或 SF2）（3-4）闭合，由于惯性的原因，刚停车时电动机 MA1 转速仍很高，速度继电器 BS 的常开触点图区 11 上的 BS（4-5）尚未断开，因此接触器 QA2 线圈获电动作，其主触头图区 4 上的 QA2（U11-U14、V11-V12、W11-W14）闭合，其辅助常开触头图区 12 上的 QA2（3-4）闭合自锁，改变 M1 的电源相序进行串电阻反接制动。当 MA1 转速低于 120r/min 时，速度继电器 KS 的常开触点图区 11 上的 BS（4-5）断开，接触器 QA2 线圈失电释放，其主触头图区 4 上的 QA2（U11-U14、V11-V12、W11-W14）分断，电动机 MA1 断电停转，制动结束。

（c）主轴电动机变速时的瞬动（冲动）控制。主轴电动机变速时的瞬动（冲动）控制，是利用变速手柄与冲动行程开关 BG7 通过机械上联动机构进行控制的。图 3-8 是主轴变速冲动控制示意图。

主轴电动机是经过弹性联轴器和变速机构的齿轮传动链来实现传动的，可使主轴获得十多级不同的转速。变速时，先下压变速手柄，然后拉到前面，当快要落到第二道槽时，转动变速盘，选择需要的转速，此时凸轮压下弹簧杆，使冲动行程开关 BG7 的常闭触点图区 11 上的 BG7（2-3）先断开，切断接触器 QA1 线圈的电路，电动机

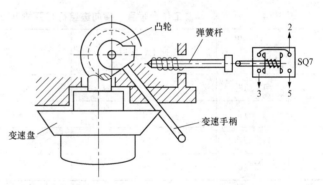

图 3-8　主轴电动机变速瞬动控制示意图

MA1 断电；同时，BG7 的常开触点图区 10 上的 BG7（2-5）随后接通，接触器 QA2 线圈得电动作，电动机 MA1 被反接制动。当手柄拉到第二道槽时，BG7 不受凸轮控制而复位，电动机 MA1 停转；接着把手柄从第二道槽推回原始位置时，凸轮又瞬时压动行程开关 BG7，使电动机 MA1 反向瞬时冲动一下，以利于变速后的齿轮啮合。但要注意，不论是开车还是停车时变速，都应以较快的速度把手柄推回原始位置，以免通电时间过长，引起电动机 M1 转速过高而打坏齿轮。

2）工作台进给电动机控制的工作过程。在机床接通电源后，将控制圆工作台的组合开关 SA11 扳到断开位置，使触点图区 19 上的 SF（11-1）（17，18）和图区 20 上的 SF（11-3）（11-21）闭合，而图区 21 上的 SF（11-2）（19-21）断开，再将选择工作台自动与手动控制的组合开关 SF12 扳到手动位置，使触点图区 22 上的 SF（12-1）（18-25）断开，而图区 22 上的 SF（12-2）（21-22）闭合，然后按下起动按钮 SF3，或 SF4，接触器 QA1 线圈

通电吸合，电动机 MA1 起动，这时使 QA1（8-13）闭合，就可进行工作台的进给控制。

（a）工作垂直（上下）和横向（前后）运动的控制。对应操作手柄的五个位置，与之对应的运动状态，见表 3-3。

表 3-3　　　　　　　　　　　工作台垂直与横向运动的操纵手柄位置

手柄位置	工作台运动方向	接通离合器	动作行程开关	动作接触器	MA2 转向
向上	向上进给或快速向上	垂直进给离合器	BG4	QA4	反转
向下	向下进给或快速向下	垂直进给离合器	BG3	QA3	正转
向前	向前进给或快速向前	横向进给离合器	BG3	QA3	正转
向后	向后进给或快速向后	横向进给离合器	BG4	QA4	反转
中间	垂直或横向停止	横向进给离合器	…	…	停止

a）工作台向上运动的控制。在主轴电机 MA1 起动后，将横向和升降操作手柄扳至向上位置，其联动机构一方面机械上接通垂直离合器，同时位置开关 BG4 被压动，其常闭触点图区 19 上的 BG（4-2）（15-16）断开，其常开触点图区 24 上的 BG（4-1）（18-27）闭合，见表 3-4。接触器 QA4 线圈通电吸合，其主触点区 7（U15-U16、V15-V16、W15-W16）闭合，接通电动机 MA2 电源，电动机 MA2 反转，工作台向上运动；同时，接触器 QA4 的常闭辅助触点图区 19 上的 QA4（19-20）切断 QA3 线圈电路，实现互锁。

表 3-4　　　　　　　工作台垂直、横向进给行程开关 BG3、BG4 通断表

位置　　触点		向上、向后	停止	向下、向前
BG3	18-19	-	-	+
	16-17	+	+	-
BG4	18-27	+	-	-
	15-16	-	+	+

将手柄扳中间位置时，电动机 MA2 停转，工作台停止运动。

b）工作台向后运动的控制。当横向和升降操纵手柄扳至向后位置，机械上接通横向进给离合器，而压下的行程开关仍是 BG4，所以在电路上仍然接通 QA4，MA2 也是反转，工作过程与工作台向上运动的控制相同，但在横向进给离合器的作用下，机械传动装置带动工作台向后进给运动。将手柄扳回中间位置，电动机 MA2 停转，工作台停止运动。

c）工作台向下运动的控制。将横向和升降操作手柄扳至向上位置，其联动机构一方面机械上接通垂直离合器，同时位置开关 BG3 被压动，其常闭触点图区 19 上的 BG（3-2）（16-17）断开，其常开触点图区 20 上的 BG（3-1）（18-19）闭合，接触器 QA3 线圈通电吸合，其主触点区 6（U15-U16、V15-V16、W15-W16，）闭合，接通电动机 MA2 电源，电动机 MA2 正转，工作台向下运动；同时，接触器 QA3 的常闭辅助触点图区 24 上的 QA3，（27-28）切断 QA4 线圈电路，实现互锁。将手柄扳中间位置时，电动机 MA2 停转，工作台停止运动。

　　d) 工作台向前运动的控制。当横向和升降操纵手柄扳至向前位置时，机械上接通横向进给离合器，而压下的行程开关仍是 BG3，所以在电路上仍然接通 QA3，MA2 也是正转，工作过程与工作台向下运动的控制相同，但在横向离合器的作用下，机械传动装置带动工作台向前运动。将手柄扳回中间位置，电动机 MA2 停转，工作台停止运动。

　　（b）工作台纵向（左右）运动的控制。

　　a）工作台向左运动。将横向和升降操作手柄扳至向左位置，其联动机构一方面机械上接通纵向离合器，同时在电气上压下位置开关 BG2 被压动，使图区 24 上的位置开关常闭触点 BG（2 - 2）（22 - 23）断开，图区 23 上的行程开关 BG（2 - 1）（18 - 27）闭合，而其他控制进给运动的位置开关都处于原始位置，见表 3 - 5。此时，接触器 QA4 线圈通电吸合，其主触点区 7（U15 - U16、V15 - V16、W15 - W16）闭合，接通电动机 MA2 电源，电动机 MA2 反转，工作台向左运动；同时接触器 QA4 的常闭辅助触点图区 19 上的 QA4（19 - 20）切断 QA3，线圈电路，实现互锁。

　　将手柄扳中间位置时，图区 23 上的行程开关 BG（2 - 1）（18 - 27）断开，接触器 QA4 线圈失电释放，电动机 MA2 停转，工作台停止运动。

　　b）工作台向右运动。将操纵手柄扳至向右位置时，机械上仍然接通纵向进给离合器，但却压动了行程开关 BG1，使图区 24 上的位置开关常闭触点 BG（1 - 2）（17 - 23）断开，图区 19 上的行程开关 BG（1 - 1）（18 - 19）闭合，而其他控制进给运动的位置开关都处于原始位置，见表 3 - 5。此时，接触器 QA3 线圈通电吸合，其主触点区 6（U15 - U16、V15 - V16、W15 - W16）闭合，接通电动机 MA2 电源，电动机 MA2 正转，工作台向右运动；同时，接触器 QA3 的常闭辅助触点图区 24 上的 QA3（27 - 28）切断 QA4 线圈电路，实现互锁。

表 3 - 5　　　　　　　　　　工作台纵向进给行程开关 BG1、BG2 通断表

触　点	位　置	向左	停止	向右
BG1	18 - 19	−	−	+
	17 - 23	+	+	−
BG2	18 - 27	+	−	−
	22 - 23	−	+	+

　　将手柄扳到中间位置时，图区 19 上的行程开关 BG（1 - 1）（18 - 19）断开，接触器 QA3 线圈失电释放，电动机 MA2 停转，工作台停止运动。

　　（c）工作台纵向（左右）运动的自动控制。工作台纵向（左右）运动的自动控制是用台面前侧上的 1 号 - 5 号撞块（图 3 - 9 撞块示意图）以及操作手柄支点处的八齿爪轮分别推动限位开关 BG1、BG2 及 BG5 来完成的。工作台纵向运动的自动控制分为：单向自动控制、自动往复控制、自动往复循环控制。控制过程如下：

　　a）单向自动控制。单向自动控制是以"快速运行—常速进给—快速运行—停止"这一规律进行的。根据运行方向及行程距离的要求装好撞块，如向右进给可将 1 号左撞块 1 号右撞块和 4 号或 5 号撞块（与进给方向有关）都装在操作手柄左面（向右进给则都装在右面，

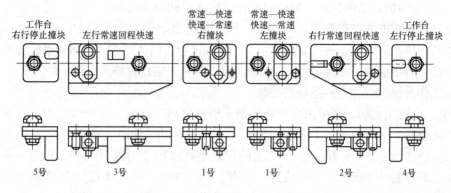

图 3-9　工作台纵向运动控制过程

为了保证工作台不超越最大行程，一般 4 号及 5 号撞块不允许拆下的，这里仅指调整其位置而言），然后将转换开关 SA2 扳到自动位置，见表 3-6。

表 3-6　　　　　　　工作台台面手动、自动控制 SA2 选择开关通断表

触　点	位　置	手动	自动
SF（12-1）	18-25	—	+
SF（12-2）	21-22	+	—

　　转换开关触点图区 22 上的 SF（12-2）（21-22）断开，以保证工作台在台面移动时工作台不能移动，转换开关触点图区 22 上的 SF（12-1）（18-25）闭合使快速接触器 QA5，线圈通电吸合，接触器 QA5 的主触点区 7（W16-W17、U16-U17）闭合，接通牵引电磁铁 YA 线圈的电源，于是牵引电磁铁跟着吸合（主轴运转时）。这时，如将中央手柄扳向右带动限位开关触点图区 19 上的 BG（1-1）（18-19）闭合，接触器 QA3 线圈通电吸合，但由于快速行程机构已被牵引电磁铁的吸合拉到快速位置，这时台面是以快速进给的速度向右移动，当台面移到第一块 1 号撞块将八齿爪轮撞过一个角度时，限位开关触点图区 25 上的 BG（5-2）（24-25）断开，接触器 QA5 线圈断电释放，同时牵引电磁铁释放，使台面由快速转为常速进给，在常速移到第二块 1 号撞块又将八齿爪轮撞过一角度触点图区 22 上的 BG（5-1）（25-26）闭合，牵引电磁铁吸合，台面又以快速向右直到 4 号（或 5 号）撞块将操作手柄撞到中间位置，则自动停止。

　　b）自动往复控制。自动往复控制是以"快速运行—常速进给—快速回程—停止"这一规律进行的。这里是以向右进给为例。

　　将 1 号右撞块及 3 号撞块装在操作手柄的左方，4 号撞块装在操作手柄右方（向左则将 1 号左撞块及 2 号撞块装在操作手柄的右方，5 号撞块装在手柄左方）。扳动手柄向右，"快速运行—常速进给"这一过程与单向自动控制相同，当进给到预定行程时，3 号撞块将位于台面前方偏右部分的闭锁桩压下，使离合器不受手柄位置的影响，所以当台面行到 3 号撞块将操作手柄撞到中间位置时，台面继续向右，3 号撞块的后半部又将手柄撞到向左位置，此时台面仍继续向右移动。在这一过程中，BG5 触点图区 22 上的 BG（5-1）（25-26）闭合，BG1 触点图区 19 上的 BG（1-1）（18-19）断开，但 QA3 仍不释放，因此 QA3 的常闭触点图区 24 上的（27-28）仍旧断开，所以 BG1 触点图区 19 上的 BG（1-1）（18-19）虽闭合，但 QA3 仍不吸合，台面一直向右移动，直到 3 号撞块的另一点将八齿爪轮撞过一个角度将 BG5 触点图区 22 上的 BG（5-1）（25-26）打开时，才使 QA3 释放，由于操作手柄早已位于向左位置而已将 BG2 的触点图区 22 上的 BG（2-1）（18-27）闭合，只待 QA3 的常闭触点图区 24 上的（27-28）常闭触点的闭合，QA3 即行吸合，使台面向左移动；又由于 BG5 触点图区 25 上的（24-25）闭合，所以是快速向左移动（快速回程），最后由 4 号撞块将手柄撞到中间而自动停止。

c）自动往复循环控制。自动往复循环控制是以"快速向右—常速进给向右—快速向左—常速进给向左继而快速向右"循环工作。现以向右为起点为例。将 1 号右撞块与 3 号撞块装在操作手柄的左方，而 1 号左撞块及 2 号撞块装在手柄右方，然后扳手柄到向右位置即能循环工作。

自动往复循环的过程与自动往复的过程相同，只是两个方向都要换向而已。

（d）工作台的快速进给控制。将进给操纵手柄扳到所需位置，工作台按照先定的速度和方向做常速进给移动时，再按下快速进给按钮 SF5（或 SF6），使接触器 QA5 线圈通电吸合，接触器 QA5 的主触点区 7（W16-W17、U16-U17）闭合，接通牵引电磁铁 YA 线圈的电源，电磁铁吸合，通过杠杆使摩擦离合器合上，减少了中间传动装置，使工作台按原运动方向做快速进给运动。当快速移动到预定位置时，松开快速进给按钮，接触器 QA5 断电，电磁铁 YA 线圈断电，摩擦离合器断开，快速进给运动停止，工作台仍按原常速进给时的速度继续运动。

（e）进给电动机变速时的瞬动（冲动）控制。当需要进行进给变速时，将转速盘的蘑菇形手轮向外拉出，使进给齿轮松开，并转动转速推向原位，在推进时，其连杆机构瞬时压下行程开关 BG6，使 BG6 的常闭触点区 19 上的 BG6（11-15）断开，常开触点区 18 上的 BG6（15-19）闭合，使接触器 QA3，线圈得电吸合，其通电回路（图 3-7）是 11-21-22-23-17-16-15-19-20-QA3-O，接触器 QA3 主触点区 6 上的 QA3（U15-U16、V15-V16、W15-W16）闭合，接通电动机 MA2：电源，电动机 MA2：正转，因为 QA3 是瞬时接通的，故能达到 MA2：瞬时转动一下，从而保证变速齿轮易于啮合。

由于进给变速瞬时冲动的通电回路要经过 BG（1-2）-BG（4-2）四个行程开关的常闭触点，因此，只有当进给运动的操作手柄都在中间（停止）位置时，才能实现进给变速冲动控制，以保证操作时的安全。同时与主轴变速时冲动控制一样，电动机的通电时间不能太长，以防止转速过高，在变速时打坏齿轮。

（f）圆工作台运动的控制。圆工作台工作时，将进给操作手柄都扳到中间（停止）位置，然后将圆工作台组合开关 SF11 扳到接通位置，这时图区 19 和图区 20 上的 SF（11-1）（17-18）及 SF（11-3）（11-21）断开，图区 21 上的 SF（11-2）（21-19）闭合（见表 3-7）。准备就绪后，按下主轴起动按钮 SF3，或 SF4，则接触器 QA1 和 QA3 相继吸合，主轴电动机 MA1 与进给电动机 MA2：相继起动并运转，而进给电动机带动一根专用轴，使圆工作台仅以正转方向带动圆工作台做绕轴心定向回转运动，铣刀铣出圆弧。

此时 QA3 的通电回路为：1-2-3-7-8-13-12-11-15-16-17-23-22-21-19-20-QA3-0。若要使圆工作台停止运动，可按主轴停止按钮 SF1 或 SF2，则主轴与圆工作台同时停止工作。

表 3 - 7　　　　　　　　　　　　圆工作台组合开关 SA1 通断表

触　点　＼　位　置	圆工作台	
	接通	断开
SF（11 - 1）（17 - 18）	－	＋
SF（11 - 2）（19 - 21）	＋	－
SF（11 - 3）（11 - 21）	－	＋

由上通电回路中可知，当圆工作台工作时，不允许工作台在纵向、横向和垂直方向上有任何运动。若误操作而扳动进给运动操纵手柄，则必然会使位置开关 BG1～BG4 中的某一个被压动，则其常闭触头将断开，就立即切断圆工作台的控制电路，电动机停止转动。由于实现了电气上的连锁，从而避免了机床事故。

圆工作台在运转过程中不要求调速，也不要求反转。只能定向做回转运动。

X62W 型铣床电器元件明细表见表 3 - 8。

表 3 - 8　　　　　　　　　　X62W 型万能铣床电器元件明细表

代号	名称	型号与规格	件数	备注
MA1	主轴电动机	J02 - 51 - 4、7.5kW、1450r/min	1	380V、50Hz、T2
MA2	进给电动机	J02 - 22 - 4、1.5kW、1410r/min	1	380V、50Hz、T2
MA3	冷却泵电动机	JCB - 22、0.125kW、2790r/min	1	380V、50Hz
QA1、QA2	交流接触器	CJ0 - 20、110V、20A	2	
QA3～QA6		CJ0 - 10、110V、10A	4	
TA	控制变压器	BK - 150、380/110V	1	
TL	照明变压器	BK - 50、380/24V	1	
BG1、BG2	位置开关	LX1 - 11K	2	开启式
BG3、BG4		LX2 - 131	2	自动复位
BG5～BG7		LX3 - 11K	3	开启式
QB	组合开关	HZ1 - 60/E26、三极、60A	1	
SF11		HZ1 - 10/E16、三极、10A	1	
SF12		HZ1 - 10/E16、二极、10A	1	
SF14		HZ3 - 133、三极	1	
SF13、SF15		HZ10 - 10/2、二极、10A	2	
SF1、SF2	按钮	LA2、500V、5A	2	红色
SF3、SF4		LA2、500V、5A	2	绿色
SF5、SF6		LA2、500V、5A	2	黑色

续表

代号	名称	型号与规格	件数	备注
R	制动电阻器	ZB2、1.45W、15.4A	2	
BB1		JR0-40/3、额定电流 16A	1	整定电流 14.85A
BB2	热继电器	JR10-10/3、热元件编号 10	1	整定电流 3.42A
BB3		JR10-10/3、热元件编号 1	1	整定电流 0.415A
FA1		RL1-60/35、熔体 35A	3	
FA2~FA4	熔断器	RL1-15、熔体 10A、3 只, 6A、2A 各 1 只	5	
BS	速度继电器	JY1、380V、2A	1	
YA	牵引电磁铁	MQ1-5141、线圈电压 380V	1	拉力 150N
EL	低压照明灯	K-2、螺口	1	配灯泡 24V、40W

习　题

3-1　分析图 3-2 所示 M7120 型平面磨床电气控制线路原理图，写出其工作过程。

3-2　分析图 3-5 所示 Z3050 型摇臂钻床电气控制线路原理图，写出其工作过程。

3-3　分析图 3-7 所示 X62W 万能铣床电气控制线路原理图，写出其工作过程。

第4章 可编程序控制器（PLC）概述

在工业生产过程中，大量的开关量顺序控制，它按照逻辑条件进行顺序动作，并按照逻辑关系进行连锁保护动作的控制，及大量离散量的数据采集。传统上，这些功能是通过气动或继电器接触器控制系统来实现的。通过前面章节学习可知，继电器、接触器控制系统的机械触点多、接线复杂、可靠性低、功耗高，并且当生产工艺流程改变时需要重新设计和改装控制线路，灵活性和通用性也就较差，因此日益满足不了现代化生产过程复杂多变的控制要求。作为取代继电器接触器控制而设计的专用工业控制计算机，可编程序控制器（Programmable Logic Controller，PLC）将计算机的许多功能和继电器控制系统结合起来，与主流计算机相融合，用"软件编程"代替继电器接触器控制的"硬件接线"，功能强大、控制便捷，并且编程简单易学，已发展成为当今工业控制领域的主流控制设备。

本章主要回顾 PLC 的定义及发展，概述其特点与应用领域，详细介绍 PLC 的工作原理，通过比较继电器、接触器控制电路与 PLC 梯形图的异同加深理解，进行举例分析，最后并通过具体项目案例要求对本章内容进行巩固学习。

4.1 PLC 的基本概念

1968 年美国最大的汽车制造商通用汽车公司（General Motors Corporation，GM），为了适应汽车型号的不断翻新，以求在激烈竞争的汽车工业中占有优势，提出采用一种新型控制装置取代继电气控制装置。第二年，美国数字公司研制出了基于集成电路和电子技术的控制装置，首次采用程序化的手段应用于电气控制，这就是第一代可编程序逻辑控制器（Programmable Logic Controller，PLC）。随着 IC 集成电路技术与计算机技术的发展，PLC 功能也得到了发展，称之为 PC（Programmable Controller），也为了反映可编程控制器的功能特点，仍把 PC 称之为可编程逻辑控制器，为了区别于个人计算机（简称 PC）和个人计算器（PC），将可编程控制器定名为 PLC（Programmable Logic Controller）。

PLC 的定义有许多种，20 世纪 70 年代初期、中期，可编程序控制器虽然引入了计算机的优点，但实际上只能完成顺序控制，仅有逻辑运算、定时及计数等控制功能。随之未处理器技术的发展，20 世纪 70 年达末期至 80 年代初期，可编程序控制器的处理速度有很大提高，增加了许多特殊功能，使得可编程序控制器不仅能够进行逻辑控制，而且可以对模拟量进行控制。因此，美国电器制造商协会（NEMA）定义可编程序控制器为（Programmable Controller，PC）："PC 是一个数字式的电子装置，它使用了可编程序的记忆体储存指令，用来执行逻辑、顺序、计时、计数与演算等功能，并通过数字或类似的输入/输出模块，以控制各种机械或工作程序。一部数字电子计算机若是从事执行上述功能，亦被视为 PC，但不包括类似的机械式顺序控制器。"

国际电工委员会（IEC）定义："可编程控制器是一种数字运算操作的电子系统，专为在工业环境下应用而设计。它采用可编程序的存储器，用来在其内部存储执行逻辑运算、顺序控制、定时、计数和算术运算等操作的指令，并通过数字式、模拟式的输入和输出，控制各种类型的机械或生产过程。可编程序控制器及其有关设备，都应按易于与工业控制器系统联成一个整体、易于扩充其功能的原则设计。"

4.1.1 PLC 的特点与应用领域

PLC 是综合继电器接触器控制的优点及计算机灵活方便等特点设计制造并发展起来的，这就使得其具有许多其他控制器所无法相比的优点。

1. 功能强，性能价格比高

一台小型 PLC 内有成百上千个可供用户使用的编程元件，有很强的功能，可以实现非常复杂的控制功能。与相同功能的继电器相比，具有很高的性能价格比。可编程序控制器可以通过通信联网，实现分散控制，集中管理。

2. 硬件配套齐全，用户使用方便，适应性强

可编程序控制器产品已经标准化、系列化、模块化，配备有品种齐全的各种硬件装置供用户选用。用户能灵活方便地进行系统配置，组成不同功能、不同规模的系统。可编程序控制器的安装接线也很方便，一般用接线端子连接外部接线。PLC 有很强的带负载能力，可以直接驱动一般的电磁阀和交流接触器。

3. 可靠性高，抗干扰能力强

传统的继电器控制系统中使用了大量的中间继电器、时间继电器。由于触点接触不良，容易出现故障，PLC 用软件代替大量的中间继电器和时间继电器，仅剩下与输入和输出有关的少量硬件，接线可减少到继电器控制系统的 $1/10 \sim 1/100$，因触点接触不良造成的故障大为减少。

PLC 采取了一系列硬件和软件抗干扰措施，具有很强的抗干扰能力，平均无故障时间达到数万小时以上，可以直接用于有强烈干扰的工业生产现场，PLC 已被广大用户公认为最可靠的工业控制设备之一。

4. 系统的设计、安装、调试工作量少

PLC 用软件功能取代了继电器控制系统中大量的中间继电器、时间继电器、计数器等器件，使控制柜的设计、安装、接线工作量大大减少。

PLC 的梯形图程序一般采用顺序控制设计方法。这种编程方法很有规律，易于掌握。对于复杂的控制系统，梯形图的设计时间比设计继电器系统电路图的时间要少得多。

PLC 的用户程序可以在实验室模拟调试，输入信号用小开关来模拟，通过 PLC 上的发光二极管可观察输出信号的状态。完成了系统的安装和接线后，在现场的统调过程中发现的问题一般通过修改程序就可以解决，系统的调试时间比继电器系统少得多。

5. 编程方法简单

梯形图是使用得最多的可编程序控制器的编程语言，其电路符号和表达方式与继电器电路原理图相似，梯形图语言形象直观，易学易懂，熟悉继电器电路图的电气技术人员只要花几天时间就可以熟悉梯形图语言，并用来编制用户程序。

梯形图语言实际上是一种面向用户的高级语言，可编程序控制器在执行梯形图的程序时，用解释程序将它"翻译"成汇编语言后再去执行。

6. 维修工作量少，维修方便

PLC 的故障率很低，且有完善的自诊断和显示功能。PLC 或外部的输入装置和执行机

构发生故障时，可以根据 PLC 上的发光二极管或编程器提供的地址迅速地查明故障的原因，用更换模块的方法可以迅速地排除故障。

7. 体积小，能耗低

对于复杂的控制系统，使用 PLC 后，可以减少大量的中间继电器和时间继电器，小型 PLC 的体积相当于几个继电器大小，因此可将开关柜的体积缩小到原来的 1/2～1/10。PLC 的配线比继电器控制系统的配线要少得多，故可以省下大量的配线和附件，减少大量的安装接线工时，从而可减少大量费用。

PLC 是以微处理器为核心，综合了计算机技术、自动控制技术和通信技术发展起来的一种通用工业自动控制装置，由于其功能强、可靠性高、体积小、灵活通用等一系列优点，使其在冶金、能源、化工、交通、电力等领域中有着广泛的应用，成为现代工业控制的三大支柱（PLC、机器人和 CAD/CAM）之一。根据 PLC 的特点，其应用形式可以归纳为以下几种类型：

（1）用于开关量的逻辑控制。这是 PLC 最基本、最广泛的应用领域，它取代传统的继电器电路，实现逻辑控制、顺序控制，既可用于单台设备的控制，也可用于多机群控及自动化流水线。如注塑机、印刷机、订书机械、组合机床、磨床、包装生产线、电镀流水线等。

（2）用于模拟量控制。在工业生产过程当中，有许多连续变化的量，如温度、压力、流量、液位和速度等都是模拟量。为了使可编程控制器处理模拟量，必须实现模拟量（Analog）和数字量（Digital）之间的 A/D 转换及 D/A 转换。PLC 厂家都生产配套的 A/D 和 D/A 转换模块，使可编程控制器用于模拟量控制。

（3）用于过程控制。过程控制是指对温度、压力、流量等模拟量的闭环控制。作为工业控制计算机，PLC 能编制各种各样的控制算法程序，完成闭环控制。PID 调节是一般闭环控制系统中用得较多的调节方法。大中型 PLC 都有 PID 模块，目前许多小型 PLC 也具有此功能模块。PID 处理一般是运行专用的 PID 子程序。过程控制在冶金、化工、热处理、锅炉控制等场合有非常广泛的应用。

（4）用于运动控制。PLC 可以用于圆周运动或直线运动的控制。从控制机构配置来说，早期直接用于开关量 I/O 模块连接位置传感器和执行机构，现在一般使用专用的运动控制模块。如可驱动步进电机或伺服电机的单轴或多轴位置控制模块。世界上各主要 PLC 厂家的产品几乎都有运动控制功能，广泛用于各种机械、机床、机器人、电梯等场合。

（5）用于数据处理。现代 PLC 具有数学运算（含矩阵运算、函数运算、逻辑运算）、数据传送、数据转换、排序、查表、位操作等功能，可以完成数据的采集、分析及处理。这些数据可以与存储在存储器中的参考值比较，完成一定的控制操作，也可以利用通信功能传送到别的智能装置，或将它们打印制表。数据处理一般用于大型控制系统，如无人控制的柔性制造系统；也可用于过程控制系统，如造纸、冶金、食品工业中的一些大型控制系统。

（6）用于通信和联网。PLC 通信含 PLC 间的通信及 PLC 与其他智能设备间的通信。随着计算机控制的发展，工厂自动化网络发展得很快，各 PLC 厂商都十分重视 PLC 的通信功能，纷纷推出各自的网络系统。新近生产的 PLC 都具有通信接口，通信非常方便。

为了适应市场各方面的需求，各生产厂家对 PLC 不断进行改进，推出功能更强、结构更完善的新产品。这些新产品总体来说，朝着两个方向发展：一个是向超小型、专用化和低价格的方向发展，以进行单片机控制；另一个是向大型、高速多功能和分布式全自动网络化方向发展，以适应现代化的大型工厂及企业自动化的需求。

4.1.2　PLC的硬件结构

PLC由于自身特点，在工业生产的各个领域得到了越来越广泛的应用，作为PLC的用户要正确地应用PLC去完成各种不同的控制任务，首先要了解PLC组成结构。PLC实质上是一种工业控制用的专用计算机，其实际组成与微型计算机基本相同，也是由硬件系统和软件系统两大部分组成的。

PLC的硬件系统是指构成PLC的物理实际体或称物理装置，也就是它的各个结构部件，主要由中央处理单元（CPU）、存储器（RAM、ROM）、输入输出（I/O）接口、外部设备、电源及编程器等几部分组成。PLC的硬件系统结构图如图4-1所示。

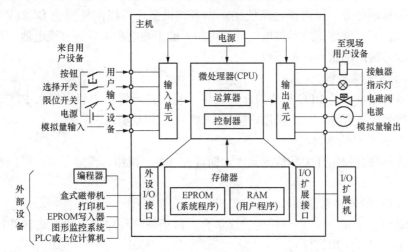

图 4-1　PLC的硬件系统结构图

1. 中央处理单元

运算器和控制器集成在一起，构成了CPU，是PLC的核心单元，类似于人体的神经中枢。常用的CPU主要采用通用微处理器、单片机和双极型位片式微处理器三种类型。通用微处理器有8080、8086、80286、80386等；单片机有8031、8096等；位片式微处理器有AM2900、AM2903等。其工作主要有：

（1）诊断PLC电源、内部电路的工作状态及编制程序中的语法错误。

（2）采集现场的状态或数据，并送入PLC的寄存器中。

（3）逐条读取指令，完成各种运算和操作。

（4）将处理结果送至输出端。

（5）响应各种外部设备的工作请求。

2. 存储器

系统程序存储器（ROM）：用以存放系统管理程序、监控程序及系统内部数据，PLC出厂前已将其固化在只读存储器ROM或PROM中，用户不能更改。

用户存储器（RAM）：包括用户程序存储区和工作数据存储区。这类存储器一般由低功耗的CMOS-RAM构成，其中的存储内容可读出并更改。掉电会丢失存储的内容，一般用锂电池来保持。

PLC 产品手册中给出的"存储器类型"和"程序容量"是针对用户程序存储器而言的。

3. 输入输出接口

I/O 接口作用是连接用户输入输出设备和 PLC 控制器，将各输入信号转换成 PLC 标准电平供 PLC 处理，再将处理好的输出信号转换成用户设备所要求的信号驱动外部负载。接到 PLC 输入接口的输入器件是：各种开关、按钮、传感器等。各种 PLC 的输入电路大都相同，PLC 输入电路中有光耦合器隔离，并设有 RC 滤波器，用以消除输入触点的抖动和外部噪声干扰。PLC 输入电路通常有三种类型：直流（12～24）V 输入、交流（100～120）V 输入与交流（200～240）V 输入和交直流（12～24）V 输入。

4. 电源

内部开关稳压电源，供内部电路使用；大多数机型还可以向外提供 DC24V 稳压电源，为现场的开关信号、外部传感器供电。外部可用一般工业电源，并备有锂电池（备用电池），使外部电源故障时内部重要数据不致丢失。

5. 外部设备—编程器

外部设备—编程器是 PLC 重要的外部设备，利用其可将用户程序输入 PLC 的存储器，还可以用编程器检查程序、修改程序，监视 PLC 的工作状态。

6. 用户输入输出设备

用户输入器件有控制开关和检测元件，即各种开关、按钮、传感器等；用户输出设备主要有接触器、电磁阀、指示灯等。

4.1.3 PLC 的软件系统

PLC 的软件系统指 PLC 所使用的程序集合，包括系统程序（又称系统软件）和用户程序（又称应用程序或应用软件）。

系统程序：系统程序由 PLC 厂家提供，并固化在 EPROM 中，不能由用户直接存取，也就不需要用户干预。控制 PLC 何时输入、何时输出、何时运算、何时自检、何时通信等等，进行时间和存储空间上的分配管理。存储空间管理，即生成用户元件，由它规定各种参数、程序的存放地址，将用户使用的数据参数存储地址转化为实际的数据格式及物理存放地址；内部自检程序，包括各种系统出错检验、用户程序语法检验、句法检验、警戒时钟运行等。系统调用，用于控制可编程控制器本身的运行。

用户程序：由可编程控制器的使用者根据现场控制的需求，利用 PLC 的程序语言编写的应用程序，可以实现各种控制要求，来控制被控装置的运行。用户程序按模块结构编写，由各自独立的程序段组成，每个分段用来解决一个确定的技术功能。这种程序分段的设计，还使得程序的调试、修改和查错都变得很容易。

PLC 的程序语言是多种多样的，对于不同生产厂家、不同系列的 PLC 产品采用的编程语言的表达方式也不相同，但基本上可归纳为两种类型：一是采用图形符号表达方式编程语言，如梯形图等；二是采用字符表达方式的编程语言，如语句表等。常见 PLC 编程语言如下：

1. 梯形图

梯形图编程语言习惯上叫梯形图。梯形图沿袭了继电器控制电路的形式，也可以说，梯形图编程语言是在电气控制系统中常用的继电器、接触器逻辑控制基础上简化了符号演变而来的，具有形象、直观、实用等特点，电气技术人员容易接受，是目前用得最多的一种

PLC 编程语言。

　　关于梯形图的格式，一般有如下一些要求：每个梯形图网络由多个梯级组成，每个输出元素可构成一个梯级，每个梯级可由多个支路组成. 通常每个支路可容纳 11 个编程元素。最右边的元素必须是输出元素。每个网络最多允许 16 条支路。

　　梯形图程序按从上到下，每一行从左到右顺序编写。PLC 程序执行顺序与梯形图的编写一致，如图 4 - 2 所示。图中左右两条竖线称为母线，母线之间是触点和输出，梯形图中的接点（对应触头）有两种，即常开触点和常闭触点，且触点应画在水平线上，垂直分支线上不画触点，如图 4 - 3 所示。

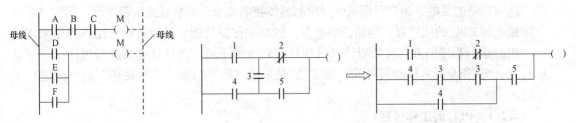

图 4 - 2　梯形图　　　　　　　　　　　图 4 - 3　梯形图触点画法注意示例图

　　梯形图的每一逻辑行必须从左母线出发，一般以触点开始，以线圈结束。右边母线可以省略。对同一个输出线圈，串联多的支路尽量放在上部，并联多的支路尽量靠近左母线，如图 4 - 4 所示。因为 PLC 的扫描顺序是从上到下，从左到右，这样可使 PLC 尽量早的获取尽可能多的信息。

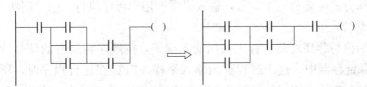

图 4 - 4　梯形图画法实例图

2. 顺序功能图

　　采用 IEC 标准的 SFC（Sequential Function Chart）语言，用于编制复杂的顺控程序。利用这种先进的编程方法，初学者也很容易编出复杂的顺控程序，大大提高了工作效率，也为调试、试运行带来许多难以言传的方便。

3. 逻辑功能图

　　它基本上沿用了数字电路中的逻辑门和逻辑框图来表达。一般用一个运算框图表示一种功能。控制逻辑常用"与""或""非"三种功能来完成。目前国际电工协会（IEC）正在实施发展这种编程标准。

4. 指令表

　　这种编程语言是一种与计算机汇编语言相类似的助记符编程方式，用一系列操作指令组成的语句表将控制流程表示出来，并通过编程器送到 PLC 中去，主要有基本指令和应用指令。

5. 高级语言

　　近几年推出的 PLC，尤其是大型 PLC，已开始使用高级语言进行编程。采用高级语言编程后，用户可以像使用 PC 机一样操作 PLC。在功能上除可完成逻辑运算功能外，还可以进行 PID 调节、数据采集和处理、上位机通信等。

4.2 PLC 的基本工作原理

我们已经知道 PLC 是一种存储程序的控制器。PLC 工作时要将逻辑部分输出的电平信号转换成外部器件所需要的电压或电流，输出部分要添加输出模块，PLC 按照事先由编程器编制的控制程序，扫描各输入端的状态，逐条扫描用户程序，最后的输出驱动外部的电器，达到控制的目的。用户根据某一对象的具体控制要求，编制好控制程序后，用编程器将程序键入到 PLC 的用户程序存储器中寄存。PLC 的控制功能就是通过运行用户程序来实现的。PLC 运行程序的方式与微型计算机相比有较大的不同，微型计算机运行程序时，一旦执行到 END 指令，程序运行结束。而 PLC 是采用"顺序扫描，不断循环"的方式进行工作的。

4.2.1 PLC 的工作过程

当 PLC 运行时，用户程序中有众多的操作需要去执行，但 CPU 不能同时去执行多个操作，它只能从第一条用户程序开始，在无中断或跳转的情况下，按存储地址号递增的方向顺序逐条执行用户程序，直到 END 指令结束。然后再从头开始执行，并周而复始的重复，直到停机或从运行（RUN）切换到停止（STOP）工作模式。PLC 的这种执行程序的方式称为扫描工作方式。

PLC 的工作方式主要分三个阶段：输入采样、用户程序执行、输出刷新。

1. 输入采样阶段

PLC 在开始执行程序之前，首先扫描输入端子，按顺序将所有的信号读入到寄存输入状态的输入映像寄存器中，这个过程称为输入采样。PLC 在运行程序时，所需要的输入信号不是现时取输入端子上的信息，而是取输入映像寄出器中的信息。在当前工作周期内输入的变化不会影响程序执行，即输入状态映像寄存器的内容不会变化，只有到下一个扫描周期，输入采样阶段才被刷新。

2. 用户程序执行阶段

PLC 完成了输入采样工作后，按顺序从 0000 号存储地址所存放的第一条用户程序开始进行逐条扫描执行，并分别从输入映像寄存器、输出映像寄存器以及辅助继电器中获得所需的数据进行运算处理。再将程序执行结果写入寄存执行结果的输出映像寄存器中保存。但这个结果在全部程序未被执行完毕之前不会送到输出端子上。

3. 输出刷新阶段

在执行到 END 指令，即执行完用户所有程序后，PLC 将输出映像寄存器中的内容送到输出锁存器中进行输出，驱动用户设备。PLC 扫描工作方式如图 4-5 所示。

PLC 工作过程除了包括上述三个主要阶段外，还要完成内部处理、通信处理等工作，如图 4-6 所示。在内部处理阶段，PLC 检查 CPU 模块的硬件是否正常，复位监视定时器，以及完成一些其他内部工作。通信服务阶段，PLC 与一些智能模块通信、响应编程器键入的命令，更新编程器的显示内容等，当 PLC 处于停状态时，只进行内容处理和通信操作等内容。

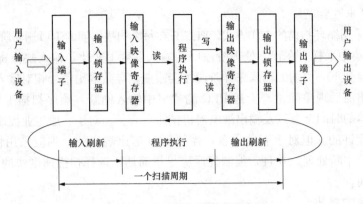

图 4 - 5　PLC 的扫描过程示意图

PLC 的两种工作模式：运行（RUN）工作模式和停止（STOP）模式。

1. 运行（RUN）工作模式

当处于运行工作模式时，PLC 要进行从内部处理、通信服务、输入处理、程序处理、输出处理，然后按上述过程循环扫描工作。在运行模式下，PLC 通过反复执行反映控制要求的用户程序来实现控制功能，为了使 PLC 的输出及时地响应随时可能变化的输入信号，用户程序不是只执行一次，而是不断地重复执行，直至 PLC 停机或切换到停止工作模式。

2. 停止（STOP）模式

当处于停止工作模式时，PLC 只进行内部处理和通信服务等内容。

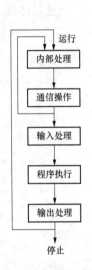

图 4 - 6　扫描过程

4.2.2　继电器控制电路与 PLC 梯形图的异同

对于同一控制电路，继电器控制原理图和梯形图的输入输出信号、控制过程等效，但两者又有本质区别：继电器控制原理图使用的是硬继电器和定时器，靠硬件连接组成控制线路。而 PLC 的梯形图使用的是内部软继电器、定时器/计数器等，靠软件实现控制。具体区别如表 4 - 1 所示。

表 4 - 1　　　　　　　　继电器控制系统与 PLC 梯形图的区别

不同控制系统	组成器件不同	触点数量不同	实施控制的方法不同	工作方式不同
继电器控制系统	硬器件，易磨损	有限，一般用于控制 4～8 对	控制功能包含于固定线路，功能专一，设计复杂	并行工作方式，该吸合的继电器同时吸合
PLC 控制系统	软器件，功耗低，无磨损	无限多，各触点的状态可取用无数次	梯形图程序实现控制功能，灵活多变，设计简化	串行工作方式，依次扫描

一个继电器控制线路，可以用 PLC 的梯形图来实现其功能。但由于 PLC 的工作方式不同（串行）；以及 PLC 工作过程的特点，如集中输入、集中输出等，给控制结果带来了特殊性。

1. 输入/输出滞后现象

由于 PLC 采用循环扫描的工作方式，PLC 只在每个扫描周期的 I/O 刷新阶段集中输入/输出。因 PLC 是集中采样，在程序处理阶段即使输入发生了变化，输入映像寄存器中的内容也不会变化，要到下一周期的输入采样阶段才会改变，导致输出信号相对输入信号滞后。实际上，输入输出滞后现象除了与上述 PLC 的 "集中输入刷新，顺序扫描工作方式" 有关，还与输入滤波器的时间常数以及输出继电器机械滞后有关。对于一般工业控制设备，这些滞后现象是完全允许的。但对于有些设备，需要 I/O 迅速响应的，则应采用快速响应模块、高速计数模块及中断处理。并且，编制程序应尽量简洁，选择扫描速度快的 PLC 机种，从而减少滞后时间。

2. 不允许双重输出

通过具体例子进行理解，如图 4-7 为带有双重输出的梯形图。

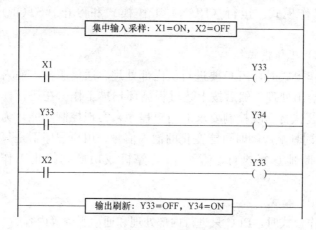

图 4-7　双重输出梯形图

图 4-7 中 Y33 为双重输出，从图中的结果可以看出，优先输出处理的是后面 Y33，即尽管第一行中当 X1 = "ON" 时，Y33 = = "ON"，但在第三行中，X2 = "OFF"，会将 Y33 的状态改写为 "OFF"，并作为结果输出。

4.2.3　应用举例

用 PLC 改造继电器控制系统时，因为原有的继电器控制系统经过长期使用和考验，已被证明能够完成系统要求的控制功能，而且继电器电路图和梯形图在表示方法和分析方法上有很多相似之处，因此可以根据继电器电路图设计梯形图，即将继电器电路图转换为具有相同功能的 PLC 外部硬件接线图和梯形图。此设计方法一般不需要改动控制面板，保持了系统的原有特性，操作人员不用改变长期形成的操作习惯，因而成为一种实用方便的设计方法。

1. 转换方法和步骤

继电器电路图是一个纯粹的硬件电路图，将它改为 PLC 控制时，需要用 PLC 的外部接线图和梯形图来等效继电器电路图，其具体方法和步骤如下：

（1）了解和熟悉被控设备的工作原理、工艺过程和机械的动作情况，根据继电器电路图分析和掌握控制系统的工作原理。

（2）确定 PLC 的输入信号和输出负载。继电器电路图中的交流接触器和电磁阀等执行机构如果用 PLC 的输出位来控制，它们的线圈在 PLC 的输出端。按钮、操作开关和行程开关、接近开关等提供 PLC 的数字量输入信号继电器。电路图中的中间继电器和时间继电器的功能用 PLC 内部的存储器位和定时器来完成，它们与 PLC 的输入位、输出位无关。

（3）确定与继电器电路图中的中间、时间继电器对应的梯形图中的存储器和定时器、计数器的地址，输入输出元件与梯形图元件的对应关系。

（4）根据上述的对应关系画出梯形图。

2. 梯形图设计注意事项

根据继电器电路图设计 PLC 的外部接线图和梯形图时应注意以下问题：

（1）应遵守梯形图语言中的语法规定。由于工作原理不同，梯形图不能照搬继电器电路中的某些处理方法。

（2）适当地分离继电器电路图中的某些电路。设计继电器电路图时的一个基本原则是尽量减少图中使用的触点，这样可以节约成本，但是往往会使某些线圈的控制电路交织在一起。在设计梯形图时首要的问题是设计的思路要清楚，设计出的梯形图容易阅读和理解，并不是特别在意是否多用几个触点，因为这不会增加硬件的成本，只是在输入程序时需要多花一点时间。

（3）尽量减少 PLC 的输入和输出点。PLC 的价格与点数有关，因此输入、输出信号的点数是降低硬件费用的主要措施。

（4）时间继电器的处理。时间继电器除了有延时动作的触点外，还有在线圈通电瞬间接通的瞬动触点。在梯形图中，可以在定时器的线圈两端并联存储器位的线圈，它的触点相当于定时器的瞬动触点。

（5）设置中间单元，在梯形图中，若多个线圈都受某一触点串并联电路的控制。为了简化电路，在梯形图中可以设置中间单元，即用该电路来控制某存储位，在各线圈的控制电路中使用其常开触点。

（6）设立外部互锁电路，由于软件动作时间原因，即使在梯形图已经完成互锁，为确保不同时动作，还要在 PLC 外部设置硬件联锁电路。

（7）外部负载的额定电压，PLC 双向晶闸管输出模块一般只能驱动额定电压 AC220V 的负载，系统交流接触器应换成 220V 电压的线圈。

［例］电机 Y/△启动转换案例

以三相异步电动机 Y/△起动为例，示范具体转换过程以及典型问题的处理。Y/△起动继电器控制电路原理图如图 4-8（a）所示。PLC 系统 I/O 分配方案如下：输入 SF1 对应 X1，SF2 对应 X2，输出 QA1、QA2、QA3 分别对应 Y1、Y2、Y3。根据上述提供的方法以及注意事项得到 PLC 梯形图如图 4-8（b）所示。

由图 4-8 中可以看出，采用梯形图可以适当设置中间环节（辅助继电器 M1），以使程序更加简洁；元器件使用没有数量限制，通断状态也不影响硬件成本，所以梯形图设计中定时器 T0 一直保持通电状态；对于 QA2（Y2）与 QA3（Y3）除了进行梯形图互锁之外还要进行硬件联锁，以确保其不同时导通。

设计过程中应注意梯形图是 PLC 程序，是一种软件，而继电器电路是由硬件电路组成的，梯形图和继电器控制电路是有本质区别的。转换时既要找到二者共同之处，又要看到工作机理的不同，只有这样才能准确地完成由继电器控制电路到 PLC 梯形图的转换。

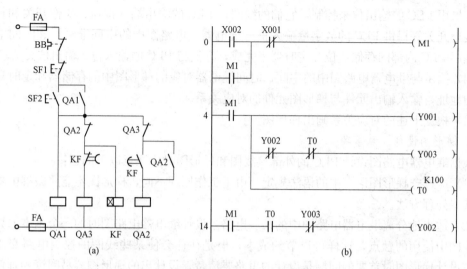

图 4-8　继电器控制电路转换梯形图示例

（a）Y/△起动继电器控制原理图；（b）Y/△起动 PLC 控制梯形图

4.3　项目案例—水塔水位控制

4.3.1　控制要求

水塔水位控制装置如图 4-9 所示，保持水池水位在 S2～S4 之间，当水池水位低于下限液位时，此时 S4 液位继电器常开触点闭合，表示水池水位过低，需要进水，电磁阀 Y 打开；当水池液面高于上限水位 S2 时，S2 液位继电器常开触点闭合，表示水池已满，电磁阀 Y 关闭停止进水。保持水塔水位在 S1～S3 之间，当水塔水位低于下限液位时，此时 S3 液位继电器常开触点闭合，表示水塔水位过低，水泵 M 自动工作，开始给水塔送水，当水塔水位高于上限液位时，S1 液位继电器常开触点闭合，表示水塔已满，水泵自动停止工作。

4.3.2　水塔水位控制系统电路与 I/O 设备

1. 水塔水位控制系统主电路（见图 4-10 所示）

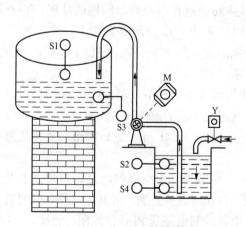

图 4-9　水塔水位控制装置图

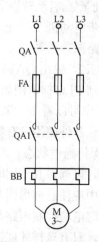

图 4-10　水塔水位控制系统电路图

2. 水塔水位控制系统的 I/O 设备

这是一个单体控制小系统，没有特殊控制要求，选用台达一般中小型控制器即可。

4.3.3　水塔水位控制系统 PLC 的 I/O 接口分配表

水塔水位控制系统 PLC 的 I/O 接口分配表如表 4 - 2 所示。

表 4 - 2　　　　　水塔水位控制系统 PLC 的 I/O 接口分配表

输入继电器	输入变量名	输出继电器	输出变量名
X0	控制开关	Y1	电磁阀电机 MA1
X1	水塔上限液位开关 S1	Y0	水泵 M
X2	水塔下限液位开关 S2		
X3	水池上限液位开关 S3		
X4	水池下限液位开关 S4		

4.3.4　水塔水位控制系统工作过程

当水池液位低于下限液位开关 S4，S4 此时为 ON，电磁阀 Y 打开，开始往水池里注水。当 4s 以后，若水池液位没有超过水池下限液位开关时，则系统发出报警；若系统正常，此时水池下限液位开关 S4 为 OFF，表示水位高于下限水位。当水位液面高于上限水位则 S2 为 ON，电磁阀 Y 关闭。

当水塔水位低于水塔下限水位时，则水塔下限水位开关 S3 为 ON，水泵 M 开始工作，向水塔供水，当 S3 为 OFF 时，表示水塔水位高于水塔下限水位。当水塔液面高于水塔上限水位时，则水塔上限水位开关 S1 为 ON，水泵停止。

当水塔水位低于下限水位同时水池水位也低于下限水位时，水泵不能起动。水塔水位控制系统程序流程图如图 4 - 11 所示。

根据上述分析画电气原理图，编写梯形图程序并接线进行运行调试。

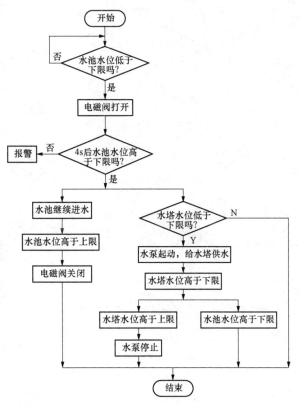

图 4 - 11　水塔水位控制系统 PLC 控制流程图

习　题

4 - 1　可编程控制器的定义是什么？

4 - 2　PLC 今后的发展方向是什么？

4 - 3　PLC 控制系统设计的原则与步骤。

4-4　PLC 的硬件结构由哪几部分组成？各有什么作用？

4-5　开关量输入输出接口有哪几种类型？

4-6　常用的 PLC 程序设计方法有哪些？

4-7　简述 PLC 的扫描周期。引起 PLC 输出滞后响应的因素有哪些？

4-8　PLC 运行模式下的工作过程分为哪几个阶段？

4-9　PLC 的工作特点有哪些？

4-10　试完成以下训练内容：2-4 译码器、三人表决器、电机正反转控制、两台电动机协调工作控制、跑马灯控制、液体混合装置控制、装配流水线控制、十字路口交通灯控制。

第5章 AH500系列PLC的指令系统和典型程序

5.1 PLC的编程语言与寻址方式

5.1.1 梯形图

梯形图（Ladder Diagram，LD）为IEC6 1131-3所规范的PLC编程语言之一，也是被广泛使用的PLC开发工具，其特色在于以控制回路图来表达程序的逻辑。图5-1即为ISP-Soft中的梯形图程序。

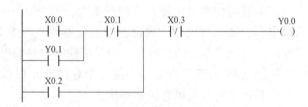

图5-1 ISPSoft梯形图

1. 梯形图编程的基本概念

（1）能流。在梯形图中为了分析各个元器件间的输入输出关系，就会假想一个概念电流，也称为能流。认为电流按照从左到右的方向流动，这一方向与执行用户程序时的逻辑运算关系是一致的。在图5-1中，当X0.0与X0.1，X0.3触点接通，或X0.2与X0.3触点接通，就会有一个假想的能流流过Y0.0，使线圈通电。利用能流这一概念，可以帮助我们更好地理解和分析梯形图，能流只能从左向右流动，层次改变只能从上到下。

（2）母线。梯形图左侧的垂直公共线称为母线，母线之间有能流从左向右流动。

（3）软触点。PLC梯形图中的某些编程元件沿用了继电器这一名称，如输入继电器、输出继电器、内部辅助继电器等，但是它们不是真实的物理继电器，而是一些存储单元，每个软继电器的触点与PLC存储器中映像寄存器的一个存储单元相对应，所以把这些触点称为软触点。这些触点的"0"或"1"状态代表着相应继电器触点或线圈的接通或断开。而且对于PLC内部的软触点，该存储单元如果为"1"状态，则表示梯形图中对应软继电器线圈通电，其常开触点接通，常闭触点断开。在继电器控制系统的接线中，触点的数目是有限的，而PLC内部的软触点的数目和使用次数是没有限制的，用户可以根据现场的具体要求在梯形图程序中多次使用同一软触点。

2. 梯形图的特点

PLC的梯形图源于继电器逻辑控制系统的描述，并与电气控制系统梯形图的基本思想是一致的，只是在使用符号和表达方式上有一定区别。它采用梯形图的图形符号来描述程序设计，是PLC程序设计中最常用的一种程序设计语言。这种程序设计语言采用因果的关系来描述系统发生的条件与结果，其中每个梯级是一个因果关系。在梯级中，描述系统发生的条件表示在左面，事件发生的结果表示在右面。PLC的梯形图使用的内部辅助继电器、定时/计数器等，都是由软件实现的，它的最大优点是使用方便，修改灵活，形象、直观和实用。这是传统电气控制的继电器硬件接线无法比拟的。

关于梯形图的格式，一般有如下一些要求：每个梯形图网络由多个梯级组成。每个输出元素可构成一个梯级，每个梯级可有多个支路。

梯形图有以下几个基本特点：

（1）PLC 梯形图与电气操作原理图相对应，具有直观性和对应性，并与传统的继电器逻辑控制技术相一致。

（2）梯形图中的"能流"不是实际意义的电流，而是"概念"电流，是用户程序解算中满足输出执行条件的形象表示方式。"能流"只能从左向右流动。

（3）梯形图中各编程元件所描述的常开触点和常闭触点可在编制用户程序时无限引用，不受次数的限制，即可常开又可常闭。

（4）梯形图格式中的继电器与物理继电器是不同的概念。在 PLC 中编程元件沿用了继电器这一名称，如输入继电器、输出继电器、内部辅助继电器等。对于 PLC 来说，其内部的继电器并不是实际存在的具有物理结构的继电器，而是指软件中的编程元件（软继电器）。编程元件中的每个软继电器触点都与 PLC 存储器中的一个存储单元相对应。因此，在应用时，需与原有继电器逻辑控制技术的有关概念区别对待。

（5）梯形图中输入继电器的状态只取决于对应的外部输入电路的通断状态，因此在梯形图中没有输入继电器线圈。输出线圈只对应输出映像寄存器的相应位，不能用该编程元件直接驱动现场机构，位的状态必须通过 I/O 模板上对应的输出单元驱动现场执行机构进行最后动作的执行。

（6）根据梯形图中各触点的状态和逻辑关系，可以求出与图中各线圈对应的编程元件的 ON/OFF 状态，称为梯形图的逻辑解算。逻辑解算按照梯形图中从上到下、从左到右的顺序进行。逻辑解算是根据输入映像寄存器中的值，而不是根据逻辑解算瞬间时外部输入触点的状态来进行的。

（7）梯形图中的用户逻辑解算结果马上可为后面用户程序的逻辑解算所利用。

（8）梯形图与其他程序设计语言有一一对应关系，便于相互的转化和对程序的检查。但对于较为复杂的控制系统，与顺序功能图等程序语言比较，梯形图的逻辑性描述还不够清晰。

3. 梯形图设计规则

尽管梯形图与继电器电路图在结构形式、元件符号及逻辑控制功能等方面相类似，但它们又有许多不同之处，梯形图具有自己的编程规则。

（1）每一逻辑行总是起于左母线，然后是触点的连线，最后终止于线圈。注意：除特殊的指令外，左母线与线圈之间必须有触点，而线圈与右母线之间则不能有任何触点。

（2）梯形图中的触点可任意串联或并联，但继电器线圈只能并联不能串联。

（3）触点的使用次数不受限制。

（4）一般情况下，在梯形图中同一线圈只能出现一次。若在程序中，同一线圈出现两次或多次，称为"双线圈输出"。对于"双线圈输出"，PLC 是不允许的，但对于一些特殊的指令却允许出现"双线圈"，如跳转指令、步进指令和 SET/RST 指令等。

（5）在电气图纸设计时，工业上常将安全系数高的开关量接常闭，其他普通的开关量接常开，对于接常闭的输入点则要采用反向思维的方法编写梯形图。

（6）为了简化程序，在实际编写梯形图时，有几个串联电路相并联时，应将串联触点多地放在上方，如图 5-2 所示。有几个并联电路相串联时，应将并联触点多的回路放在左方，如图 5-3 所示。

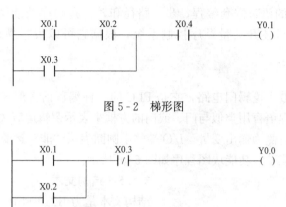

图 5-2　梯形图

图 5-3　梯形图

4. 编程注意事项及编程技巧

（1）程序应按照自上而下、从左到右的顺序编写。

（2）同一地址的输出元件在一个程序中使用两次，即形成双线圈输出，这种输出容易引起误操作，应尽量避免。但不同地址的输出元件可以并行输出，如图 5-4 所示。

（3）线圈不能直接与左母线相连，如果需要，可以通过一个没有使用元件的常闭触点或特殊继电器来连接，如图 5-5 所示。

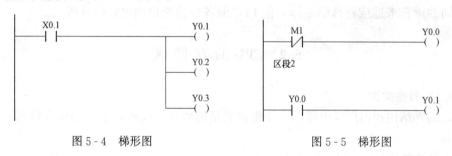

图 5-4　梯形图　　　　　　　　　图 5-5　梯形图

（4）适当安排编程顺序，减小程序步数。

5.1.2　语句表

PLC 的指令是一种与计算机的汇编语言中的指令相类似的助记符表达式，语句表表达式与梯形图有一一对应的关系，由指令组成的程序叫指令（语句表）程序。在用户程序存储器中，指令按步序号顺序排列。

每一条语句表指令都包含操作码和操作数两部分，操作码一般由标识符和地址码组成，例如在语句的表达式中，操作码 LD、OR、ANI、OUT，操作数 X0.1、X0.2、X0.3、Y0.0；其中 X 和 Y 为操作数中的标识符；0.1，0.2，0.3，0.0 为操作数地址。这一组指令语言应包括可编程控制器处理的所有功能。

5.1.3　顺序功能图

顺序功能图（状态转移图）是一种较新的编程方法。它将一个完整的控制过程分为若干个阶段，各阶段具有不同的动作，阶段间有一定的转换条件，转换条件满足就实现阶段转移，上一阶段动作停止，下一阶段动作开始。它提供了一种组织程序的图形方法。在顺序功能图中可以用别的语言嵌套编程，步、路径和转换是顺序功能图中的三种主要元素。顺序功能图主要用来描述开关量顺序控制系统，根据它可以很容易地画出顺序控制梯形图序。

5.1.4　功能块图

功能块图类似于数字逻辑门电路，它是 PLC 的一种编程语言形式，有数字电路基础的人很容易掌握。该编程语言用类似与门、或门的方框来表示逻辑运算关系。方框的左侧为逻辑运算的输入变量，右侧为输出变量。I/O 端的小圆圈表示"非"运算，方框被导线连接在一起，信号自左向右流动。功能块图程序如图 5-6 所示。

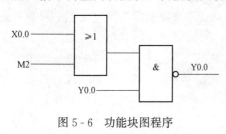

图 5-6　功能块图程序

5.1.5　结构文本

结构文本是为 IEC 61131-3 标准创建的一种专用的高级编程语言，如 basic，Pascal，C 语言等。它采用计算机的描述语句来描述系统中各种变量之间的运算关系、完成所需的功能或操作。与梯形图相比，它能实现复杂的数学运算，编写的程序非常简洁和紧凑。在大中型可编程控制器系统中，常采用结构文本设计语言来描述控制系统中各变量之间的关系，如一些模拟量等。结构文本也被用于集散控制系统的编程和组态。在进行 PLC 程序设计过程中，除了允许几种编程语言供用户使用外，标准还规定编程者可在同一程序中使用多种编程语言，这使编程者能选择不同的语言来适应特殊的工作，使 PLC 的各种功能得到更好的发挥。

5.2　CPU 的存储区

5.2.1　数据类型

PLC 内部结构和用户应用程序中使用着大量的数据，这些数据从结构或数制上具有以下几种形式：

一、二进制数 BIN（Binary Code）

BIN 是采用 0（断）和 1（通）表达的数值。十进制数从 0 开始加数到 9 后，接下去就产生进位，称为 10。BIN 在 0、1 之后产生进位，成为 10（十进制 2）。

BIN 的数值表达：

（1）各寄存器（数据寄存器、通信寄存器等）由 16 位构成。各寄存器的各个位分配为 2^n 的数值。但是最高位因用作正负判别不能使用无符号的 BIN。BIN 中最高位为"0"时，数值为正；最高位为"1"时，数值为负。

（2）各个寄存器可以使用的数值数据。数值表达方法可以表达 $-32\,768 \sim 32\,767$ 范围内的数值，因此各寄存器中可以存储从 $-32\,768 \sim 32\,767$ 的数值。

二、十六进制数 HEX（HEX Decimal）

HEX 是将 4 位的 BIN 数据作为 1 位表达的方法。由于 BIN 采用 0～15 表达 1 位，因此 9 之后的 10 采用字母 A 表达，11 采用字母 B 表达，F（15）之后产生进位。

HEX 的数值表达：各寄存器（数据寄存器、通信寄存器等）由 16 位构成。因此各寄存器中可以存储的数值用 HEX 表达时的范围为 0～FFFFH。

三、二—十进制数 BCD（Binary Code Decimal）

BCD 采用二进制数的表达，但附加有类同于十进制数的进位。BCD 和 HEX 一样采用 4 位表达，但不使用 HEX 的 A～F。

BCD 的数值表达：各寄存器（数据寄存器、通信寄存器等）等由 16 位构成。因此各寄存器中可以存储的数值用 BCD 表达的范围为 0～9999。

四、实数（浮点数据）

在顺序控制程序中，实数分单精度浮点数据和双精度浮点数据两种，下面分别进行讲述。

（1）单精度浮点数据（32 位浮点数）。以 32 位的寄存器长度表示浮点数，而表示法系采用 IEEE 754 的标准，格式如图 5 - 7 所示，表达式为

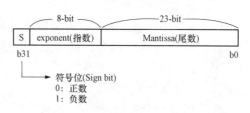

图 5 - 7　单精度浮点数据（a）

$$(-1)^s \times 2^{E-B} \times 1.M; B = 127$$

因此单精度浮点数的数目范围为 $\pm 2^{-126} \sim \pm 2^{+128}$，相当于 $\pm 1.1755 \times 10^{-38} \sim \pm 3.4028 \times 10^{+38}$。

AH500 使用 2 个连续号码的寄存器组成 32 位的浮点数，以寄存器（D1，D0）来说明，如图 5 - 8 所示。

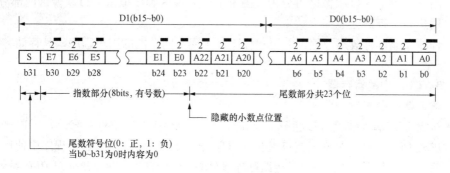

图 5 - 8　单精度浮点数据（b）

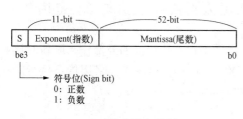

图 5 - 9　双精度浮点数据（a）

（2）双精度浮点数（64 位浮点数）。以 64 位的寄存器长度表示浮点数，而表示法系采用 IEEE 754 的标准，格式如图 5 - 9 所示，表达式为

$$(-1)^s \times 2^{E-B} \times 1.M; B = 1023$$

因此双精度浮点数的数目范围为 $\pm 2^{-1022} \sim$

$\pm 2^{+1024}$，相当于 $\pm 2.225 \times 10^{-308} \sim \pm 1.7976 \times 10^{+308}$，AH500 PLC 使用 4 个连续号码的寄存器组成 64 位的浮点数，以寄存器（D3，D2，D1，D0）来说明，如图 5-10 所示。

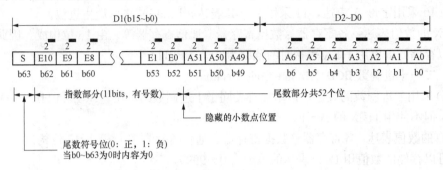

图 5-10　双精度浮点数据（b）

5.2.2　系统存储器
一、系统程序存储区

在系统程序存储区中存放着类似于计算机操作系统的系统程序。由 PLC 制造商设计，包括监控程序、管理程序、命令程序、系统诊断程序及功能程序等，被制造商固化在 EPROM 中，用户不能直接存取。

二、系统 RAM 存储区

系统 RAM 存储区包括 I/O 映像区以及各种软设备。PLC 中的 RAM 或 E^2PROM 等存储器除存放编译后的用户程序外，还可作为内部存储器存放各种数据和逻辑、状态变量等。一般情况下，PLC 内部存储器可分为：I/O 映像区、内部辅助存储区、特殊存储器区和数据区。每个区分配一定数量的存储器单元，并按不同的区进行编号。每个存储器单元一般是 16 位，也可按位进行编号。在 I/O 映像区中一个开关量 I/O 占一个位，一个模拟量 I/O 占一个字。因此，整个 I/O 映像区可分为开关量 I/O 映像区和模拟量 I/O 映像区两部分。

三、用户程序存储区

用户程序存储区存放用户编制的用户程序，实现不同功能的用户程序，其存储容量也各不相同。

5.2.3　CPU 中的寄存器
一、输入继电器 X

输入接点 X 与输入装置（按钮开关、旋钮开关、数字开关等的外部设备）连接，读取输入信号进入 PLC。每一个输入接点 X 的 A（常开）或 B（常闭）接点于程序中使用次数没有限制。输入接点 X 的 ON/OFF 只会跟随输入装置的 ON/OFF 做变化。对 PLC 系列而言，输入端的编号固定从 X0.0 开始算，编号的多少跟随 DIO 模块的输入点数大小而变化，随着与主机的连接顺序来推算出。PLC 机种最大输入点数可达 8192 点，范围如下：X0.0～X511.15。

输入有刷新输入和直接输入两种。①刷新输入：采用程序执行前的外部输入刷新时接收的 ON/OFF 数据来进行运算的输入方式（如：LD X0.0）；②直接输入：采用指令执行时从外部输入接收的 ON/OFF 数据进行运算的输入方式（如：LD DX0.0）。

二、输出继电器 Y

输出接点 Y 的任务就是送出 ON/OFF 信号来驱动连接输出接点 Y 的负载（外部信号

灯、数字显示器、电磁阀等）。输出接点分成三种，一为继电器（Relay），二为晶体管（Transistor），三为交流可控硅［TRIAC（Thyristors）］，每一个输出接点 Y 的 A 或 B 接点于程序中使用次数没有限制，但输出 Y 的编号，在程序建议仅能使用一次，否则依 PLC 的程序扫描原理，其输出状态的决定权会落在程序中最后的输出 Y 的电路。

对 AH500 系列 PLC 而言，输出端的编号固定从 Y0.0 开始算，编号的多少跟随 DIO 模块的输出点数大小而变化，随着与主机的连接顺序来推算出。PLC 机种最大输出点数可达 8192点，范围如下：Y0.0～Y511.15。没有实际配置使用的 Y 编号可当作一般的装置元件用。

输出有刷新输出和直接输出两种。①刷新输出：采用程序执行到 END 指令，依据 ON/OFF 数据来进行实际输出方式（如：OUT Y0.0）；②直接输出：采用指令执行时，直接依据 ON/OFF 数据进行实际输出方式（如：OUT DY0.0）。

三、辅助继电器 M

辅助继电器 M 有 A、B 接点，而且在程序当中使用次数无限制，使用者可利用辅助继电器 M 来组合控制回路，但无法直接驱动外部负载。依其性质可区分为下列两种：

（1）一般用辅助继电器。一般用辅助继电器在 PLC 运行时若遇到停电，其状态将全部被复归为 OFF，再送电时其状态仍为 OFF。

（2）停电保持用辅助继电器。停电保持用辅助继电器在 PLC 运行时若遇到停电，其状态将全部被保持，再送电时其状态为停电前状态。

四、步进继电器 S

步进继电器 S 在工程自动化控制中可轻易地设定程序，其为步进阶梯图最基本的装置元件，使用在步进阶梯图（或称顺序控制功能图，Sequential Function Chart，SFC）中。SFC使用说明请参考第 6 章内容。

步进继电器 S 的装置元件编号为 S0～S2047，共 2048 点，各步进继电器 S 与输出继电器 Y 一样有输出线圈及 A、B 接点，而且在程序当中使用次数无限制，但无法直接驱动外部负载。步进继电器（S）在不用于步进阶梯图时，可当作一般的辅助继电器使用。

五、定时器 T

100ms 定时器是指 TMR 指令所指定的 T 定时器以 100ms 为单位计时，1ms 定时器是指 TMRH 指令所指定的定时器 T 以 1ms 为单位计时。积算型定时器 T 为 ST0～ST2047，但若要使用装置监控，就是监控 T0～T2047。在程序中同一个定时器 T 如果重复使用（包含使用在不同定时指令 TMR、TMRH 中），则设定值以最快到达的为主。在程序中同一个定时器 T 如果重复使用，其中一个条件接点 OFF 时则 T 会 OFF；在程序中同一个定时器 T 如果重复使用为 T 与 ST，其中一个条件接点 OFF 时则 T 会 OFF。当定时器 T 从 ON 到 OFF 且条件式为 ON 时，T 计时值归零并重新计时。当 TMR 指令执行时，其所指定的定时器线圈受电，定时器开始计时，当到达所指定的定时值（计时值等于设定值）。其接点动作如表 5-1 所示。

表 5-1　　　　　　　　　　　开与关接点

NO（Normally Open）接点	开路
NC（Normally Closed）接点	闭合

一般用定时器 T 在 TMR 指令执行时计时一次，若计时到达，则输出线圈导通。积算型

定时器 ST 在 TMR 指令执行时计时一次，若计时到达，则输出线圈导通。只要在装置 T 之前加上一个 S，就会变成积算型定时器 ST 装置，表示目前的 T 变成积算型定时器，则条件接点 OFF 时积算型 T 的值不会被清除，条件接点等于 ON 的时候，定时器 T 由目前的值开始累积计时。

功能块或中断插入中若使用到定时器时，要使用定时器 T1920~T2047。功能块用定时器（T/ST）在 TMR 指令或 END 指令执行时计时一次，在 TMR 指令或 END 指令执行时，若定时器现在值等于设定值，则输出线圈导通。一般用的定时器，若是使用在功能块或中断插入中而该功能块不被执行时，定时器就无法正确地被计时。

六、计数器 C

1. 16 位计数器 C

计数器的计数脉冲输入信号由 OFF→ON 时，计数器现在值等于设定值时输出线圈导通，设定值为十进制常数值，亦可使用数据寄存器 D 当成设定值。

16 位计数器的设定范围为：0~32 767（0 与 1 相同，在第一次计数时输出接点马上导通）。一般用计数器在 PLC 停电的时候，计数器现在值即被清除，若为停电保持型计数器会将停电前的现在值及计数器接点状态存储着，复电后会继续累计。若使用 MOV 指令，ISPSoft 将一个大于设定值的数值传送到 C0 现在值寄存器时，在下次 X0.1 由 OFF→ON 时，C0 计数器接点即变成 ON，同时现在值内容变成与设定值相同。计数器的设定值可使用常数直接设定或使用寄存器 D 中之数值作间接设定，设定值可以是正负数。计数器现在值由 32 767 再往上累计时则变为 -32 768。

2. 32 位计数器 HC

32 位计数器一般用加减算计数器，一般设定范围为：-2 147 483 648~2 147 483 647。一般用特殊辅助继电器（SM621~SM684）来决定加减算计数器，例：SM621=OFF 时决定 HC0 为加算，SM621=ON 时决定 HC0 为减算，以此类推。设定值可使用常数或使用数据寄存器 D 作为设定值，可以是正负数，若使用数据寄存器 D，则一个设定值占用两个连续的数据寄存器。一般用计数器在 PLC 停电的时候，计数器现在值即被清除；若为停电保持型计数器，则会将停电前的现在值及计数器接点状态存储着，复电后会继续累计。计数器现在的值由 2 147 483 647 再往上累计时则变为 -2 147 483 648。同理计数器现在值由 -2 147 483 648 再往下递减时，则变为 2 147 483 647。

七、数据寄存器 D

数据寄存器 D 用于储存数值数据，其数据长度为 16 位（-32 768 ~ +32 767），最高位为正负号，可储存 -32 768~+32 767 之数值数据，亦可将两个 16 位寄存器合并成一个 32 位寄存器（D+1，D 编号小的为下 16 位）使用，而其最高位为正负号，可储存 -2 147 483 648~+2 147 483 647 的数值数据。亦可将四个 16 位寄存器合并成一个 64 位寄存器（D+3，D+2，D+1，D 编号小的为下 16 位）使用，而其最高位为正负号，可储存 -9 223 372 036 854 776~+9 223 372 036 854 775 807。也可用于与 DI0 之外的模块更新 CR 值之用，与模块更新 CR 值的 D 装置配置设定请参考 ISPSoft 手册的硬件组态说明。

寄存器依其性质可区分为下列两种：

（1）一般用寄存器。当 PLC 由 STOP→RUN 或断电时，寄存器内的数值数据会被清除为 0，如果想要 PLC 由 STOP→RUN 时，数据会保持不被清除，请参考 ISPSoft 手册的硬件组态说明，但断电时仍会被清除为 0。

（2）停电保持用寄存器。当 PLC 断电时此区域的寄存器数据不会被清除，仍保持其断电前之数值。清除停电保持寄存器的内容值，可使用 RST 或 ZRST 指令。

5.3 基 本 指 令 系 统

5.3.1 位逻辑指令

一、LD/AND/OR

1. 指令格式

指令格式如图 5-11 所示。

2. 指令说明

（1）LD 指令用于左母线开始的 A 接点或一个接点回路块开始的 A 接点，它的作用是把当前内容保存，同时把取来的接点状态存入累积寄存器内。

（2）AND 指令用于 A 接点的串联连接，先读取目前所指定串联接点的状态，再与接点之前逻辑运算结果作"与"（AND）的运算，并将结果存入累积寄存器内。

（3）OR 指令用于 A 接点的并联连接，它的作用是先读取目前所指定串联接点的状态，再与接点之前逻辑运算结果作"或"（OR）的运算，并将结果存入累积寄存器内。

3. 程序范例

程序范例如图 5-12 所示。

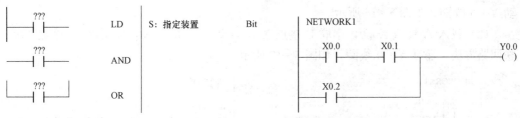

图 5-11 LD/AND/OR 指令　　　　　　　　图 5-12 程序范例

（1）载入 X0.0 的 A 接点，串联 X0.1 的 A 接点，并联 X0.2 的 A 接点，驱动 Y0.0 线圈。

（2）当 X0.0 和 X0.1=ON 或 X0.2=ON 时，Y0.0=ON。

二、LDI/ANI/ORI

1. 指令格式

指令格式如图 5-13 所示。

2. 指令说明

（1）LDI 指令用于左母线开始的 B 接点或一个接点回路块开始的 B 接点，它的作用是把当前内容保存，同时把取来的接点状态存入累积寄存器内。

图 5-13 LDI/ANI/ORI 指令

（2）ANI 指令用于 B 接点的串联连接，先读取目前所指定串联接点的状态，再与接点之前逻辑运算结果作"与"（AND）的运算，并将结果存入累积寄存器内。

（3）ORI 指令用于 B 接点的并联连接，它的作用是先读取目前所指定串联接点的状态，再与接点之前逻辑运算结果作"或"（OR）的运算，并将结果存入累积寄存器内。

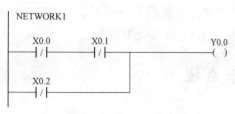

图 5-14　程序范例

3. 程序范例

程序范例如图 5-14 所示。

（1）载入 X0.0 的 B 接点，串联 X0.1 的 B 接点，并联 X0.2 的 B 接点，驱动 Y0.0 线圈。

（2）当 X0.0 和 X0.1＝OFF 或 X0.2＝OFF 时，Y0.0＝ON。

三、ANB/ORB

1. 指令格式

指令格式如图 5-15 所示。

2. 指令说明

（1）ANB 是将前一保存的逻辑结果与目前累积寄存器的内容作"与"（AND）的运算。

（2）ORB 是将前一保存的逻辑结果与目前累积寄存器的内容作"或"（OR）的运算。

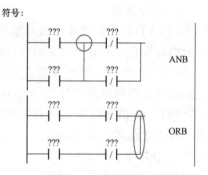

图 5-15　ANB/ORB 指令

3. 程序范例

（1）载入 A 接点 X0.0，并联 A 接点 X0.2，载入 B 接点 X0.1，并联 B 接点 X0.3，串联回路方块，驱动 Y0.0 线圈，如图 5-16 所示。

（2）载入 A 接点 X0.0，串联 B 接点 X0.1，载入 A 接点 X0.2，串联 B 接点 X0.3，并联回路方块，驱动 Y0.0 线圈，如图 5-17 所示。

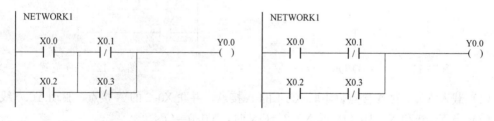

图 5-16　ANB 指令范例　　　　　图 5-17　ORB 指令范例

四、MPS/MRD/MPP

1. 指令说明

（1）MPS 存入堆栈指令，将目前累积寄存器的内容存入堆栈（堆栈指针加一）。

（2）MRD 读出指令，读取堆栈内容存入累积寄存器（堆栈指针不动）。

（3）MPP 读出指令，自堆栈取回前一保存的逻辑运算结果，存入累积寄存器（堆栈指针减一）。

2. 程序范例

程序范例如图 5-18 所示。

（1）加载 X0.0 的 A 接点，存入堆栈。

（2）串联 X0.1 的 A 接点，驱动 Y0.1 线圈，读出堆栈（指针不动）。

（3）串联 X0.2 的 A 接点，驱动 M0 线圈，读出堆栈。

指令操作说明：

LD X0.0；载入 X0.0 的 A 接点

MPS；存入堆栈

AND X0.1；串联 X0.1 的 A 接点

OUT Y0.1；驱动 Y0.1 线圈

MRD；读出堆栈（指针不动）

AND X0.2；串联 X0.2 的 A 接点

OUT M0；驱动 M0 线圈

MPP；读出堆栈

OUT Y0.2；驱动 Y2 线圈

END；程序结束

备注：（1）MPS 与 MPP 要一一对应；

（2）MPS 指令最多可以连续使用 31 次。

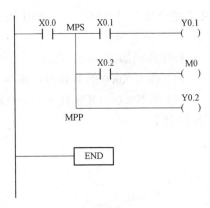

图 5-18　MPS/MRD/MPP 指令

五、OUT 指令

1. 指令格式

指令格式如图 5-19（a）所示。

2. 指令说明

（1）将 OUT 指令之前的逻辑运算结果输出至指定的组件。

（2）线圈接点动作。

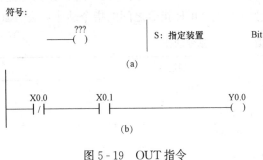

图 5-19　OUT 指令

3. 程序范例

程序范例如图 5-19（b）所示。

（1）加载 X0.0 的 B 接点，串联 X0.1 的 A 接点，驱动 Y0.0 线圈。

（2）当 X0.0＝OFF 且 X0.1＝ON 时，Y0.0＝ON。

六、SET 指令

1. 指令格式

指令格式如图 5-20 所示。

图 5-20　SET 指令

2. 指令说明

当 SET 指令被驱动，其指定的组件被设定为 ON，且被设定的组件会维持 ON，不管

SET 指令是否仍被驱动，可利用 RST 指令将该组件设为 OFF。

3. 程序范例

程序范例如图 5 - 21 所示。

（1）载入 X0.0 的 B 接点，串联 Y0.0 的 A 接点，Y0.1 动作保持（ON）。

（2）当 X0.0＝OFF 且 Y0.0＝ON 时，Y0.1＝ON 且即使运算结果改变，Y0.1 亦保持 ON 的状态。

图 5 - 21　SET 指令范例

七、MC/MCR 指令

1. 指令格式

指令格式如图 5 - 22 所示。

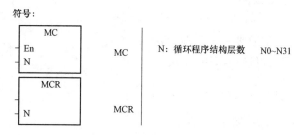

图 5 - 22　MC/MCR 指令

2. 指令说明

（1）MC 为主控起始指令，当 MC 指令条件符合为 ON 时，位于 MC 与 MCR 指令之间的指令执行。当 MC 指令条件为 OFF 时，位于 MC 与 MCR 指令之间的指令动作见表 5-20。

表 5 - 2　　　　　　　　　　　位于 MC 与 MCR 指令之间的指令动作

指令区分	说明
一般定时器	计时值归零，线圈失电，接点不动作
功能块用定时器	计时值归零，线圈失电，接点不动作
积算型定时器	线圈失电，计时值及接点保持目前状态
计数器	线圈失电，计时值及接点保持目前状态
OUT 指令驱动的线圈	全部不受电
SET、RST 指令驱动的组件	保持目前状态
应用指令	全部不动作，但 FOR - NEXT 循环回路仍会来回执行 N 次，但 FOR - NEXT 间的任何指令依 MC - MCR 之间其他指令相同动作

（2）MCR 为主控结束指令，置于主控程序最后，在 MCR 指令之前不可有接点指令。

（3）MC - MCR 主控程序指令支持循环程序结构，最多可 32 层，使用时依 N0～N31 的顺序。

3. 程序范例

程序范例如图 5 - 23 所示。

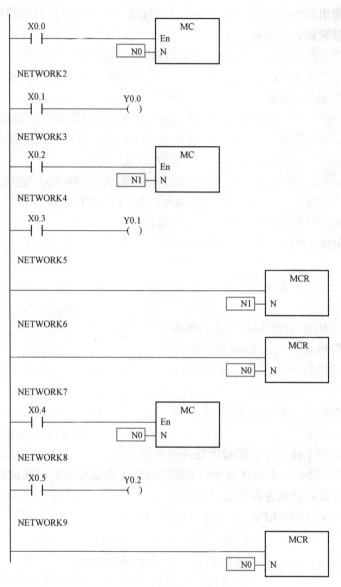

图 5 - 23　MC/MCR 指令范例

八、LDP/ANDP/ORP 指令

1. 指令格式

指令格式如图 5 - 24 所示。

2. 指令说明

（1）LDP 指令用法上与 LD 相同，但动作不同，它的作用是指当前内容保存，同时把取来的接点上升沿检出状态存入累积寄存器内。

符号：

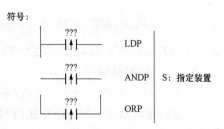

图 5 - 24　LDP/ANDP/ORP 指令

（2）ANDP 指令用于接点上升沿检出的串联连接。

（3）ORP 指令用于接点上升沿检出的并联连接。

（4）上升沿检出动作，必须在指令扫描到的时候才会得知装置目前的状态，下一次扫描到指令才会判断装置状态是否有变化。

（5）子程序中请使用 PED、APED、OPED 指令。

3. 程序范例

程序范例如图 5-25 所示。

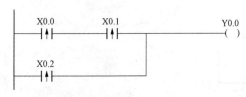

图 5-25　LDP/ANDP/ORP 指令范例

（1）X0.0 上升沿检出动作开始，串联 X0.1 的上升沿检出，并联 X0.2 的上升沿检出，驱动 Y0.0 线圈。

（2）当 X0.0 和 X0.1 同时由 OFF 到 ON 或 X0.2 由 OFF 到 ON 时，Y0.0 会 ON 一个扫描周期。

九、LDF/ANDF/ORF

1. 指令格式

指令格式如图 5-26 所示。

2. 指令说明

（1）LDF 指令用法上与 LD 相同，但动作不同，它的作用是指当前内容保存，同时把取来的接点下降沿检出状态存入累积寄存器内。

（2）ANDF 指令用于接点下降沿检出的串联连接。

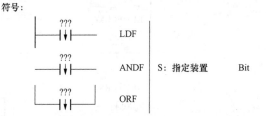

图 5-26　LDF/ANDF/ORF 指令

（3）ORF 指令用于接点下降沿检出的并联连接。

（4）下降沿检出动作，必须在指令扫描到的时候才会得知装置目前的状态，下一次扫描到指令才会判断装置状态是否有变化。

（5）子程序中请使用 NED、ANED、ONED 指令。

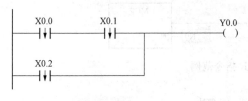

图 5-27　LDF/ANDF/ORF 指令范例

3. 程序范例

程序范例如图 5-27 所示。

（1）X0.0 下降沿检出动作开始，串联 X0.1 的下降沿检出，并联 X0.2 的下降沿检出，驱动 Y0.0 线圈。

（2）当 X0.0 和 X0.1 同时由 ON 到 OFF 或 X0.2 由 ON 到 OFF 时，Y0.0 会 ON 一个扫描周期。

5.3.2　定时器指令

1. 一般用定时器

一般用定时器在 TMR 指令执行时计时一次，在 TMR 指令执行时，若计时到达，则输出线圈导通。

如图 5-28 所示，当 X0.0＝ON 时，定时器 T0 的现在值以 100ms 为单位计时，当定时

器现在值＝设定值 100 时，输出线圈 T0 ＝
ON；当 X0.0 ＝OFF 或停电时，定时器 T0 的
现在值清为 0，输出线圈 T0 变为 OFF。

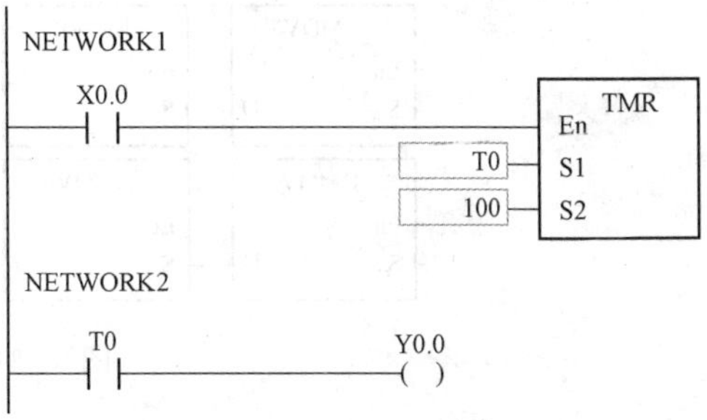

　　2. 积算型定时器

　　积算型定时器在 TMR 指令执行时计时一
次，在 TMR 指令执行时，若计时到达，则输
出线圈导通。只要在装置 T 之前加上一个 S，
就会变成积算型定时器 ST 装置，表示目前的
T 变成积算型定时器，则条件接点 OFF 时积
算型 T 的值不会被清除，条件接点 ON 的时候，T 由目前的值开始累积计时。

图 5 - 28　定时器范例 (a)

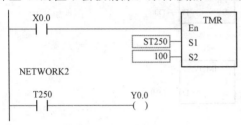

图 5 - 29　定时器范例 (b)

　　如图 5 - 29 所示，当 X0.0 ＝ON 时，定时器
T250 的现在值以 100ms 为单位计时，当定时器
现在值＝设定值 100 时，输出线圈 T250 ＝ON；
当计时中若 X0.0 ＝OFF 或停电时，定时器 T250
暂停计时，现在值不变，待 X0.0 再 ON 时，继
续计时，其现在值往上累加直到定时器现在值＝
设定值 100 时，输出线圈 T250 ＝ON。

5.3.3　计数器指令

　　计数器的功能：计数器的计数脉冲输入信号由 OFF→ON 时，计数器现在值等于设定值时输
出线圈导通，设定值为十进制常数值，亦可使用数据寄存器 D 当成设定值。如图 5 - 30 所示。

　　(1) 当 X0.0 ＝ON 时 RST 指令被执行，
C0 的现在值归零，输出接点被复归为 OFF。

　　(2) 当 X0.1 由 OFF→ON 时，计数器的
现在值将执行加一的动作。

　　(3) 当计数器 C0 计数到达设定值 5 时，
C0 接点导通，C0 现在值＝设定值＝5。之后
的 X0.1 触发信号 C0 完全不接受，C0 现在值
保持在 5 处。

5.3.4　数据处理指令

一、数据传送指令 (MOV)

　　(1) 指令符号，如图 5 - 31 所示。

　　(2) 16 位数据搬移，须使用 MOV 指令，
如图 5 - 32 网络 1 和网络 2 所示。

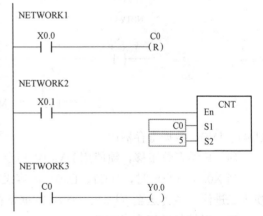

图 5 - 30　计数器范例

　　当 X0.0 ＝OFF 时，D0 内容没有变化，若 X0.0 ＝ON 时，将数值 10 传送至 D0 数据寄
存器内。当 X0.1 ＝OFF 时，D10 内容没有变化，若 X0.1 ＝ON 时，将 T0 现在值传送至
D10 数据寄存器内。

　　(3) 32 位数据搬移，须使用 DMOV 指令，如图 5 - 32 网络 3 所示。

　　当 X0.2 ＝OFF 时，(D31、D30)、(D41、D40) 内容没有变化，若 X0.2 ＝ON 时，将
(D21、D20) 现在值传送至 (D31、D30) 数据寄存器内。同时，将 HC0 现在值传送至

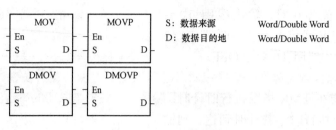

图 5 - 31 MOV 指令

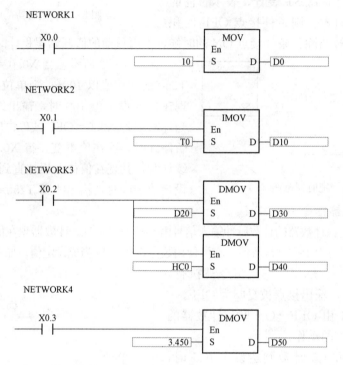

图 5 - 32 MOV 指令范例

（D41、D40）数据寄存器内。

（4）F 浮点数搬移，须使用 DMOV 指令，如图 5 - 32 的网络 4 所示。

当 X0.3＝OFF 时，（D51、D50）内容没有变化，若 X0.3＝ON 时，将浮点数 3.450 转换为二进浮点值传送至（D51、D50）数据寄存器内。

二、反转传送指令（CML）

1. 指令符号

指令符号如图 5 - 33 所示。

图 5 - 33 CML 指令

2. 指令说明

（1）希望作反相输出时，使用本指令。将 S 的内容全部反相（0→1、1→0）传送至 D 当中。如果内容为常数时，此常数自动被转换成 BIN 值。

（2）32 位指令才可使用 HC 装置。

例：

当 X0.0＝ON 时，将 D1 之 b0～b15 内容反相后传送到 Y0.0～Y0.15，如图 5-34 和图 5-35 所示。

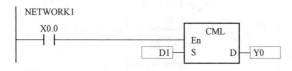

图 5-34　反相传送指令范例

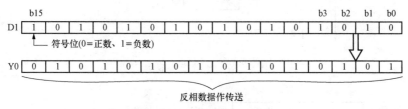

图 5-35　反相数据传送

三、比较指令

1. 指令符号

指令符号如图 5-36 所示。

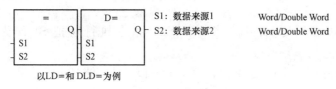

图 5-36　比较指令符号

2. 指令说明

S1 与 S2 的内容做比较的指令。以"LD＝"作为例子，比较结果为"等于"时，该指令导通；"不等于"时，该指令不导通。如图 5-37 所示。

（1）C10 的内容等于 200 时，Y0.0＝ON。

（2）当 D200 的内容大于－30，Y0.11＝ON 并保持住。

（3）（C201，C200）的内容小于 678，493 或者是 M3＝ON 时，M50＝ON。

四、区域比较指令

1. 指令符号

指令符号如图 5-38 所示。

2. 指令说明

（1）比较值 S 与下限 S1 及上限 S2 以有符号数十进制数值做比较，其比较结果在 D 作表示。

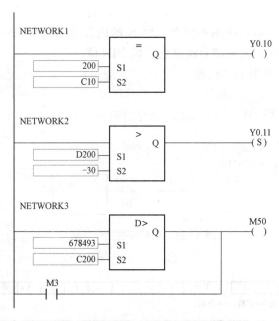

图 5 - 37　比较指令范例

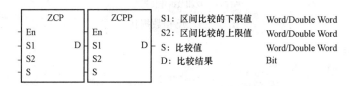

图 5 - 38　区域比较指令

（2）操作数 S1 必须比 S2 小。当 S1＞S2，指令执行时把 S1 作为上/下限值进行比较。

（3）操作数 D 占用 3 个连续的装置，D，D＋1，D＋2 储存比较结果。如果 S1＞S，D＝ON；如果 S1≤S≤S2，D＋1＝ON；如果 S2＜S，D＋2＝ON。

（4）DZCP、DZCPP 指令才可使用 HC 装置。

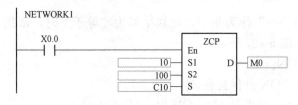

图 5 - 39　区域比较指令范例

3. 程序范例

程序范例如图 5 - 39 所示。

（1）比较结果指定装置为 M0，则自动占有 M0，M1 及 M2。

（2）当 X0.0＝ON 时，ZCP 指令执行，M0，M1 及 M2 其中之一会 ON，当 X0.0＝OFF 时，ZCP 指令不执行，M0，M1 及 M2 状态保持在 X0.0＝OFF 之前的状态。

五、数据转换指令（BIN→BCD 变换）

1. 指令符号

指令符号如图 5 - 40 所示。

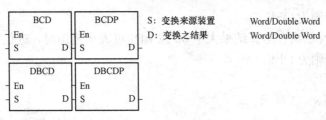

图 5-40　数据转换指令

2. 指令说明

（1）数据来源 S 的内容（BIN 值）作 BCD 的转换，存于 D。

（2）DBCD 才可以使用 HC 装置。

（3）PLC 内的四则运算及 INC、DEC 指令都是以 BIN 方式来执行。所以在应用方面，当要看到 10 进制数值的显示器时，用 BCD 转换即可将 BIN 值变为 BCD 值输出。

3. 程序范例

程序范例如图 5-41 所示。

（1）当 X0.0＝ON 时，D10 的 BIN 值被转换成 BCD 值后，将结果存于 D100 当中。

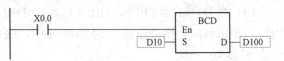

图 5-41　数据转换指令范例

（2）若 D10＝16♯04D2＝1234，则执行结果 D100＝16♯1234。

5.3.5　数学运算指令

一、四则运算指令

（一）加法

1. 指令符号

指令符号如图 5-42 所示。

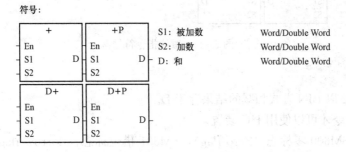

图 5-42　加法指令符号

2. 指令说明

（1）S1 及 S2 以 BIN 方式相加的结果存于 D。

（2）32 位指令才可以使用 HC 装置。

（3）标志：SM600 零标志（Zero flag），SM601 借位标志（Borrow flag），SM602 进位标志（Carry flag）。

（4）运算结果为 0 时，零标志（Zero flag）SM600 为 ON，否则为 OFF。

（5）16 位 BIN 加法：运算结果大于 16 位 BIN 可表示范围时，进位标志（Carry flag）

SM602 为 ON，否则为 OFF。

（6）32 位 BIN 加法：运算结果大于 32 位 BIN 可表示范围时，进位标志（Carry flag）SM602 为 ON，否则为 OFF。

3. 程序范例

程序范例如图 5-43 所示。

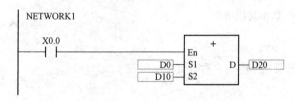

图 5-43　加法指令范例

16 位 BIN 加法：当 X0.0＝ON 时，被加数 D0 内容加上加数 D10 的内容将结果存在 D20 之内容当中。

（1）当 D0＝100，D10＝10，D0＋D10＝110，D20＝110。

（2）当 D0＝16#7FFF，D10＝16#1，D0＋D10＝16#8000，D20＝16#8000。

（3）当 D0＝16#FFFF，D10＝16#1，D0＋D10＝16#10000，此时运算结果超出 16 位 BIN 可表示范围，则进位标志 SM602＝ON，D20＝16#0，因为运算结果为 16#0，所以零标志 SM600＝ON。

（二）减法

1. 指令符号

指令符号如图 5-44 所示。

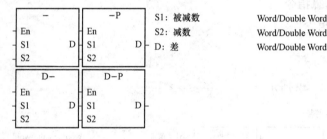

图 5-44　减法指令符号

2. 符号说明

（1）S1 及 S2 以 BIN 方式相减的结果存于 D。

（2）32 位指令才可以使用 HC 装置。

（3）标志：SM600 零标志（Zero flag），SM601 借位标志（Borrow flag），SM602 进位标志（Carryflag）。

（4）运算结果为 0 时，零标志（Zero flag）SM600 为 ON，否则为 OFF。

（5）运算发生借位时，借位标志（Borrow flag）SM601 为 ON，否则为 OFF。

3. 程序范例

程序范例如图 5-45 所示。

16 位 BIN 减法：当 X0.0＝ON 时，将 D0 内容减掉 D10 内容将差存在 D20 的内容中，如下说明：

（1）当 D0＝100，D10＝10，D0－

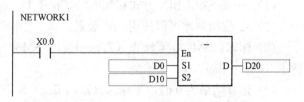

图 5-45　减法指令范例

D10＝90，D20＝90。

（2）当 D0＝16♯8000，D10＝16♯1，D0－D10＝16♯7FFF，D20＝16♯7FFF。

（3）当 D0＝16♯1，D10＝16♯2，D0－D10＝16♯FFFF，运算发生借位，借位标志 SM601＝ON，D20＝16♯FFFF。

（4）当 D0＝16♯0，D10＝16♯FFFF，D0－D10＝16♯F0001，运算发生借位，借位标志 SM601＝ON，D20＝16♯1。

（三）乘法

1. 指令符号

指令符号如图 5-46 所示。

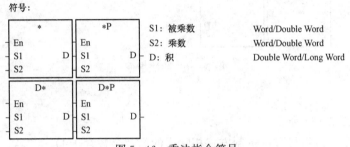

图 5-46　乘法指令符号

2. 符号说明

（1）S1 及 S2 以有符号数二进制方式相乘后的积存于 D。

（2）D＊指令才可以使用 HC 装置。

（3）16 位 BIN 乘法运算：积为 32 位数据，储存在（D＋1，D）组成的 32 位寄存器中，且符号位 b31＝0 为正数，符号位 b31＝1 为负数，如图 5-47 所示。

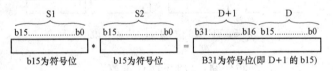

图 5-47　32 位数据存储

（4）32 位 BIN 乘法运算：积为 64 位数据，储存在（D＋3，D＋2，D＋1，D）组成的 64 位寄存器中，且符号位 b63＝0 为正数，符号位 b63＝1 为负数，如图 5-48 所示。

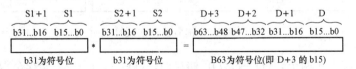

图 5-48　64 位数据存储

3. 程序范例

16 位 D0 乘上 16 位 D10 得到一个 32 位之积，结果存在（D21，D20）。高 16 位存于 D21，低 16 位存于 D20，结果的正负由最高位（b31）之 OFF/ON 来指示。OFF 表示正的（0），同时 ON 表示负的（1），如图 5-49 所示。

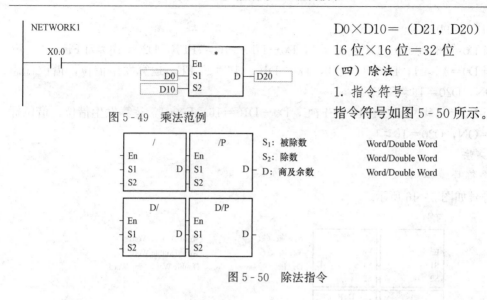

图 5-49　乘法范例

$D0 \times D10 =$（D21，D20）

16 位×16 位＝32 位

（四）除法

1. 指令符号

指令符号如图 5-50 所示。

S₁: 被除数	Word/Double Word
S₂: 除数	Word/Double Word
D: 商及余数	Word/Double Word

图 5-50　除法指令

2. 指令说明

指令说明如图 5-51 所示。

（1）S1 及 S2 以有符号数二进制方式相除后的商及余数存于 D。

（2）32 位指令才可以使用 HC 装置。

（3）符号位＝0 为正数，符号位＝1 为负数。

（4）16 位 BIN 除法运算。

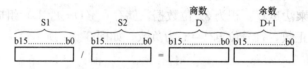

图 5-51　16 位 BIN 除法运算说明

D 操作数连续占用两个，D 储存商，D+1 储存余数。

（5）32 位 BIN 除法运算（见图 5-52）。

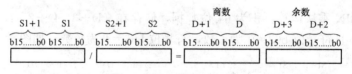

图 5-52　32 位 BIN 除法运算说明

D 操作数连续占用两个，（D+1，D）储存商，（D+3，D+2）储存余数。

3. 程序范例

当 X0.0＝ON 时，被除数 D0 除以除数 D10，而结果商被指定放于 D20，余数指定放于 D21 内。所得结果之正负由最高位之 OFF/ON 来代表正或负值，如图 5-53 所示。

程序说明：

（1）装置超出范围时，指令不执行，SM0＝ON，错误码 SR0＝16♯2003。

（2）若除数为零，指令不执行，SM0＝ON，错误码 SR0＝16♯2012。

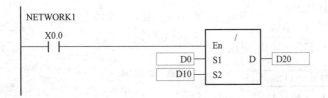

图 5 - 53　除法运算范例

（3）16 位指令的 D 操作数，若使用 ISPSoft 宣告，则数据类型为 ARRAY［2］of WORD/INT。

（4）32 位指令的 D 操作数，若使用 ISPSoft 宣告，则数据类型为 ARRAY［2］of DWORD/DINT。

二、位移指令

（一）位右移 SFTR

1. 指令符号

指令符号如图 5 - 54 所示。

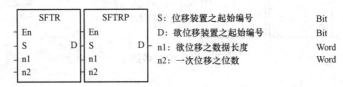

图 5 - 54　位右移指令

2. 符号说明

指令说明如下：

（1）将 D 开始之起始编号，具有 n1 个数字符（位移寄存器长度）的位装置，以 n2 位个数来右移。而 S 开始起始编号以 n2 位个数移入 D 中来填借位空位。

（2）本指令一般都是使用脉冲执行型指令（SFTRP）。

（3）n1 值的范围为 1～1024，n2 值的范围为 1～n1。

3. 程序范例

（1）在 X0.0 上升沿时，由 M0～M15 组成 16 位，以 4 位作右移，如图 5 - 55 所示。

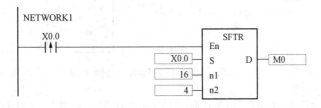

图 5 - 55　位右移范例

（2）扫描一次的位右移动作依照下列编号 1～5 动作，如图 5 - 56 所示。

M3～M0→进位

M7～M4→M3～M0

M11~M8→M7~M4

M15~M12→M11~M8

X0.3~X0.0→M15~M12 完成

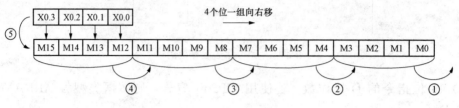

图 5-56 位右移动作

（二）位左移 SFTL

1. 指令符号

指令符号如图 5-57 所示。

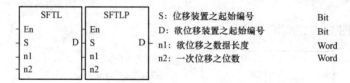

图 5-57 位左移指令

2. 指令说明

（1）将 D 开始之起始编号，具有 n1 个数字符（位移寄存器长度）的位装置，以 n2 位个数来左移。而 S 开始起始编号以 n2 位个数移入 D 中来填借位空位。

（2）本指令一般都是使用脉冲执行型指令（SFTLP）。

（3）n1 值的范围为 1~1024，n2 值的范围为 1~n1。

3. 程序范例

（1）在 X0.0 上升沿时，由 M0~M15 组成 16 位，以 4 位作左移。如图 5-58 所示。

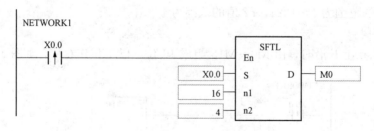

图 5-58 位左移指令范例

（2）扫描一次的位左移动作依照下列编号 1~5 动作，如图 5-59 所示。

M15~M12→进位

M11~M8→M15~M12

M7~M4→M11~M8

M3~M0→M7~M4

X0.3～X0.0→M3～M0 完成

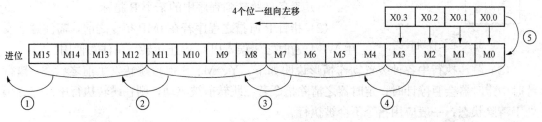

图 5-59　位左移动作

5.3.6　逻辑控制指令

跳转指令如下：

（一）条件跳转指令 CJ

1. 指令符号

指令符号如图 5-60 所示。

2. 指令说明

（1）当使用者希望 PLC 程序中的某一部分不需要执行时，以缩短扫描时间，以及使用于双重输出时，可使用 CJ 或 CJP 指令。

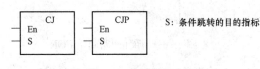

S：条件跳转的目的指标

图 5-60　跳转指令

（2）指针 P 所指的程序若在 CJ 指令之前，需注意会发生 WDT 逾时的错误，PLC 停止运转，请注意使用。

（3）CJ 指令可重复指定同一指标 P。

（4）跳转执行中各种装置动作情形说明如下：

①Y、M、S 保持跳转发生前的状态。

②执行计时中定时器会暂停计时。

③定时器之清除指令若在跳转前被驱动，则在跳转执行中该装置仍处于清除状态。

④一般应用指令不会被执行。

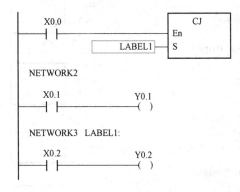

图 5-61　跳转指令范例

3. 程序范例

程序范例如图 5-61 所示。

（1）当 X0.0＝ON 时，程序自动从地址 0 跳转至地址 N（即指定之标签 LABEL1：）继续执行，中间地址跳过不执行。

（2）当 X0.0＝OFF 时，程序如同一般程序由地址 0 继续往下执行，此时 CJ 指令不被执行。

（二）无条件跳转指令 JMP

1. 指令符号

指令符号如图 5-62 所示。

图 5 - 62　无条件跳转指令

S：跳转之目的指标

2. 指令说明

（1）无条件跳转到程序中的某个 P 指标。

（2）指针 P 所指之程序若在 JMP 指令之前，需注意会发生 WDT 逾时之错误，PLC 停止运转，请注意使用。

（3）跳转执行中各种装置动作情形说明如下：Y、M、S 保持跳转发生前之状态；执行计时中定时器会暂停计时；定时器之清除指令若在跳转前被驱动，则在跳转执行中该装置仍处于清除状态；一般应用指令不会被执行。

（三）循环指令

循环回路起始 FOR 与结束指令 NEXT。

1. 指令符号

循环回路起始：如图 5 - 63 所示。

循环回路结束：如图 5 - 64 所示。

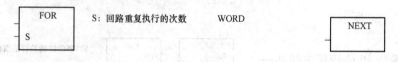

图 5 - 63　循环回路起始 FOR　　　　　图 5 - 64　循环回路结束指令 NEXT

2. 指令说明

（1）由 FOR 指令指定 FOR～NEXT 循环来回执行 N 次后跳出 FOR～NEXT 循环往下继续执行。

（2）指定次数范围 N＝1～32767，当指定次数范围 N≤1 时，都视为是 1。

（3）当不执行 FOR～NEXT 回路时，可使用 CJ 指令来跳出回路。

（4）下列情形会产生错误：

1）NEXT 指令在 FOR 指令之前。

2）有 FOR 指令没有 NEXT 指令。

3）FEND 或 END 指令之后有 NEXT 指令时。

4）FOR～NEXT 指令个数不同时。

（5）循环式 FOR～NEXT 回路最多可使用 32 层，但要注意回路次数过多时，会使 PLC 扫描时间增加，有可能造成逾时监视定时器动作，而导致错误产生。可使用 WDT 指令来改善。

3. 程序范例

程序范例如图 5 - 65 所示。

A 程序执行 3 次后且到 NEXT 指令以后的程序继续执行。而 A 程序每执行一次 B 程序会执行四次，所以 B 程序合计共执行 3×4＝12 次。

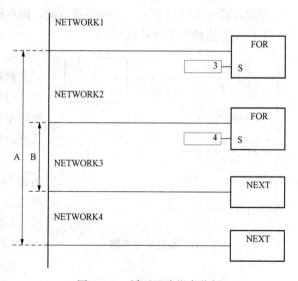

图 5 - 65　循环回路指令范例

5.4　常用典型程序设计范例

5.4.1　自锁控制回路

1. 控制要求

（1）按下 start 按钮一次，电机运转；按下 stop 按钮一次，电机停止。

（2）按下 test 按钮，测试电动机是否运转正常。

2. 元件说明

元件说明如表 5-3 所示。

表 5-3　　　　　　　　　　　　　　　自锁控制回路元件

PLC 软元件	控制说明
X0.0	START 按钮，当按下时，X0.0 状态为 ON
X0.1	STOP 按钮，当按下时，X0.1 状态为 ON
X0.2	TEST 按钮，当按下时，X0.2 状态为 ON
X0.3	故障信号
Y0.1	电机控制信号

3. 控制程序

控制程序如图 5-66 所示。

4. 程序说明

（1）在没有故障情况下 X0.3＝OFF，按下 START 按钮，X0.0＝ON，电机运转。

（2）按下 STOP 按钮，X0.1＝ON，Y0.1＝OFF，电机停止运转。

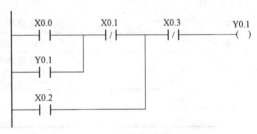

图 5-66　自锁控制回路梯形图

（3）当故障发生时，X0.3＝ON，Y0.1＝OFF，电机停止运转。

（4）在没有故障情况下 X0.3＝OFF，按下 TEST 按钮，X0.2＝ON，Y0.1＝ON，电机运转；松开 X0.2，电机停止，达到测试电机正常与否的目的。

5.4.2　互锁控制回路

1. 控制要求

三相异步电动机正反转，电动机 MA1 正转运行时，MA1 不能反转运行；反之电动机 MA1 反转运行时，MA1 正转不能运行。

2. 元件说明

元件说明如表 5-4 所示。

表 5-4　　　　　　　　　　　　　　　互锁控制回路元件

PLC 软元件	控制说明
X0.0	电机 MA1 正转启动按钮 SB1，当按下时，X0.0 状态为 ON
X0.1	电机 MA1 停止按钮 SB2，当按下时，X0.1 状态为 ON
X0.2	电机 MA1 反转启动按钮 SB3，当按下时，X0.2 状态为 ON
Y0.1	电机正转接触器
Y0.2	电机反转接触器

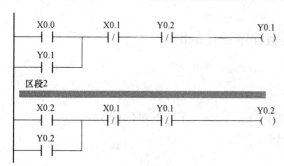

图 5 - 67　互锁控制回路梯形图

5.4.3　条件控制回路

1. 控制要求

电机 MA1 启动后 MA2 才能启动。

2. 元件说明

元件说明如表 5 - 5 所示。

3. 控制程序

控制程序如图 5 - 67 所示。

4. 程序说明

（1）按下电动机 MA1 的启动按钮 SB1，MA1 启动；按下电动机 MA1 停止按钮 SB2，MA1 停止。

（2）按下电动机 MA1 的反转按钮 SB3，MA1 反转启动；按下电动机 MA1 停止按钮 SB2，MA1 停止。

表 5 - 5　　　　　　　　　　　　　条件控制回路元件

PLC 软元件	控制说明
X0.0	电机 MA1 启动按钮 SB1，当按下时，X0.0 状态为 ON
X0.1	电机 MA1 停止按钮 SB2，当按下时，X0.1 状态为 ON
X0.2	电机 MA2 启动按钮 SB3，当按下时，X0.2 状态为 ON
X0.3	电机 MA2 停止按钮 SB4，当按下时，X0.3 状态为 ON
Y0.1	电机 MA1 控制信号
Y0.2	电机 MA2 控制信号

3. 控制程序

控制程序如图 5 - 68 所示。

4. 程序说明

（1）按下电动机 MA1 的启动按钮 SB1，MA1 启动；按下电动机 MA1 停止按钮 SB2，MA1 停止。

（2）MA1 启动后，按下电动机 MA2 的启动按钮 SB3，MA2 启动；按下电动机 MA2 停止按钮 SB4，MA2 停止。

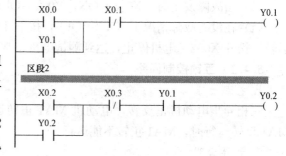

图 5 - 68　条件控制回路梯形图

5.4.4　先入信号优先回路

1. 控制要求

（1）有小学生、中学生、教授 3 组选手参加智力竞赛。要获得回答主持人问题的机会，必须抢先按下桌上的抢答按钮。任何一组抢答成功后，其他组再按按钮无效。

（2）小学生组和教授组桌上都有两个抢答按钮，中学生组桌上只有一个抢答按钮。为给小学生组一些优待，其桌上的 X0.0 和 X0.1 任何一个抢答按钮按下，Y0.0 灯都亮；而为了限制教授组，其桌上的 X0.3 和 X0.4 抢答按钮必须同时按下时，Y0.2 灯才亮；中学生组按下 X0.2 按钮，Y0.1 灯亮。

（3）主持人按下 X0.5 复位按钮时，Y0.0，Y0.1，Y0.2 灯都熄灭。

2. 元件说明

元件说明如表 5 - 6 所示。

表 5 - 6　　　　　　　　　　　信号优先回路元件

PLC 软元件	控制说明	PLC 软元件	控制说明
X0.0	小学生组按钮	X0.5	主持人复位按钮
X0.1	小学生组按钮	Y0.0	小学生组指示灯
X0.2	中学生组按钮	Y0.1	中学生组指示灯
X0.3	教授组按钮	Y0.2	教授组指示灯
X0.4	教授组按钮		

3. 控制程序

控制程序如图 5 - 69 所示。

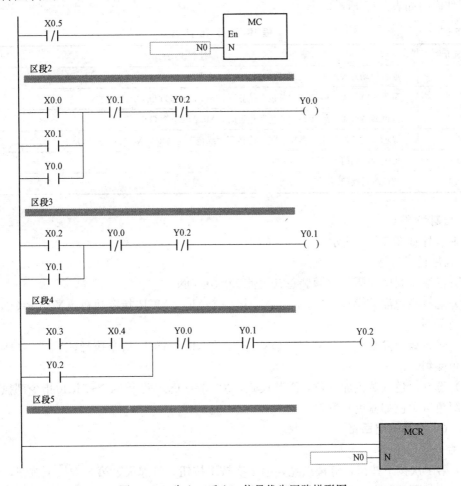

图 5 - 69　先入（后入）信号优先回路梯形图

4. 程序说明

（1）主持人未按下按钮时，X0.5＝OFF，[MC N0] 指令执行，MC～MCR 之间程序正常执行。

（2）小学生组两个按钮为并联连接，教授组两个按钮为串联连接，而中学生组只有一个按钮，任何一组抢答成功后都是通过自锁回路形成自保，即松开按钮后指示灯也不会熄灭。

（3）其中一组抢答成功后，通过互锁回路，其他组再按按钮无效。

（4）支持人按下复位按钮后，X0.5＝ON，[MC NO] 指令不被执行，MC～MCR 之间程序不被执行。Y0.0、Y0.1、Y0.2 全部失电，所有组的指示灯熄灭。主持人松开按钮后，X0.5＝OFF，MC～MCR 之间程序又正常执行，进入新一轮的抢答。

5.4.5 程序的选择执行

1. 控制要求

有三种颜色的颜料，选择不同的开关灌装规定的颜色的颜料。

2. 元件说明

元件说明如表 5-7 所示。

表 5-7 程 序 选 择 元 件

PLC 软元件	控制说明
X0.0	灌装启动开关拨到"ON"位置时，X0.0 状态为 ON
X0.1	黄色颜料开关，旋转到"黄色"位置时，X0.1 状态为 ON
X0.2	蓝色颜料开关，旋转到"蓝色"位置时，X0.2 状态为 ON
X0.3	绿色（黄色加蓝色）颜料开关，旋转到"绿色"位置时，X0.3 状态为 ON
Y0.0	黄色颜料阀门
Y0.1	蓝色颜料阀门

3. 控制程序

控制程序如图 5-70 所示。

4. 程序说明

（1）灌装颜料时，需打开灌装总开关使 X0.0＝ON。

（2）选择黄色灌装模式，X0.1＝ON，第一个 MC～MCR 指令执行，Y0.0＝ON，开始灌装黄色颜料。

（3）选择蓝色灌装模式，X0.2＝ON，第二个 MC～MCR 指令执行，Y0.1＝ON，开始灌装蓝色颜料。

（4）选择绿色（黄色加蓝色）灌装模式，X0.3＝ON，两个 MC～MCR 指令都执行，开始灌装绿色（黄色加蓝色）颜料。

5.4.6 交替输出回路

1. 控制要求

（1）第 1 次按下按钮，灯被点亮，第 2 次按下按钮，灯熄灭，第 3 次按下按钮，灯被点亮，第 4 次按下按钮，灯熄灭；如此，按钮在 1、3、5 次被按下时，灯被点亮并保持；而 2、4、6 次被按下时，灯熄灭。

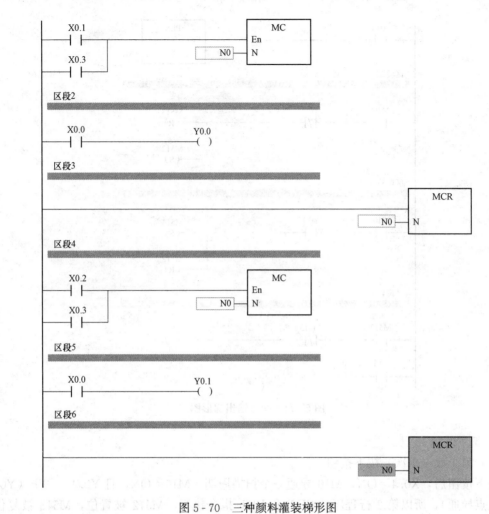

图 5-70　三种颜料灌装梯形图

（2）重新上电后，指示灯仍保持断电前的状态。

2. 元件说明

元件说明如表 5-8 所示。

表 5-8　　　　　　　　　　　　　　交替输出回路元件

PLC 软元件	控制说明
X0.1	灯开关按钮，按下时，X0.1 状态为 ON
M10	一个扫描周期 ON 的触发脉冲
M512	X0.1 单次 ON 时，M512=ON、M513=OFF
M513	X0.1 双次 ON 时，M512=OFF、M513=ON
Y0.1	指示灯信号

3. 控制程序

控制程序如图 5-71 所示。

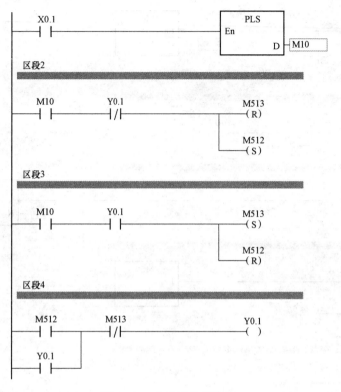

图 5-71　交替输出梯形图

4. 程序说明

（1）第 1 次（单次）按下按钮。

按下按钮后，X0.1＝ON，M10 导通一个扫描周期。M10＝ON，且 Y0.1＝OFF（Y0.1 常闭接点导通），所以第 2 行程序的 SET 和 RST 指令执行，M512 被置位，M513 被复位，而第 3 行程序中，Y0.1 常开接点断开，所以 SET 和 RST 指令不执行。最后一行程序中，因 M512＝ON，M513＝OFF，所以 Y0.1 线圈导通，灯被点亮，直到再次按下按钮。从第 2 个扫描周期开始，因 M10＝OFF，所以第 2 行和第 3 行的 SET 和 RST 指令都不执行，M512 和 M513 的状态不变，灯保持点亮的状态，直到再次按下按钮。

（2）第 2 次（双次）按下按钮。

按下按钮后，X0.1＝ON，M10 导通一个扫描周期。因 Y0.1 的状态为 ON，与第 1 次按下按钮相反，第 3 行的 SET 和 RST 将被执行，M513 被置位，M512 被复位，而第 2 行的 SET 和 RST 指令因 Y0.1 常闭接点断开而不被执行。因 M512＝OFF，M513＝ON，所以 Y0.1 线圈断开，灯熄灭。从第 2 个扫描周期开始，因 M10＝OFF，所以第 2 行和第 3 行的 SET 和 RST 指令都不执行，M512 和 M513 的状态不变，灯保持熄灭的状态，直到再次按下按钮。

5.4.7　双手启动控制

1. 控制要求

两个按钮必须 2s 内同时按下，电机方可启动。

2. 元件说明

元件说明如表 5 - 9 所示。

表 5 - 9　　双手启动控制元件

PLC 软元件	控制说明
X0.1	左手启动按钮
X0.2	右手启动按钮
Y0.0	电机控制信号

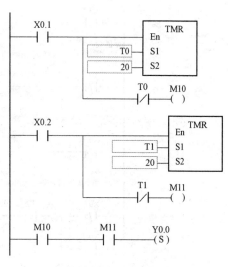

3. 控制程序

控制程序如图 5 - 72 所示。

4. 程序说明

当 X0.1 和 X0.2 2s 内同时按下时，Y0.0 位 ON，电机启动。

5.4.8　人工养鱼池水位监控系统

1. 控制要求

（1）当养鱼池的水位不在正常水位时，自动启 动给水或排水，并且当水位处于警戒水位（过低或过高）时，除了自动启动给排水外，报警 灯闪烁，报警器鸣叫。

图 5 - 72　双手启动梯形图

（2）按下 RESET 按钮，报警器停止闪烁与鸣叫。

2. 元件说明

元件说明如表 5 - 10 所示。

表 5 - 10　　　　　　　　人工养鱼池水位监控系统元件

PLC 软元件	控制说明
X0.0	最低水位传感器，处于最低水位时，X0.0 状态为 ON，低于最低水位时，X0.0 状态为 OFF
X0.1	正常水位的下限传感器，处于正常水位的下限时，X0.1 状态为 ON，低于正常水位的下限时，X0.1 状态为 OFF
X0.2	正常水位的上限传感器，处于正常水位的上限时，X0.2 状态为 ON，低于正常水位的上限时，X0.2 状态为 OFF
X0.3	最高水位传感器（警戒水位），处于最高水位时，X0.3 状态为 ON，低于最高水位时，X0.3 状态为 OFF
X0.4	RESET 按钮，按下时，X0.4 状态为 ON
T1	计时 500ms 定时器，时基为 100ms 的定时器
T2	计时 500ms 定时器，时基为 100ms 的定时器
Y0.0	1＃排水泵
Y0.1	给水泵
Y0.2	2＃排水泵
Y0.3	报警灯
Y0.4	报警器

3. 控制程序

控制程序如图 5-73 所示。

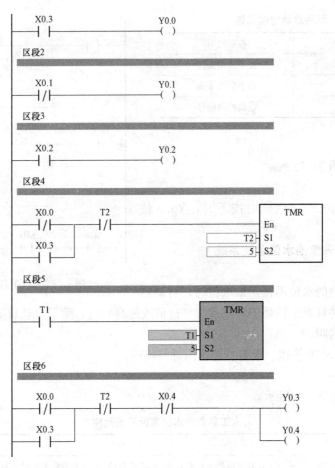

图 5-73　人工养鱼池水位监控系统梯形图

4. 程序说明

（1）正常水位时：X0.0＝ON，X0.1＝ON，X0.2＝OFF，X0.3＝OFF，所以 Y0.0＝OFF，Y0.2＝OFF，给水泵和排水泵都不工作。

（2）当池内水位低于正常水位时：X0.0＝ON，X0.1＝OFF，X0.2＝OFF，X0.3＝OFF，X0.4＝OFF。因 X0.1＝OFF，其常闭接点导通，所以 Y0.1＝ON，启动给水泵向养鱼池内注水。

（3）当池内水位低于最低水位（警戒水位）时：X0.0＝OFF，X0.1＝OFF，X0.2＝OFF，X0.3＝OFF。因 X0.1＝OFF，其常闭接点导通，Y0.1＝ON，给水泵启动，同时 X0.0＝OFF，其常闭接点导通，报警电路被执行，Y0.3＝ON，Y0.4＝ON，报警灯闪烁，报警器鸣叫。

（4）当池内水位高于正常水位时：X0.0＝ON，X0.1＝ON，X0.2＝ON，X0.3＝OFF。因 X0.2＝ON，其常开接点导通，所以 Y0.2＝ON，2♯排水泵启动，将养鱼池内水排出。

（5）当池内水位高于警戒水位时：X0.0＝ON，X0.1＝ON，X0.2＝ON，X0.3＝ON。因 X0.2＝ON，其常开接点导通，所以 Y0.2＝ON，2♯排水泵启动；同时 X0.3＝ON，

其常开接点导通，所以 Y0.0＝ON，1♯排水泵启动，且报警电路也被执行，所以 Y0.3＝ON，Y0.4＝ON 报警灯闪烁，报警器鸣叫。

（6）按下复位按钮，X0.4＝ON，其常闭接点关断，所以 Y0.3＝OFF，Y0.4＝OFF，报警器和报警灯停止工作。

习　题

5-1　PLC 程序的语言有哪几种？

5-2　定时器与计数器有几种类型，各有何特点？

5-3　试举一 PLC 在工业控制中的应用实例，并分析其实现工作过程。

5-4　设计一个对锅炉鼓风机和引风机控制的梯形图程序。控制要求如下：

（1）开机前首先启动引风机，10s 后自动启动鼓风机；

（2）停止时，立即关断鼓风机，经 20s 后自动关断引风机。

5-5　试设计一个照明灯的控制程序。当接在 X0.0 上的声控开关感应到声音信号后，接在 Y0.0 上的照明灯可发光 30s。如果在这段时间内声控开关又感应到声音信号，则时间间隔从头开始，这样可确保最后一次感应到声音信号后，灯光可维持 30s 的照明。

5-6　设计一个汽车车库自动门控制系统。具体要求是：当汽车到达车库门前，超声波开关接收到车来的信号，门电机正转，车门上升。当升到顶点碰到上限位开关时，门停止上升。当汽车驶入车库后，光电开关发出信号，30s 后门电机反转，门下降。当碰到限位开关后，门电机停止。

5-7　有三台皮带传送机，分别由电动机 MA1、MA2、MA3 驱动，要求按下按钮 SF1 后，启动顺序为 MA1、MA2、MA3，间隔时间为 5s；按下停止按钮 SF2 后，停车顺序为 MA3、MA2、MA1，时间间隔为 3s，三台电动机分别通过接触器 QA1、QA2、QA3 控制启停。设计 PLC 控制电路，并编写程序。

5-8　设计一个如图 5-74 所示的运料小车在 A/B 两地间自动往返运行控制的梯形图程序。

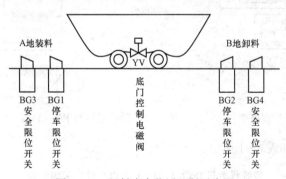

图 5-74　运料小车往返运行示意图

（1）在自动状态下无论在何地启动，均先向 B 地运行，当小车碰到 B 地的停车限位开关 BG2 时，小车停下，打开底门电磁阀卸料。20s 后再向 A 地运行并关闭底门。

（2）当小车碰到 A 地限位开关 BG1 时，小车停下，等待装料，20s 后再向 B 地运行，如此往复循环。

（3）按下停止按钮时，无论小车在何方向运行均立刻停止。

第6章 AH500 系列 PLC 的程序设计与调试方法

6.1 AH500 系列机种的 PLC 程序架构

ISPSoft 的软件模型符合 IEC 61131-3 的编程精神，程序组织单元 POU（Program Organization Unit）和工作（Task）是 IEC 61131-3 中重要的编程观念，POU 和 Task 把 PLC 的编程由传统的程序编写提升至项目管理的层次。

IEC 61131-3 的程序架构如图 6-1 所示，IEC 61131-3 的程序架构将原本单一的程序分割成若干个独立的"程序组织单元"（Prog POU），每个程序组织单元在建立时指派给一个"工作" Task，Task 的运行方式可分为周期性、定时中断和条件中断等 3 种，一个 POU 只能指派给一个 Task，但同一个 Task 可配置一个以上的 POU。一台 PLC 可有 1 个或以上的 Task 被执行，程序何时被执行，取决于 Task 的种类，整个的运作流程是依靠 Task 间的相互合作完成的。另外，功能块 FB（Function Block）也是 IEC 61131-3 所规范的重点项目之一，可类似为小型机的子程序部分。传统的程序与 IEC 61131-3 在程序架构上的对应关系如图 6-2 所示。

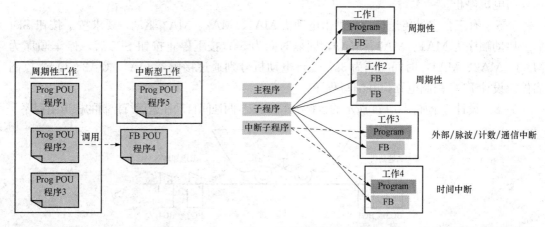

图 6-1 IEC 61131-3 的程序架构   图 6-2 传统程序与 IEC 61131-3 在程序架构的对应关系

两者的具体区别如表 6-1 所示。

表 6-1   传统程序与 IEC6 1131-3 的 PLC 程序架构比较

传统 PLC 程序架构	IEC 61131-3 的程序架构
主程序	将单一的程序切割为许多独立的程序单元（Prog POU），将建立的程序单元指定为周期性的工作（TASK）
一般子程序	将子程序建立为功能块（FB POU），在其他的程序单元中对建立好的功能块（FB）进行调用
中断子程序	为不同的中断程序分别建立独立的程序单元（Prog POU），将建立好的程序单元指定至对应的中断型工作（TASK）中

IEC 61131‐3 程序架构中的每个程序单元都可以独立开发，程序编译时会将所有 POU 程序重新排列组合为一个可逐步扫描的执行码，其排列的依据是 Task 的配置状态。

6.1.1　程序组织单元（POU）

一、POU 的种类

程序组织单元（POU）是建构 PLC 程序的基本元素，在 ISPSoft 中的 POU，依功能特性共可分为程序（PROG）及功能块（FB）两种。

1. 程序（Program，PROG）

程序（Program，PROG）可依据其指定的工作（TASK）类型而决定其执行方式；若被指定为周期性的工作时，该程序 POU 扮演的便是主程序的角色；若被指定为中断型的工作时，该程序 POU 便扮演中断子程序的角色；此外，在程序 POU 当中可以对功能块（FB）进行调用。

2. 功能块（Function Block，FB）

功能块（Function Block，FB）是一种具有运算功能的程序组件，它无法自行运作，而是必须通过程序 PROG 对它进行调用，并传递相关参数之后，才能执行功能块所定义的功能。功能块的图标，外观与 API 应用指令类似，功能块图标示例如图 6‐3 所示。

当我们在项目管理区中新增了一个功能块 POU，并在此 POU 当中进行局部符号的定义以及程序的编辑，而完成之后所产生的成品称之为"功能块定义"，但其意义仅如同一份文档而已，本身并不会参与实际的运算，同时也不会占用 PLC 运作的任何资源。当要在某个程序 POU 当中调用该功能块时，用户必须在符号表中先定义该功能块类型的变量符号，此时便代表要依据"功能块定义"来制造一个会

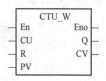

图 6‐3　功能块图标示例

参与实际运作的对象，其所产出的成品便称之为"功能块实例"（Instance），而其中功能块类型的符号名称即是"功能块实例"的名称。当进行编译时，系统便会依据定义而为功能块实例与其内部的局部符号配置一个实体的内存区块，用来存放内部变量符号的状态值。下例中先进行了 FB0 "功能块定义"，然后定义该功能块类型的变量 start 和 middle，即进行功能块的实例化，最后再被指派至周期性（0）Task 的程序 Prog0 中进行调用，如图 6‐4 和图 6‐5 所示。

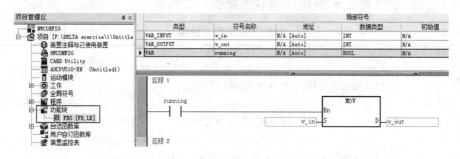

图 6‐4　FB0 功能块定义

相同功能块类型的变量符号不管定义几次，同一份功能块程序代码只需写一份。

FB 可以调用 FB，其实例化最好定义在全局符号区，这样就可以给各个 FB 或是 POU 使用，FB 之间最好不要互相调用，以免造成无穷循环。

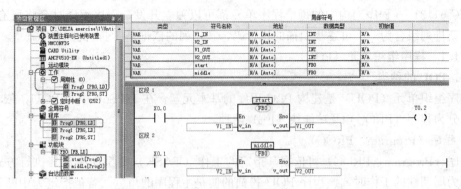

图 6-5　FB 功能块实例化

二、ISPSoft 软件的 POU 架构

在 ISPSoft 软件中，用户建立的所有 POU 对象都会在项目管理区中被列出，不同种类的 POU（程序和功能块）会被分开管理，如图 6-6 所示。

另外，POU 对象图标会根据编程语言及状态进行显示，在每个 POU 名称的后方会一并带出相关的信息，如图 6-7 所示。

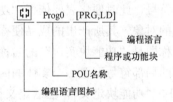

图 6-6　项目管理区　　　　　　图 6-7　POU 名称的组成部分含义

POU 名称中的编程语言图标的具体说明如表 6-2 所示。

表 6-2　　　　　　　　　　　　　　POU 图标的相关说明

图标	说　　明
	代表此对象为使用梯形图（LD）所开发的 POU
	代表此对象为使用指令列表（IL）所开发的 POU
	代表此对象为使用功能块图（FBD）所开发的 POU
	代表此对象为使用结构化语言（ST）所开发的 POU
	代表此对象为使用顺序功能图（SFC）所开发的 POU

续表

图标	说　　明
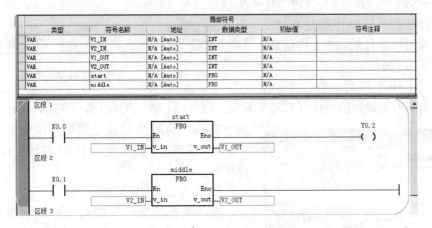	当图标呈现灰色状态时代表此 POU 的状态为"关闭",而被设为关闭的 POU 将在编译的过程中被略过,不会被执行
	当图标出现红色叉号代表此 POU 尚未被指定工作(TASK),而未被指定工作(TASK)的 POU 将在编译的过程中被略过,不会被执行

　　鼠标左键双击项目管理区的 POU 对象,即可打开 POU 的编辑窗口,窗口主要分为上下两个部分,上半部为此 POU 的局部符号表,而下半部则为程序的主体,且随着编程语言的不同,下半部的编辑环境也会随之不同。编程语言为梯形图(LD)的 POU 编辑窗口如图 6 - 8 所示。

图 6 - 8　POU 的编辑窗口

6.1.2　工作（Task）

　　工作（Task）的意义在于赋予各个程序 POU 一个明确的执行任务,并指定每个程序 POU 之间的执行顺序或是启动方式。

　　在 ISPSoft 中,一个项目中的程序 POU 必须在指派 Task 之后才可确定该 POU 是否执行以及如何执行,当 POU 未被指派 Task 时,该 POU 仅会被当作一般的原始码而与项目一起保存,本身并不会被编译为 PLC 的执行码。功能块（FB）的执行方式是依据调用它们的上位 POU 程序而定。

一、Task 的种类

Task 的运行方式大致可分为周期性、定时中断以及条件中断 3 种。

1. 周期性

被指派至周期性 Task 的程序 POU,其执行方式便是单纯的来回扫描。AH500 系列的机种有 32 个周期性的 Task 可供选择,其编号为 0～31,扫描顺序以编号小的为优先。

2. 定时中断

被指派至定时中断 Task 的程序 POU,其功能类似定时中断子程序,当定时中断的时间到达后被分配至该 Task 的所有 POU 便会依照排列顺序执行一遍。AH500 系列的机种有 4 个定时中断可供选择。

3. 条件中断

条件中断分为多种类型，包括外部中断、I/O 中断、通信中断等。当程序 POU 被分配至条件中断 Task 时，其功能类似中断子程序，一旦中断的条件成立，被分配至该 Task 的所有 POU 便会依照排列顺序执行一遍。

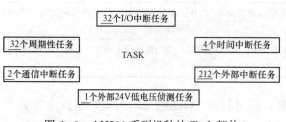

图 6-9　AH500 系列机种的 Task 架构

不同机种提供的 Task 类型与数量会有所不同，AH500 系列的机种提供的 Task 类型和数量如图 6-9 所示。

二、Task 管理的操作

在 ISPSoft 中工作 Task 管理的操作步骤如图 6-10 所示。

工作管理的具体操作都是在"工作管理"界面中进行的，"工作管理"界面如图 6-11 所示。

设定工作属性 → POU配置 → POU排序

图 6-10　Task 管理的操作步骤

图 6-11 中 1 区为工作（Task）列表，列出所有可规划的工作（Task）对象。图 6-11 中 2 区为工作（Task）属性，显示所选（Task）的属性设置及说明。图中 3 区为工作（Task）管理区，此区是对 POU 进行配置与排序的操作区。

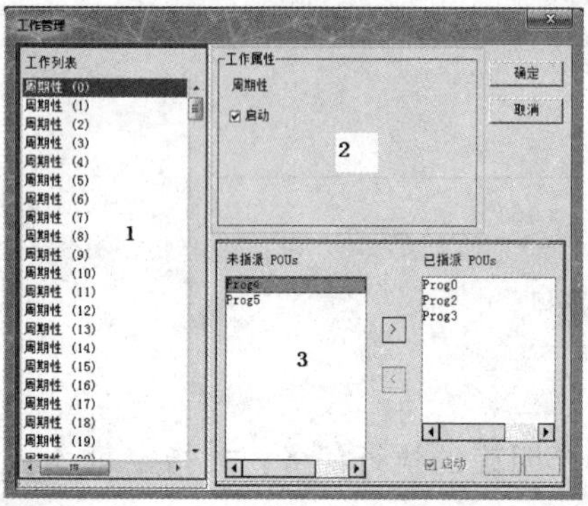

1. 设定工作 Task 属性

在"工作管理"界面的工作列表区选定工作（Task）对象后，"工作属性"的区域便会显示对应 Task 的设置与提示，如图 6-12 所示，而此处的功能主要在于设置该 Task 的执行条件。

图 6-12 为 AHCPU510-EN 机种的 Task 属性设置画面，图 6-12（a）点选周期性（0），工作属性的"启动"项未勾选时，该 Task 在程序执行时

图 6-11　"工作管理"界面

处于关闭状态，不会被执行，工作属性的"启动"项被勾选时，该 Task 则会按照一定的顺序执行。图 6-12（b）点选 I/O 中断（0），I/O 中断条件则由用户根据工作属性区的提示文字自行设置，如图 6-12（b）中提示的至附属于 ISPSoft 软件的硬件规划工具 HWCONFIG 中进行设置。

(a)　　　　　　　　　　　　　　　(b)

图 6-12　不同工作 Task 对象对应的不同"工作属性"

以设置 I/O 中断（0）的中断条件为例来简单介绍通过 HWCONFIG 的设置操作步骤。此例中 I/O 中断（0）的中断条件来自高速计数器模块 AH04HC-5A 的通道 0。具体设置步骤如下：

（1）打开 HWCONFIG，添加 4 通道高速计数器模块 AH04HC-5A，如图 6-13 所示。

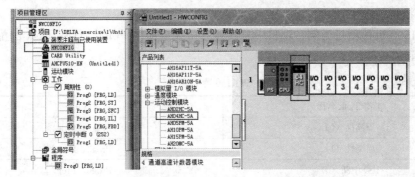

图 6-13　HWCONFIG 界面

（2）打开高速计数器模块参数设置界面，切换至中断号码设置界面，将"通道 0 比较中断编号设置"的初始值设置为中断编号 0，如图 6-14 所示。

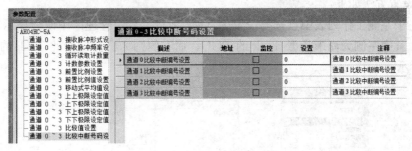

图 6-14　通道 0 中断编号设置

（3）切换至比较值的设置界面，将"通道 0 比较值设置"的初始值设置为触发中断条件的计数值 2000，如图 6-15 所示。

图 6-15　通道 0 比较值设置

（4）设置完成后进行保存，并把设置的参数下载至主机中。

通过上述 4 个步骤完成了 I/O 中断（0）的中断条件设置任务。除了 I/O 中断条件需要通过 HWCONFIG 进行设置外，外部中断触发条件和定时中断触发条件也需要在 HWCONFIG 中完成设置。

2. POU 设置和 POU 执行顺序

完成 Task 的属性设置后，接下来便要将 POU 程序配置于对应的 Task 的清单中。

在项目管理区的"工作"项目下会列出所有 POU 的配置状况，而未被分配任何 POU 的 Task 项目则不会被列出；此外，每个 Task 项目下的 POU 排列顺序则代表了实际执行时各 POU 被执行的顺序。

以 AH500 机种项目为例，项目中总共建立了 8 个程序 POU，且其 Task 的配置要求如表 6 - 3 所示。

表 6 - 3   POU 设置要求表

工作 Task 名称	POU
周期性（0）	Prog5，Prog4
周期性（1）	Prog3，Prog2
I/O 中断（0）	Prog6，Prog7
定时中断 0（252）	Prog1
未分配	Prog0

POU 设置方法如下：

（1）先于左侧工作列表中点选要设置的 Task 项目，之后管理区中便会显示该 Task 的配置状况，其中左侧为尚未指派 Task 的 POU，而右侧则为已分配给此 Task 的 POU，如图 6 - 16 所示。

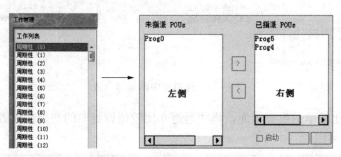

图 6 - 16   工作管理区 POU 配置图

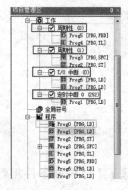

图 6 - 17   POU 配置后的
项目管理区

（2）在工作（Task）管理区的左侧列表中，点选欲分配至此 Task 的 POU 后，按下 ▷ 图标即可将该 POU 分配给此 Task。

（3）在工作（Task）管理区的右侧列表中，点选欲取消指派的 POU 后，按下 ◁ 图标即可将该 POU 由此 Task 清单中删除。

完成 Task 清单中的 POU 配置后，项目管理区的"工作"项目如图 6 - 17 所示。

由图 6 - 17 所示，各 POU 的执行方式如下：

（1）因未被指派 Task，因此 Prog0 并不会被执行，并且在图标上会显示红叉。

（2）程序执行时，从编号小的周期性 Task 开始扫描，因此当程序执行时会按照 Prog5→Prog4→ Prog3→Prog2 的顺序来回扫描。

（3）当 I/O 中断（0）条件成立时，分配至此 Task 的 Prog6→Prog7 也会依序执行一次。

（4）定时中断 0 会每隔一段固定时间被触发一次，Prog1 就会被执行一次。

6.2　符　号　编　程

6.2.1　绝对寻址和符号寻址

要访问一个变量，就要对此变量进行寻址，即找到变量在存储空间中的位置。在 ISP-Soft 中，可以对 PLC 的存储空间的各种装置通过绝对地址寻址和符号寻址两种方式来访问。

PLC 的数据存储区为每种装置分配了存储区域，每种装置采用字母来表示装置类型，绝对地址寻址方式是由装置名称字母和地址数据组成，如 X1，X1.0，Y1，Y1.0，M1，D1，D1.0 等。

为了增强程序的可读性、简化程序的调试和维护，用户在编程时可以自己定义符号，一方面可以作为指定绝对地址的别名，另一方面也可以作为由系统自动配置的内部存储器的别名。

对于有指定装置地址的变量符号，在 LD 的环境中，用户可自行选择该变量符号的呈现方式，当图标工具栏的 图标为按下的状态时，程序画面便会以指定装置的绝对地址来显示这些变量符号；而若 图标为未按下的状态时，程序画面便会以符号名称来显示。如用符号"start"代表绝对地址 X1.1，用"start_lamp"代表 Y1.1，这样程序的阅读者可以很直观地了解到系统启动和相应状态灯信号。绝对寻址和符号寻址的程序对比如图 6-18 所示。

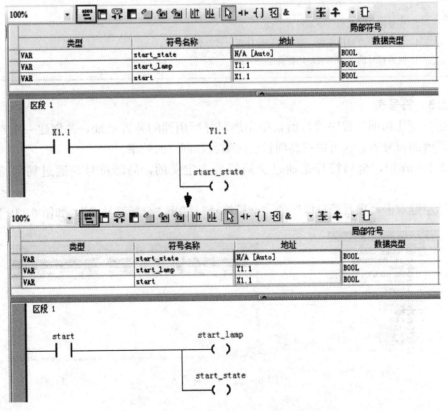

图 6-18　绝对寻址和符号寻址对比图

6.2.2 符号的类型

ISPSoft 中的变量符号分为两类：全局符号和局部符号。全局符号可让项目中的所有 POU 共享，而局部符号则只能在定义该符号的 POU 当中使用。表 6-4 梳理了全局变量和局部变量的异同点。

表 6-4 全局变量和局部变量的比较

参数	全局符号	局部符号
定义位置	项目管理区的"全局符号表"	POU 窗口上方的"局部符号表"
作用范围	整个项目中所有的 POU	定义的 POU
类型	类型有"VAR"，"VAR Retain"	程序 POU：类型有"VAR"，"VAR Retain"； FB 功能块：类型有"VAR"，"VAR_INPUT"，"VAR_OUTPUT"，"VAR_IN_OUT"
地址配置	自行指定对应的装置地址（X、Y、M、S、T、C、D、L、E）或交由系统自动配置	程序 POU 的局部符号可自行指定对应的装置地址（X、Y、M、S、T、C、D、L、E）或交由系统自动配置； FB 功能块的局部符号仅可交由系统自动配置，而无法自行指定
命名原则	1. 变量符号的名称不可超过 30 个字符，且须注意一个中文字会占用两个字符； 2. 不可使用系统保留的关键词，如指令名称、装置名称，或是其他在系统中已被赋予特殊意义的保留字； 3. 变量符号的名称当中不可有空白； 4. 名称当中可使用底线，但不可连续使用，或是置于结尾； 5. 变量符号的名称不可使用特殊字符，如 * 、♯ 、? 、\ 、% 、@ 等	

6.2.3 符号表

在项目创建初期，程序编写前，预先规划好所用到的装置地址，并创建一个对应的易读、易理解的符号表，这可以提高项目后续编程和调试的效率。

在 ISPSoft 中，全局符号是通过全局符号表定义的，局部符号是通过局部符号表定义的。

鼠标左键双击"项目管理区"的"全局符号"打开"全局符号表"，如图 6-19 所示。

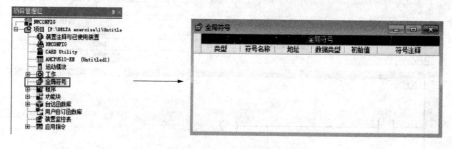

图 6-19 全局符号表

新建或打开某 POU 后,局部符号表就在 POU 窗口的上方,如图 6-20 所示。

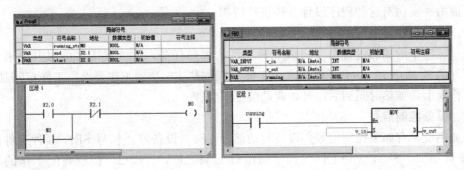

图 6-20　局部符号表

在符号表的空白处双击鼠标左键或在符号表空白处单击鼠标右键,在出现的选单中选择"新增符号"项目,画面便会出现"新增符号"的定义窗口,如图 6-21 所示,通过此窗口就可以在表中添加新的符号定义。

图 6-21　"新增符号"窗口

如需要修改符号的相关信息,双击符号表中的具体符号项,画面便会出现"修改符号"的窗口,如图 6-22 所示,在此窗口中所做的修改可以自动被程序编辑器识别。

图 6-22　"修改符号"窗口

6.3　PLC 程序设计方法

6.3.1　梯形图的经验设计法与实例

在 PLC 发展的初期,沿用了设计继电器电路图的方法来设计梯形图,在已有的典型梯形图的基础上,根据被控对象对系统的控制要求,不断地修改和完善梯形图,有时需要经过多次反复的修改和调试梯形图,不断地增加中间编程元件,最后才能得到一个比较满意的结果。这种方法没有确定的规律可遵循,完成的程序会因人而异,不是唯一的,程序完成的效率和质量与设计人员的实践经历和经验有很大的关系。这种程序设计方法要求设计人员对工控系统中常用的各种典型控制环节比较熟悉,所以这种方法被称为经验设计法。经验设计法适用于系统控制要求比较简单，逻辑关系不是很复杂的场合。

下面举一实例对这种程序设计方法进行说明。

一、设备控制要求

某一定功率的加热设备需要完成 3 种工件的加热任务，此 3 种工件的温升要求各不相同，工件 A 需加热 10s 达到工作要求，工件 B 需加热 20s 达到工作要求，工件 C 需加热 30s 达到工作要求，加热时间到后，开始起动装配工作。

二、设备控制信号

该加热设备有如下控制信号：设备起动信号 SF0，设备停止信号 SF1，3 种工件的选定开关 SF3、SF4、SF5，3 种工件的选定指示灯 EA1、EA2、EA3，控制装配工作的继电器 KF1 和控制加热的继电器 KF2。根据这些信号进行 I/O 分配。

三、I/O 地址分配

在 HWCONFIG 中硬件配置如图 6-23 所示。

插槽编号	名称	固件版本	描述	输入装置范围	输出装置范围
-	AHPS05-5A	-	电源模块	None	None
-	AHCPU510-EN	1.00	基本型 CPU 模块	None	None
0	AH16AM10N-5A		16 点数字输入，2	X0.0 ~ X0.15	
1	AH16AN01R-5A		16 点数字输出，5		Y0.0 ~ Y0.15

图 6-23　硬件模块配置列表

根据上述设备控制信号的分析，设备的 I/O 地址分配如表 6-5 所示。

表 6-5　　　　　　　　　　　　I/O 地址分配表

输入	元件	功能	输出	元件	功能
X0.0	SF0	设备启动按钮	Y0.0	KF1	实现装配工作
X0.1	SF1	设备停止按钮	Y0.1	EA1	工件 A 选定指示灯
X0.2	SF3	工件 A 选定开关	Y0.2	EA2	工件 B 选定指示灯
X0.3	SF4	工件 B 选定开关	Y0.3	EA3	工件 C 选定指示灯
X0.4	SF5	工件 C 选定开关	Y0.4	KF2	加热控制继电器

四、PLC 电气原理图

该加热设备的 PLC I/O 电路图如图 6-24 所示。

五、PLC 控制程序的设计

根据经验，编写此加热设备的运行控制程序需要注意以下几个方面：

(1) 由于加热设备需根据其加热对象设置不同的加热时间，所以不同的工件选定开关决定了定时器设定值的大小，这里可以采用传送指令完成加热时间长短的设置。

(2) 为了确保加热设备在启动后不立即进行加热误操作，编程时可以选用一辅助继电器 M0 来记录已完成正确设置加热时间的状态。

(3) 为了防止由于工人的误操作，而导致加热时间与实际加热工件不对应，在程序设计时必须要做好三种工件之间的互锁处理，确保设备运行时只选择了一种加热工件对象，

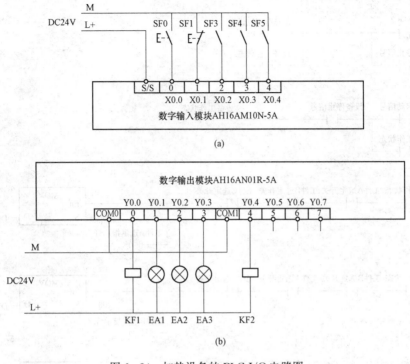

图 6-24　加热设备的 PLC I/O 电路图
(a) 输入回路；(b) 输出回路

即在发生同时接通了 2 个及以上的工件选定开关的情况时，不会对加热时间进行误设置。

基于 ISPSoft 软件新建一项目，创建一 POU 程序，工作配置为周期性 (0)，为了增强程序的阅读性，设置全局符号表如图 6-25 所示。

类型	符号名称	地址	数据类型	初始值
VAR	设备启动信号	X0.0	BOOL	FALSE
VAR	设备停止信号	X0.1	BOOL	FALSE
VAR	工件A选定开关	X0.2	BOOL	FALSE
VAR	工件B选定开关	X0.3	BOOL	FALSE
VAR	工件C选定开关	X0.4	BOOL	FALSE
VAR	装配	Y0.0	BOOL	FALSE
VAR	工件A选定指示灯	Y0.1	BOOL	FALSE
VAR	工件B选定指示灯	Y0.2	BOOL	FALSE
VAR	工件C选定指示灯	Y0.3	BOOL	FALSE
VAR	加热控制继电器	Y0.4	BOOL	N/A
VAR	加热时间已设定	M0	BOOL	N/A
VAR	设备工作状态	M1	BOOL	N/A

图 6-25　全局符号表

设计好的梯形图如图 6-26 所示。

由上述实例设计过程可知，经验设计法没有规律可循，需要基于经验对设备运行过程中的问题有比较清楚地把握才能较快地完成比较完善的程序。

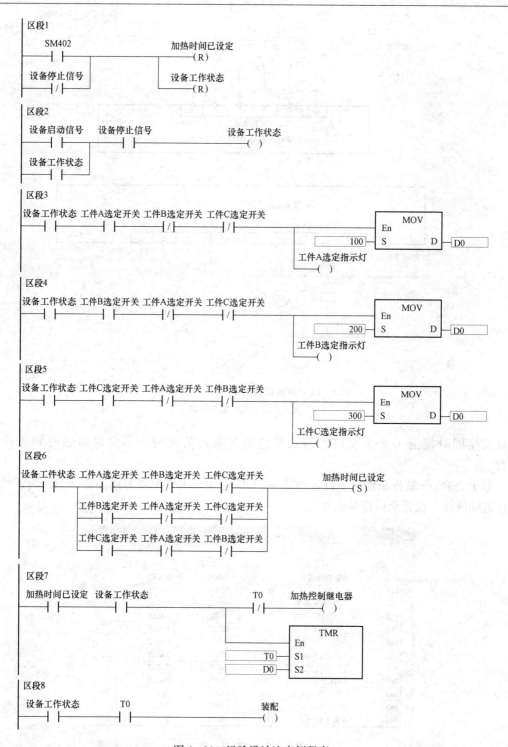

图 6-26　经验设计法实例程序

6.3.2　顺序控制设计法与实例

一、顺序控制设计法概述

经验设计方法适合简单控制系统，如设计复杂系统的梯形图时，需要考虑很多因素，设计人员一不留神就会遗漏一些问题，会使程序质量不严谨完善、设计效率不高和周期加长；另外，由经验设计法设计出来的程序往往与设计者的经验和习惯思维有关，不唯一，因人而异，所以降低了程序的可读性，给 PLC 系统的维护和改进带来困难和麻烦。

顺序控制就是按照生产工艺预先规定的顺序，在各个输入信号的作用下，根据内部状态和时间的顺序，在生产过程中各个执行机构自动地有秩序地进行操作。使用顺序控制设计法时首先根据系统的工艺过程，画出顺序控制功能图，然后根据顺序控制功能图画出梯形图。其中顺序控制功能图最大的特色在于以类似流程图的观念来规划程序，适用于着重流程控制及状态转移的控制程序。

二、顺序控制功能图

1. 顺序控制功能图的组成

功能图是一种用于描述顺序控制系统控制过程的一种图形。它具有简单、直观等特点，是设计 PLC 顺序控制程序的一种有力工具。它由步、转换条件和有向连线组成。

（1）步。控制系统的工作过程可以分为若干个阶段，这些阶段称为"步"，步又分为初始步和工作步。步的图形符号如图 6 - 27 所示，步用矩形框表示，图（a）为一般工作步，图（b）为初始步，用双矩形框表示，框中的数字是该步的编号，编号可以是该步对应的工步序号，PLC 为每个步配置相对应的编程元件（如辅助继电器 M 或步进点继电器 S）。初始步对应于控制系统的初始状态，是系统运行的起点。一个控制系统必须有一个初始步，初始步可以没有具体要完成的动作。

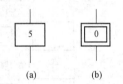

图 6 - 27　步的图形
(a) 一般工作步；(b) 初始步

"步"是控制过程中的一个特定状态，是控制系统中的一个相对不变的性质，它对应于一个稳定的状态，步的划分是根据输出量的状态，在任何一步之内，各输出量的 ON/OFF 状态不变，但是相邻两步输出量的状态是不同的。在每一步中要完成一个或多个特定的动作，可以在步右边加一个矩形框，在框中用简明的文字说明该步对应的动作。图 6 - 28 中（a）表示一个步对应一个动作；图（b）和（c）表示一个步对应多个动作，两种方法任选一种。

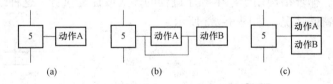

图 6 - 28　步的动作示意图
(a) 一个步对应一个动作；(b) 一个步对应多个动作方法 1；(c) 一个步对应多个动作方法 2

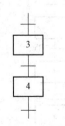

图 6 - 29　有向连线与转换条件

（2）转换条件。为了确保控制系统能严格地按照顺序执行，步与步之间必须要有转换条件分隔，转换条件是使系统由当前步进入下一步的信号。

步与步之间用"有向连线"连接，在有向连线上用一个或多个小短线表示一个或多个转换条件，如图 6 - 29 所示。当条件得到满足时，转换得以实现，即上一步的动作结束而下一步的动作开始。当系统处于某一步或正在执行某一步时，把该步称为"活动步",其他不在执行的步称为"不活动步"。

2. 顺序控制功能图的基本结构

根据步与步之间进展的不同情况,功能图有单序列、选择序列、并行序列和循环序列四种结构。

(1)单序列。单序列反映按顺序排列的步相继激活这样一种基本的进展情况,一个转换仅有一个前级步和一个后续步,如图 6-30 所示。

(2)选择序列。选择序列是在一个活动步之后紧接着有几个后续步可供选择的结构形式,如图 6-31 所示。选择序列的各个分支都有各自的转换条件。在选择序列的分支与合并处,一个转换实现上只有一个前级步和一个后续步,但是一个步可能有多个前级步或多个后续步。

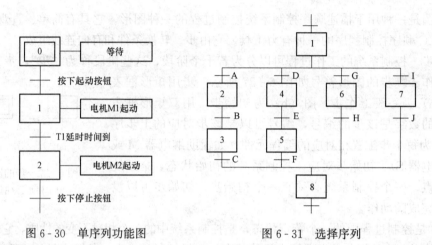

图 6-30　单序列功能图　　　　　图 6-31　选择序列

(3)并行序列。如果转换的前级步或后续步不止一个,转换的实现称为同步实现,即当转换的实现导致几个分支同时激活时,采用并行序列,其有向连线的水平部分用双线表示,强调转换的同步实现,如图 6-32 所示。

(4)循环序列。循环结构用于一个顺序过程的多次或往复执行。这种结构可看作是选择性分支结构的一种特殊情况,如图 6-33 所示。

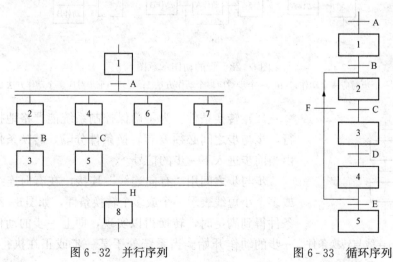

图 6-32　并行序列　　　　　图 6-33　循环序列

3. 顺序控制功能图转换的动作说明

当某步要转换为活动步时，必须满足两个条件：此步的前级步必须是被激活正在执行的活动步，前级步与此步之间的转换条件成立。当顺序控制功能图中的步为活动步时，此步对应的编程元件 M 或 S 置位为 1，即 ON 状态；当步为不活动步时，此步对应的编程元件 M 或 S 复位为 0，即 OFF 状态。

转换实现完成如下操作：

（1）使所有由有向连线与相应转换条件相连的后续步都变为活动步，即把此步对应的编程元件 M 或 S 置为 ON，表示启动此步，此步取得程序执行权，与此步对应的动作程序即会按照所定义的方式被执行。

（2）使所有由有向连线与相应转换条件相连的前级步都变为不活动步，即把此步对应的编程元件 M 或 S 置为 OFF，表示停止此步，此步对应的动作程序的执行权移交给其他后续步。原本前级步当中通过 OUT 指令驱动的线圈全部会关闭而呈现 OFF 状态，而所有前级步当中执行的应用指令与功能块也不再执行，包括定时器也将被重置；不过若是通过 SET 或 RESET 指令而驱动的线圈，则因该指令的特性，所以仍会保持原状，且计数器也只会停止计数，而其接点的状态与计数值同样会维持不变，而不会如同定时器一般被重置。

图 6 - 34 为某步由活动步转为不活动步后程序运行状态的变化情况。一般输出指令控制的 M0 由 ON 转为 OFF 状态，定时器 T0 被复位，而计数器和通过置位、复位指令控制的 M1 和 M2 状态维持不变。

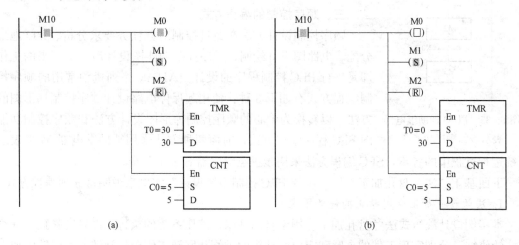

图 6 - 34　顺序控制功能图中步转换前后的程序运行状态变化
(a) 某活动步的程序运行状态；(b) 该步转为不活动步后的程序状态

（3）对于并行序列的分支处，一个顺序控制状态流分成两个或以上不同分支控制状态流，即转换有几个后续步，在转换实现时应同时将几个后续步同步为活动步，即把这些后续步对应的编程元件置位为 1。在并行序列的合并处有多个状态流汇集成一个，即转换有几个前级步，这些前级步均为活动步并且相应的转换条件成立时才能实现转换，当转换实现时应将这些前级步对应的编程元件全部复位为 0，后续步置位为 1 转为活动步。如图 6 - 32 所示，当前级步 3、5、6、7 均为活动步，转换条件 H 成立时，可实现后续步 8 的激活。具体编程时可以建立 4 个中间状态步，步 3 为活动步和转换条件 H 成立时切换到状态 3'，步 5 为活动步和转换条件 H 成立时切换到状态 5'，步 6 为活动步和转换条件 H 成立时切换到状态 6'，步 7 为活动步和转换条件 H 成立时切换到状态 7'，当状态 3'、5'、6' 和 7' 的状态位同时为 ON 时，激活步 8 为活动步，所有前级步均转为不活动步。

在执行过程中，系统只会关注活动步，并执行其定义的动作程序，也只会确认该活动步下方的转换条件是否成立，不活动步下方的转换条件并不会影响程序的执行步序，系统也不会执行不活动步定义的动作程序。

4. 顺序控制功能图的注意事项

绘制顺序功能图应注意以下几点：

（1）两个步绝对不能直接相连，必须用一个转换将它们隔开。

（2）两个转换绝对不能直接相连，必须用一个步将它们隔开。

（3）初始步必不可少，否则无法表示初始状态，系统也无法返回停止状态。

（4）自动控制系统应能多次重复执行同一工艺过程，应组成闭环。单周期的最后一步返回初始步，连续循环的最后一步返回下一周期开始运行的第一步。

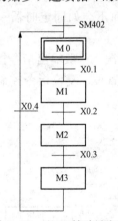

图 6-35　以 M 辅助继电器
表示步的顺序功能图

（5）一般采用无断电保持功能的编程元件代表各步时，在 PLC 进入 RUN 工作方式时，它们均处于断开状态，系统无法工作，必须用初始化脉冲 SM402 的常开触点作为转换条件，将初始步置为活动步，如图 6-35 所示。但对于 AH500 系列机种而言采用 SFC 编程方法时并不需要这样处理，但必须要设置初始步。

三、顺序控制的编程方式

顺序控制设计方法在经过控制对象任务要求分析、I/O 地址分配、电路图设计绘制、顺序控制功能图设计后，接下来的工作即是进行 PLC 控制程序的设计。AH500 系列机种常用的顺序控制编程方式有如下 3 种：使用起保停电路设计顺序控制梯形图的方法、以转换为中心的顺序控制梯形图设计方法和顺序控制功能图 SFC 程序编程方法，前面两种方法采用辅助继电器 M 来表示系统运行过程中的各步，SFC 编程方法采用步进点继电器 S 表示各步。

下面基于 "法兰盘孔加工专用钻床的 PLC 控制系统设计" 实例来说明这 3 种编程方式。

1. 法兰盘孔加工专用钻床的任务要求

本实例设计液压式法兰盘孔加工专用半自动钻床，液压系统的执行元件有夹紧缸、进给缸、转位缸，分别实现工件的夹紧和定位、钻头的进给和回转工作台的旋转。专用钻床加工的工件为 8 孔均匀分布的法兰盘，工件是手工放在机床的回转工作台上的，加工过程分 4 个工位，每个工位动力头双钻头同时在工件上钻两个孔，完成一个法兰盘所有孔的加工为一次循环过程。

钻床的一个加工循环过程具体如下：首先把待钻孔法兰盘手工放在机床的回转工作台上，夹紧缸把法兰盘定位夹紧在回转工作台上；其次开始转动动力头双钻头，进给缸带动动力头快速接近工件，达到规定位置时，由快进变为工作进给进行钻孔，达到要求深度后，进给缸和动力头快速退回原位；接着转位缸带动回转工作台转位 45°；然后进给缸再次带动动力头快速接近法兰盘，达到规定位置时，由快进变为工作进给，达到要求深度后，进给缸和动力头快速退回原位。这样转位 3 次后，完成一个法兰盘 8 孔的加工，最后夹紧缸松开法兰盘，人工取下法兰盘，放上下一个待钻孔法兰盘，开始下一次加工循环。

2. 液压系统

液压系统原理如图 6 - 36 所示。

执行机构有工件夹紧与松开缸 YG1、动力头前进与后退缸 YG2 和回转工作台转位缸 YG3。3 个三位四通电磁换向阀分别控制工件夹紧与松开、动力头前进与后退和回转工作台转位。BP 压力继电器的触点是工件夹紧到位、开始快进的信号；BG2 为快进转工进的信号；BG3 为工进转快退的信号；BG1 为快退到位、回转工作台开始转位的信号；BG4 为回转工作台转位到位、开始钻下一组孔的信号；BG5 为工件松开到位、机床返回初始状态的信号。二位二通电磁换向阀与节流阀并联，由行程开关 BG2 控制电磁铁 YA7 的通断电，实现工作进给与快进快退的转换要求。

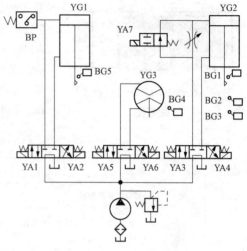

图 6 - 36　液压系统原理图

3. 加工循环工艺流程

钻孔过程在基于 PLC 的控制下进行，执行机构的动作过程为：

（1）人工放好工件后，按下启动按钮 SF1，电磁铁 YA1 通电，液压缸 YG1 活塞杆伸出，夹紧工件。

（2）夹紧后压力达到设定值时压力继电器 BP 常开触点接通，动力头起动带动钻头旋转，同时电磁铁 YA3 通电，高压油通过三位四通电磁换向阀左位、二位二通电磁换向阀右位，进入液压缸 YG2 上腔，活塞杆伸出，实现快进。当动力头碰块压下行程开关 BG2 时，电磁铁 YA7 通电，二位二通电磁换向阀截止，高压油通过节流阀进入 YG2 上腔，快进变为工作进给。

（3）当动力头碰块压下 BG3 时，表示两个钻头钻到由行程开关 BG3 设定的深度，这时钻头停止下行，同时电磁铁 YA4 通电、YA7 断电，高压油通过三位四通电磁换向阀右位，进入液压缸 YG2 下腔，YG2 上腔的回油通过二位二通电磁换向阀右位回油箱，实现快退。直到压下 BG1，快速退回停止。

（4）钻头快速退回停止的同时，BG1 使电磁铁 YA5 通电，摆动缸 YG3 正向转动通过超越离合器、齿轮副传动带动回转工作台转动 45°。

（5）回转工作台转到位时，压下行程开关 BG4，电磁铁 YA6 通电，摆动缸 YG3 反向转动，由于超越离合器的单向性，齿轮副和回转工作台不转动，摆动缸 YG3 为下一次转位做好准备；同时设定值为 4 的计数器 C0 的当前值加 1，电磁铁 YA3 通电，系统开始下一对孔的钻孔循环。重复上述循环过程，当计数器 C0 的当前值等于设定值 4，动力头停止旋转，同时电磁铁 YA2 通电，使工件松开。

（6）松开到位时，压下行程开关 BG5，系统返回到初始状态，为下一个工件加工做好准备。人工卸下加工好的法兰盘，再装上待加工法兰盘，按下启动按钮便又开始了新的工件加工循环过程。

4．电控系统设计

（一）确定输入和输出信号地址

根据法兰盘孔加工专用钻床所需要的输入输出信号数目和类型，在 HWCONFIG 中配

置 4 槽的主背板 AHBP04M1‐5A、电源模块 AHPS05‐5A、CPU 模块 AHCPU510‐EN、一个数字输入模块 AH16AM10N‐5A 和一个数字输出模块 AH16AN01R‐5A，配置结果如图 6‐37 所示。

图 6‐37　HWCONFIG 硬件模块配置图

根据上述液压系统的组成和液压执行机构的动作顺序，电控部分的 I/O 地址分配如表 6‐6 所示。

表 6‐6　　　　　　　　　　　　I/O 地址分配表

输入	元件	功能	输出	元件	功能
X0.0	SF1	启动夹紧按钮	Y0.0	YA1	YG1 前进，夹紧工件
X0.1	BP	压力继电器夹紧压力到设定值（快进信号）	Y0.1	YA3	YG2 快进
X0.2	BG2	快进结束，工进信号	Y0.2	QA	钻头旋转
X0.3	BG3	工进结束，快退信号	Y0.3	YA6	YG3 摆动缸反转（工作台保持不动）
X0.4	BG1	快退结束，转位信号	Y0.4	YA7	YG2 工进
X0.5	BG4	回转到位	Y0.5	YA4	YG2 快退
X0.6	BG5	松开到位	Y0.6	YA5	YG3 摆动缸正转（转位）
			Y0.7	YA2	YG1 后退，松开工件

（二）原理图

根据硬件配置，法兰盘孔加工专用钻床的 PLC 配置原理图如图 6‐38 所示。

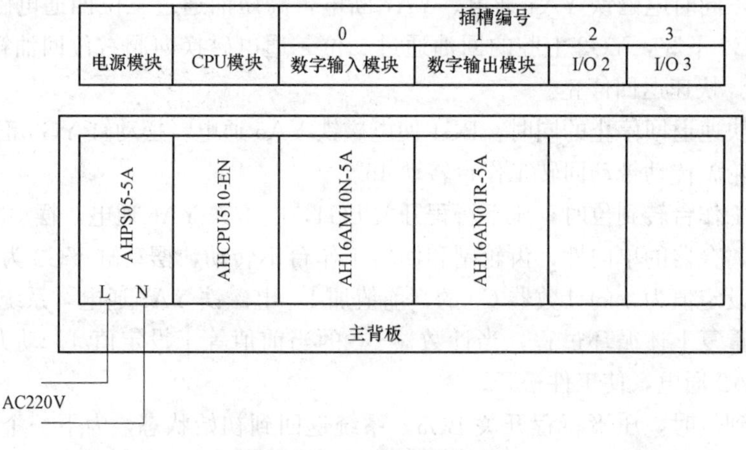

电源模块	CPU模块	插槽编号			
		0	1	2	3
		数字输入模块	数字输出模块	I/O 2	I/O 3

AHPS05-5A　　AHCPU510-EN　　AH16AM10N-5A　　AH16AN01R-5A

L　N

主背板

AC220V

图 6‐38　PLC 配置原理图

PLC 的 I/O 控制电路图如图 6-39 所示。

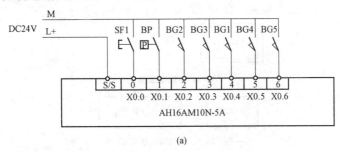

(a)

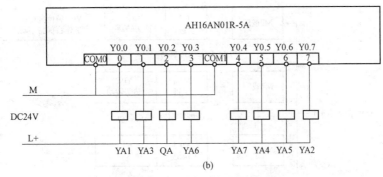

(b)

图 6-39　PLC 的 I/O 电气原理图

(a) PLC 输入控制原理图；(b) PLC 输出控制原理图

（三）顺序控制功能图

由上所述，机床工作过程是有顺序的循环动作，在采用起保停电路设计顺序控制梯形图的方法和以转换为中心的顺序控制梯形图设计方法时，步用辅助继电器 M 表示，在采用 SFC 编程方法时步用 S 装置表示，顺序控制功能图如图 6-40 所示。

（四）使用起保停电路设计顺序控制梯形图的方法

在继电接触器控制系统中介绍过电动机的起动、保持和停止电路，我们通常称这样的电路为起保停电路，转换为梯形图如图 6-41 所示。

其中 X0.0 为起动信号，X0.1 为停止信号，Y0.0 为输出线圈。当 X0.0 为 1、X0.1 为 0 时，输出线圈 Y0.0 接通；松开 X0.0 为 0 时，线圈 Y0.0 通过自身的常开触点仍能"自保持"为接通状态；当接通 X0.1 为 1 后，X0.1 的常闭触点断开，输出线圈 Y0.0 断电，当断开 X0.1 为 0 时，输出线圈 Y0.0 仍旧断电。

根据上述起保停电路的运行原理可知，设计起保停电路的关键是梳理出每步的起动条件和停止条件。为了直观清楚地阐述问题，以本例中的 M3、M4 和 M5 三步为例进行说明，M3 为 M4 的前级步，M5 为 M4 的后续步。根据顺序控制的动作说明，步 M4 转为活动步的起动条件是其前级步 M3 为活动步，并且转换条件 X0.3 接通。在程序设计时把前级步 M3 的位存储器的常开触点和转换条件对应的触点 X0.3（有的场合是逻辑运算程序）串联起来作为起动环节，把后续步 M5 的位存储器的常闭触点作为停止环节，步 M4 的自身常开触点与起动环节并联，实现自保持功能。具体程序参考图 6-42 的区段 5。

输出电路的设计方法如下：

（1）某一输出量仅在某一步中为接通状态 ON，将它的线圈与对应步的存储器 M 的线圈并联。

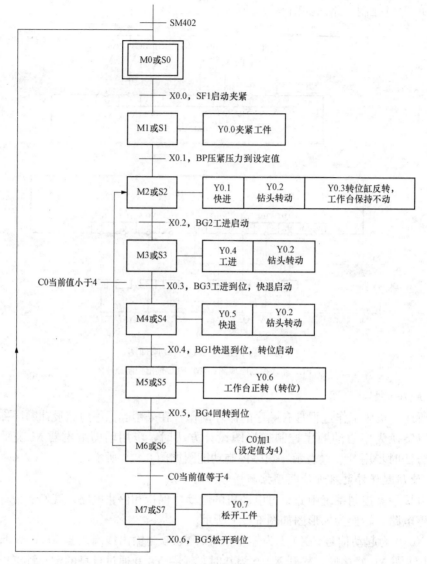

图 6 - 40　专用钻床顺序控制功能图

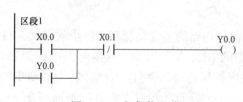

图 6 - 41　起保停电路

（2）某一输出量在几步中都为接通状态 ON，将代表各有关步的存储器位的常开触点并联后，驱动该输出的线圈，如本例中的 M2～M4 的常开触点并联驱动 Y0.2 的线圈。

法兰盘孔加工专用钻床的程序按照上述设计方法进行设计的程序清单如图 6 - 42 所示。

（五）以转换为中心的顺序控制梯形图设计方法

以转换为中心的编程方法顾名思义是从步的执行权的转换角度来编程的，此设计方法非常有规律，每一个转换对应所有前级步的复位和所有后续步的置位程序块，而驱动此程序块的是所有前级步对应位存储器的常开触点与转换条件的串联电路，即起保停电路编程方法中的起动环节。使用这种编程方法时，各步的动作（输出线圈或其他执行指令）由代表步的位存储器的常开触点或若干步的位存储器的常开触点的并联电路来驱动，不能直接与置位和复位指令（程序块）并联。

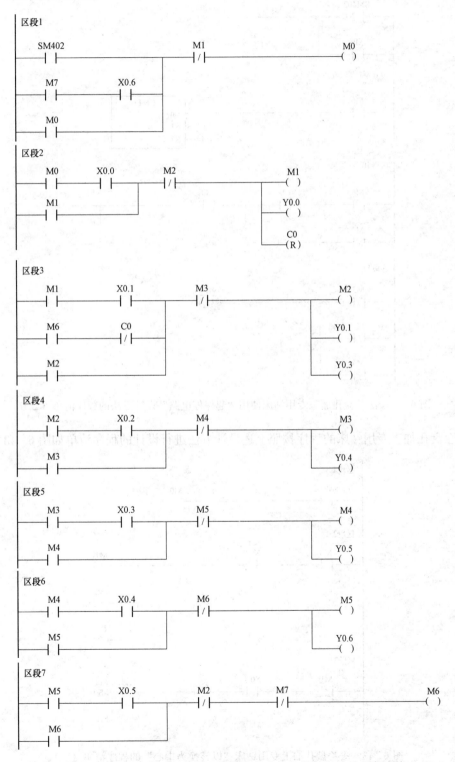

图 6 - 42　法兰盘孔加工专用钻床使用"起保停电路"设计方法的程序清单（一）

区段8

```
  SM402                          C0
───┤├────────────┬──────────────(R)
   M0            │
───┤├────────────┘
```

区段9

```
   M6                    ┌──────CNT──────┐
───┤├────────────────────┤En             │
                    C0 ──┤S1             │
                     4 ──┤S2             │
                         └───────────────┘
```

区段10

```
   M6       C0        M0                  M7
───┤├───────┤├────────┤/├────────────┬────( )
   M7                                 │    Y0.7
───┤├─────────────────────────────────┘    ( )
```

区段11

```
   M2                                  Y0.2
───┤├────────────┬──────────────────────( )
   M3            │
───┤├────────────┤
   M4            │
───┤├────────────┘
```

图 6-42　法兰盘孔加工专用钻床使用"起保停电路"设计方法的程序清单（二）

法兰盘孔加工专用钻床的程序按照上述设计方法进行设计的程序清单如图 6-43 所示。

区段1

```
  SM402                           M0
───┤├─────────────────────────────(S)
```

区段2

```
   M0       X0.0                      M1
───┤├───────┤├──────────────────┬──────(S)
                                │    M0
                                ├──────(R)
                                │    C0
                                └──────(R)
```

区段3

```
   M1       X0.1                      M2
───┤├───────┤├──────────────────┬──────(S)
                                │    M1
                                └──────(R)
```

图 6-43　法兰盘孔加工专用钻床"以转换为中心"的程序清单（一）

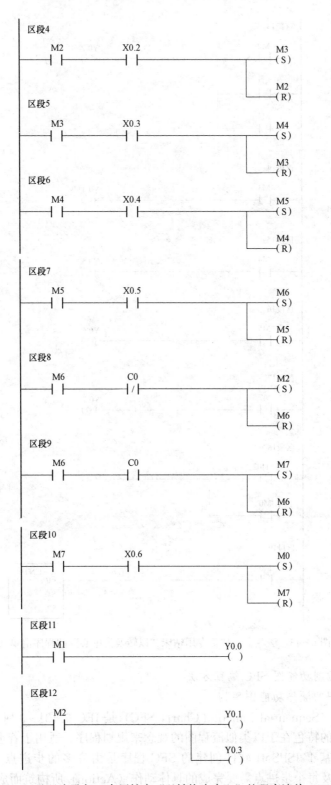

图 6-43 法兰盘孔加工专用钻床"以转换为中心"的程序清单（二）

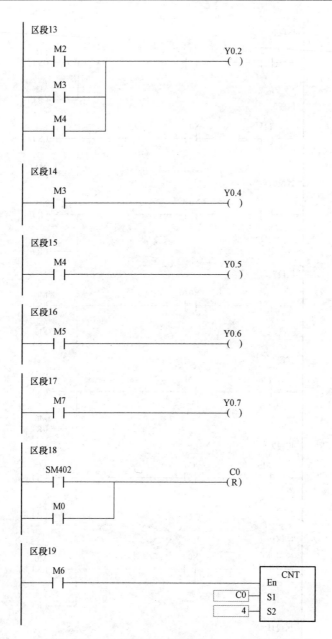

图 6-43　法兰盘孔加工专用钻床"以转换为中心"的程序清单（三）

（六）顺序控制功能图 SFC 编程方法

1. ISPSoft 中的顺序功能图架构

顺序功能图（Sequential Function Chart，SFC）是 IEC 61131-3 所规范的 PLC 编程语言之一，其最大的特色在于以类似流程图的观念来规划程序，适用于着重流程控制及状态转移的控制程序。基于 ISPSoft 软件创建的 SFC 程序是由许多的步进点（STEP）、转换点（Transition）以及每个步进点需要完成的具体动作（Action）所构筑而成，其中步进点的功能类似于流程图的执行程序，而转换点则类似于流程图中的条件判断。

（1）步进点。在 ISPSoft 中，每个步进点都必须配置一个 STEP 类型的变量符号来作为其启动与否的状态标志，每个 STEP 符号都将占用一个 PLC 内部的 S 装置。每个步指定的动作程序 Action 被模块化，可在不同的步进点中被指定，而每一个步进点也可指定一个以上的动作程序。另外，每个动作程序 Action 可以定义其执行方式，即修饰条件，如图 6 - 44（a）所示。动作程序 Action 可用梯形图 LD、指令列表 IL、功能块图 FBD 或结构化语言 ST 来开发编程，建立的 Action 动作程序被列于项目管理区的程序中，如图 6 - 44（b）所示。

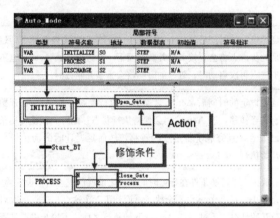
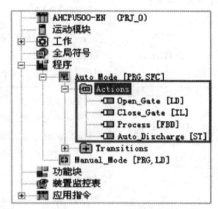

图 6 - 44　步进点和 Action 示意图

在 SFC 的执行过程中，每个步进点都会轮流地被启动且持续循环，因此必须定义一个唯一的步进点作为程序第一次执行的起始位置，而这个步进点便称为初始步进点。在 ISP-Soft 中，初始步进点会以双线的方框来表示，且每个 SFC 程序只能有一个初始步进点。AH500 系列机种可指定 SFC 程序中的任一个步进点作为初始步进点，且在 PLC 启动运转后，当第一次执行至该 POU 时便会自动由指定的初始步进点开始执行，而不需要像 DVP 系列的 PLC 那样必须对 SFC 中的某个步进点的变量符号执行 SET 指令置 1 后，SFC 才会开始运转。

（2）步进点 Action 的执行方式（修饰条件）。在 ISPSoft 中，用户可设置 Action 的执行方式，即设定 Action 的执行条件。例如要在步 Step1 按照相应的条件执行 Action0、Action1 和 Action2，则需在 Action 的设置对话框中作如图 6 - 45 设置。

Action 设置对话框中各部分设置内容含义为：

1）显示步进点名称；

2）选择修饰条件；

3）当选择与时间相关的修饰条件时，在此项设置时间属性；

4）选择 Action 动作程序；

5）批注说明。

AH500 系列机种支持对 Action 设置如下 11 种执行方式（修饰条件），如表 6 - 7 所示。

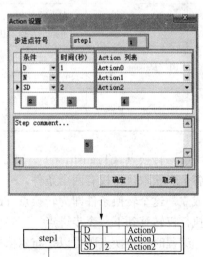

图 6 - 45　Action 的设置对话框及结果图

表 6 - 7   **Action 的修饰条件列表**

序号	修饰条件名称	Action 执行方式
1	N（Normal）	此为一般的执行方式，当步进点启动时，动作便会立即执行；而当步进点失效后，系统便会再执行一次 Final Scan，并将所有的动作与输出停止，除了采用 SET 指令的输出和计数器会保持
2	S（Set）	当步进点启动时，动作便会立即执行，即使步进点因执行权转移而失效，该 Action 仍会保持执行状态
3	D（Delay）	当步进点启动时，需延迟设定的时间后 Action 才会开始执行；但若转换条件在延迟时间到达之前即已成立，则此步进点将会直接关闭并转移至下一步进点，而 Action 也不会执行，且到了下次这个步进点再次启动时，延迟的时间将会重新开始计时
4	SD（Set Delay）	当步进点启动时，需延迟设定的时间后 Action 才会开始执行，而一旦 Action 开始执行之后，不论步进点是否已经转移，该 Action 仍会保持执行状态。此外，即使转换条件在延迟时间到达之前即已成立，且完成了步进点的转移，然而延迟计时的动作仍会继续，并在计时到达之后开始执行 Action 的动作
5	DS（Delay Set）	此条件与 SD 类似，差别在于当转换条件在延迟时间到达之前就已成立时，设置为 DS 条件的延迟计时动作便会停止，且 Action 也不会执行，而到了下次这个步进点再次启动时，延迟的时间便会重新开始计时。不过一旦 Action 开始执行之后，不论步进点是否已经转移，该 Action 仍会保持执行状态
6	L（Limit）	Action 于步进点启动时便会立即执行，但当执行时间到达设置值时，即使步进点尚未转移，Action 还是会自动停止，并执行 Final Scan；而若步进点在时间到达之前即已转移，Action 便会随之停止
7	SL（Set Limit）	当步进点启动时，动作便会立即执行，但会固定执行时间。当 Action 的执行时间已到达设置值时，即使步进点尚未转移，Action 仍会自动停止，并执行一次 Final Scan；而当步进点在时间到达之前即已转移时，Action 还是会等待执行时间到达之后才会停止
8	R（Reset）	停止 Action 并执行 Final Scan
9	P（Pulse）	在步进点启动后的第一个扫描周期，动作便会立即执行，但到了第二个周期时，即使步进点仍在启动状态，所有的动作还是会被停止，并执行 Final Scan
10	P1（Raising Pulse）	设置此条件的 Action 只会在步进点启动后的第一个扫描周期执行一次，且也不会执行 Final Scan 的程序
11	P0（Falling Pulse）	设置此条件的 Action 只会在步进点刚失效的扫描周期中执行一次，且之后也不会执行 Final Scan 的程序

（3）转换点（Transition）。SFC 程序的执行方式是一个步接着一个步地传递执行权，而各个步获取执行权有两个条件，一是前级步为活动步，二是前级步与后续步之间的转换条件成立，这个转换条件即为转换点 Transition，所以转换点决定目前启动中的步进点是否该将执行权转移到下一个步进点。

编程时，转换点既可以是布尔格式的装置或其他变量，也可以是逻辑运算的程序代码。若转换点是一段逻辑运算的输出，则在编辑时便可先将这段运算程序建立为 Transition 程序，之后再将其指定于对应的转换点即可。支持 Transition 程序的语言包括 LD、IL、FBD

与 ST。当采用梯形图 LD 来开发 Transition 程序时，其程序代码只能有一个梯形图区段；当使用 FBD 来开发 Transition 程序时，其程序代码也只可有一个功能块图区段，此两种程序设计语言的最后输出的接点也只能是与该 Transition 程序同名的符号。IL 和 ST 在设计 Transition 程序时代码没有行数限制。以 LD 设计 Tran0 程序的示例如图 6-46 所示，由图可见，建立好的各个 Transition 程序也同样会被列于项目管理区中。

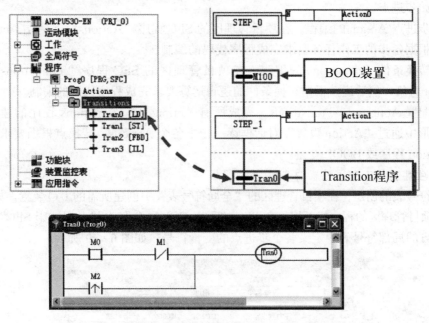

图 6-46　LD 语言设计转换点 Tran0 程序示例

（4）跳跃点。SFC 允许使用跳跃的结构来将程序中的任一个步进点指定为执行权转移的对象，且在 SFC 的图形中至少会有一个跳跃点，也就是在图形最下方决定程序循环起点的位置。

图 6-47 为一个包含选择分支结构的 SFC 程序，此程序包含两个跳跃点，分别跳跃至 STEP0 和 STEP1。当转换点 Tran2 的条件先行成立，执行的路径便会先转移至右侧，而当 Tran4 成立之后，程序便会经由跳跃点转移至左侧的 STEP1，之后待程序执行到左侧最下方且当 Tran5 的转换条件成立时，程序便会重新转移至 STEP0 执行。

2.ISPSoft 中的 SFC 程序创建步骤

在建立 POU 时，在编程语言字段选择"顺序功能图（SFC）"便可建立 SFC 程序。根据具体的控制任务要求，在 HWCONFIG 中完成所需的硬件配置后，创建 SFC 程序的一般步骤如下所述，具体内容参考法兰盘孔

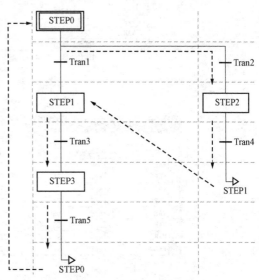

图 6-47　SFC 程序的跳跃点示例

加工专用钻床的 SFC 控制程序。

（1）符号表的创建。此步骤主要完成两个内容，一是在全局符号表中建立系统标志及 IO 配置，二是在 SFC 程序的局部符号表中定义各个步进点的变量符号。

（2）生成 SFC 程序基本框架图形。此步骤主要根据控制对象的顺序控制流程图设计 SFC 程序的基本框架图形，包括根据图形结构新增步进点和转换点、根据需要插入跳跃点和确定初始步进点。

（3）步进点 Action 的编程。在项目管理区的 SFC 程序"Actions"下建立 Action 对象，然后逐一根据各步的工作任务要求完成程序代码的编制。

（4）转换条件 Transitions 的编程。在项目管理区的 SFC 程序"Transitions"下建立 Transition 对象，然后逐一根据转换条件的逻辑运算要求完成程序代码的编制。

（5）配置 Actions 与 Transitions。完成所有 Actions 与 Transitions 程序的建立后，在 SFC 的图形中通过"Action 设置"对话框逐一指定各个 Actions，转换点根据要求选择对应的 Transition 程序或 BOOL 变量。

3. 法兰盘孔加工专用钻床的 SFC 控制程序

（1）符号表的创建。在项目管理区的"全局符号表"中创建所需的 I/O 装置，如图 6-48 所示。在项目管理区的程序栏新增一个 SFC 的程序 POU，命名为"专用钻床 SFC"，在 SFC 编辑器上方的局部符号表中定义各个步进点的变量符号，如图 6-49 所示。

类型	符号名称	地址	数据类型	初始值
VAR	启动夹紧	X0.0	BOOL	FALSE
VAR	夹紧压力到设定值	X0.1	BOOL	FALSE
VAR	工进启动	X0.2	BOOL	FALSE
VAR	工进到位，启动快退	X0.3	BOOL	FALSE
VAR	快退到位，开始回转	X0.4	BOOL	FALSE
VAR	回转到位	X0.5	BOOL	FALSE
VAR	松开到位	X0.6	BOOL	FALSE
VAR	夹紧工件	Y0.0	BOOL	FALSE
VAR	快进	Y0.1	BOOL	FALSE
VAR	钻头旋转	Y0.2	BOOL	FALSE
VAR	摆动缸I反转	Y0.3	BOOL	FALSE
VAR	工进	Y0.4	BOOL	FALSE
VAR	快退	Y0.5	BOOL	FALSE
VAR	摆动缸I转位	Y0.6	BOOL	FALSE
VAR	松开工件	Y0.7	BOOL	FALSE

图 6-48　全局符号表

类型	符号名称	地址	数据类型	初始值	符号注释
VAR	step0	S0	STEP	FALSE	
VAR	step1	S1	STEP	FALSE	
VAR	step2	S2	STEP	FALSE	
VAR	step3	S3	STEP	FALSE	
VAR	step4	S4	STEP	FALSE	
VAR	step5	S5	STEP	FALSE	
VAR	step6	S6	STEP	FALSE	
VAR	step7	S7	STEP	FALSE	

图 6-49　各个步进点的变量符号

（2）创建 SFC 程序基本框架。根据顺序控制功能图创建 SFC 程序的基本框架，初始步进点直接用默认的第一个步进点，SFC 基本程序框架如图 6-50 所示。

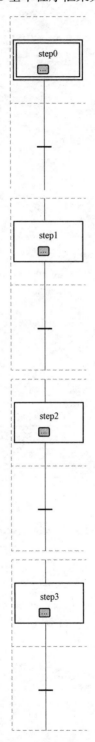

图 6-50　专用钻床 SFC 程序框架图形（一）

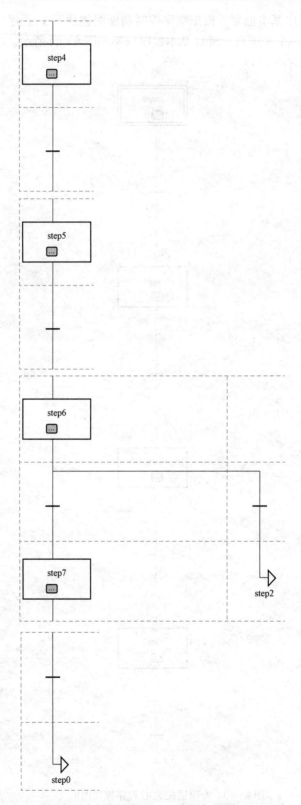

图 6-50　专用钻床 SFC 程序框架图形（二）

（3）步进点 Action 和 Transition 的编程。在项目管理区的"程序"—"专用钻床 SFC"—"Actions"下新增 8 个 Action 程序。在项目管理区的"程序"—"专用钻床 SFC"—"Transitions"下新增 2 个 Transition 程序，如图 6 - 51 所示。本例中所有的转换条件均可以采用 BOOL 变量，但为了能把 Transition 程序也完整地体现出来，本例创建了两个 Transitions，指定于两处转换点。

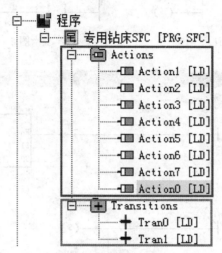

图 6 - 51　Actions 与 Transitions 创建目录

各个 Actions 程序内容如图 6 - 52～图 6 - 59 所示。

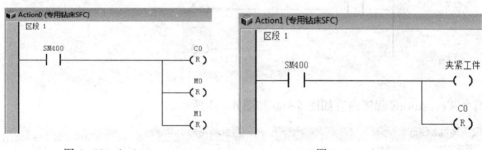

图 6 - 52　Action0

图 6 - 53　Action1

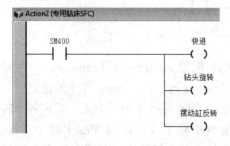

图 6 - 54　Action2

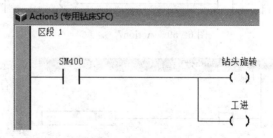

图 6 - 55　Action3

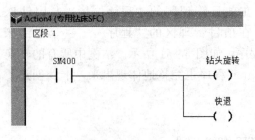

图 6-56 Action4　　　　图 6-57 Action5

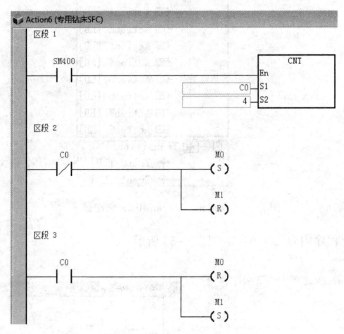

图 6-58 Action6

两个 Transitions 程序内容如图 6-60 和图 6-61 所示。

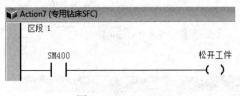

图 6-59 Action7

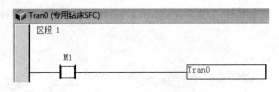

图 6-60 Tran0

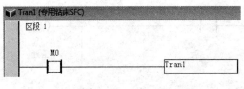

图 6-61 Tran1

（4）配置 Actions 与 Transitions。在完成所有 Actions 与 Transitions 程序的建立后，接着在 SFC 的程序框架图形中逐一指定各个转换点，而其中除了 Tran0 与 Tran1 两个 Transition 之外，其余都采用之前建立的全局符号作为转换点的条件。另外还需逐一在各个步进点中配置其对应的 Action，并指定各个 Action 的修饰条件，本例中各个 Action 的执行修饰条件均采用 N（Normal），即一般的执行方式。

完成配置的 SFC 程序如图 6 - 62 所示。

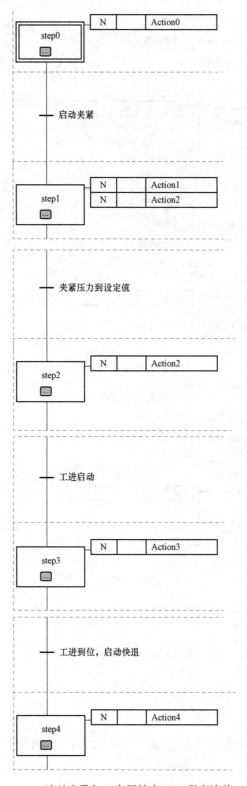

图 6 - 62　法兰盘孔加工专用钻床 SFC 程序清单（一）

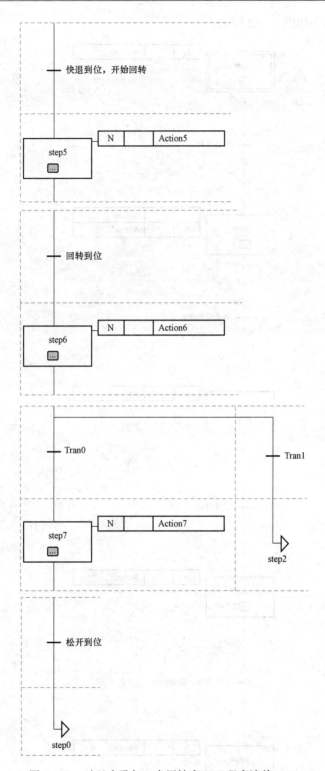

图 6 - 62　法兰盘孔加工专用钻床 SFC 程序清单（二）

6.4　PLC 程序的调试方法

有关于 PLC 与 ISPSoft 通过通信管理工具 COMMGR 建立联机的内容可参阅 7.2.5 小节。本节主要基于上述经验设计法中的实例介绍联机成功后 PLC 控制程序的调试与故障诊断的内容。

6.4.1 在线监控调试

当 ISPSoft 已与主机正常联机或建立并启动了 AH500 仿真器后，我们便可经由在线监控模式来对 PLC 的执行状况进行监控，测试所编制的 PLC 程序功能是否正确。

在线监控的模式又可分为"装置监控"和"程序监控"。"装置监控"可通过监控表或符号表来实时监控主机目前的装置状态；"程序监控"可实时将程序的运作状况显示于程序画面中，监控 PLC 运行时程序的状态。

按下联机模式的图标 ![icon] 即进入在线监控，按下装置监控图标 ![icon] 即可进入装置监控模式，此时联机模式的图标 ![icon] 同时被按下，按下程序监控图标 ![icon] 即进入程序监控模式，当要结束联机模式时再次按下联机模式图标即可。装置监控模式可单独启动，而程序监控模式必须伴随装置监控模式一起启动。

一、程序监控

1. 程序监控状态显示

当进入"程序监控"的状态后，程序的画面实时显示各个装置的状态与当前值，由此可进行相关的除错与测试的工作，显示的画面针对不同的编程语言会有些差异。

梯形图的程序监控画面如图 6-63 所示。

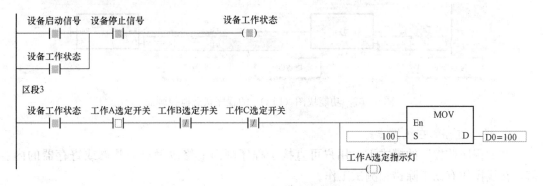

图 6-63　梯形图程序状态监控画面

梯形图中用绿色实心框表示触点、线圈接通，有"能流"流过，用绿色空心框表示装置断开，无"能流"流过。除了观察接点状态外，寄存器的实时值也显示在画面中，如图中的 D0=100。

顺序功能图 SFC 的程序监控画面如图 6-64 所示：

顺序功能图 SFC 程序状态监控画面中以绿色实心框显示的步表示为活动步，正掌握了程序的执行权，绿色空心框表示的步为不活动步。另外绿色空心框表示的 Action 满足了执行条件，正处于执行过程中，黑色框的 Action 表示不在执行过程中。

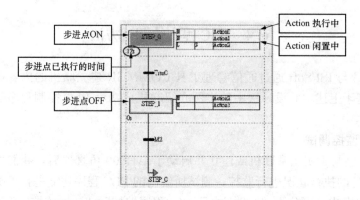

图 6-64　顺序功能图 SFC 程序状态监控画面

指令列表（IL）的程序状态显示、结构化语言（ST）的程序状态显示和功能块图（FBD）的程序状态显示如图 6-65～图 6-67 所示，图中说明了装置的接通、断开等显示状态。

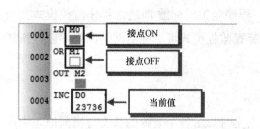

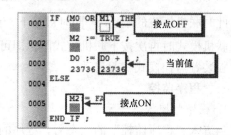

图 6-65　指令列表（IL）的程序状态监控画面　　　图 6-66　指令列表（IL）的程序状态监控画面

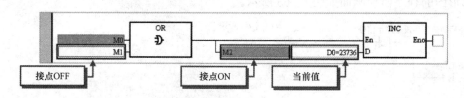

图 6-67　功能块图（FBD）的程序状态监控画面

2. 程序监控的在线操作

在"程序监控"的模式下，用户可直接于程序画面上修改触点的状态或寄存器的内容值，在线操作有助于除错和测试工作。

程序监控支持如表 6-8 中的操作项。

表 6-8　　　　　　　　　　　　　　　在线操作项

序号	操作项	说明
1	设置 ON	将触点状态设置为 ON
2	设置 OFF	将触点状态设置为 OFF
3	上升沿触发	不管被选择的触点状态如何，该操作皆会将该触点先设为 OFF 之后，再设为 ON
4	下降沿触发	不管被选择的触点状态如何，该操作皆会将该触点先设为 ON 之后，再设为 OFF
5	改变当前值	执行此功能后，用户可在"改变当前值窗口"中设置操作数的内容值

序号	操作项	说明
6	强制设置锁住	将 X 或 Y 接点强制锁定在 ON 或 OFF 的状态
7	强制设置装置表	基于"强制设置装置表",批量对 X 或 Y 触点强制锁定 ON/OFF 状态

二、装置监控（符号表监控）

在 ISPSoft 中,每个项目都允许建立一个以上的监控表,而每个监控表最多可建立 100 个监控对象,用户可在离线和在线的状态下完成监控表的建立和监控对象的新增或删减,而所建立的监控表亦将会随着项目一起保存。

（一）装置监控表的生成

装置监控表有 3 种生成方法:

（1）功能工具栏中点选 PLC 主机→符号表监控。

（2）在项目管理区点选"装置监控表"后按下鼠标右键,然后选择"装置监控表"→新增。

（3）按下"符号表监控"图标,在弹出的"新增装置监控表"窗口中输入监控表的名称后按下"确定",在项目管理区的"装置监控表"下便会产生新建的监控表。

不管采用上述哪种方法,新建的装置监控表都会列在项目管理区的"装置监控表"一栏下,如图 6-68 所示。

完整的监控表包含的字段如表 6-9 所示,使用时可以根据需要把一些字段进行隐藏。

图 6-68　装置监控列表

表 6-9　　　　　　　　　　　装置监控表字段说明

序号	字段	说　　明
1	来源	显示变量符号的来源,如全局符号表、POU 的局部符号表
2	符号名称	显示变量符号的名称
3	装置名称	显示监控的装置名称,如 X、Y、M、D、T、C 等
4	状态	若监控的对象为位或接点时,此字段会显示其 ON/OFF 状态
5	数据类型	若监控的对象为变量符号,则此字段会显示该变量符号的数据类型
6	值（16 位）	实际联机监控时,此字段会以 32 位的类型来显示监控值
7	值（32 位）	实际联机监控时,此字段会以 32 位的类型来显示监控值
8	值（32 位浮点数）	实际联机监控时,此字段会以 32 位的浮点数类型来显示监控值
9	数值类型	可选择联机监控时所显示的数值格式
10	批注	显示监控装置的装置批注或监控符号的符号批注

（二）监控对象的加入

监控表里的监控对象既可以是 PLC 支持的各种装置,也可以是编程人员创建的符号变量。当要在监控表中加入装置对象时,在监控表的空白处双击鼠标左键,或直接从键盘输入装置名称之后即出现"输入装置监控"画面,如图 6-69 所示,在该窗口中输入装置起始地址和需要监控的装置数量,按确定就可以了。

当要在监控表中加入符号变量对象时,在监控表中按下鼠标右键,在出现的右键快捷选中点击"选择监控符号",出现如图 6-70 的"符号选取"窗口,然后选择需要添加的符号变量即可。

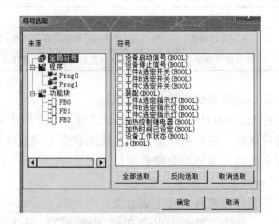

图 6-69 "输入装置监控"对话框　　　　图 6-70 "符号选取"对话框

调试 6.3.1 小节的实例时，按照上述方法在监控表中添加了需监控的装置和符号变量，监控表如图 6-71 所示，隐藏了若干字段。

来源	符号名称	装置名称	状态	数据类型	值(16位)	数值类型
		T0				自动检测
		M0				自动检测
		M1				自动检测
		X0.1				自动检测
		Y0.1				自动检测
		Y0.2				自动检测
		Y0.3				自动检测
		X0.0				自动检测
		Y0.0				自动检测
		D0				自动检测
		Y0.4				自动检测
Global Symbols	工件A选定开关			BOOL		
Global Symbols	工件B选定开关			BOOL		
Global Symbols	工件C选定开关			BOOL		

图 6-71 装置监控表范例

（三）监控表的使用

在线模式下通过监控表可以监控表格中的各个对象。以调试 6.3.1 小节实例为例，此例中 3 种不同的工件加热时间不一样，以加热工件 B 为例，来查看监控表的使用方法。

首先按下系统起动按钮 X0.0，系统起动，此时选择工件 B，存放加热时间的 D0 值为 200，在加热过程中 T0 触点断开，加热控制继电器 Y0.4 接通。当加热时间到，T0 触点闭合，加热过程停止，Y0.4 断开，起动装配工作，即 Y0.0 接通。反应此工作过程的监控表如图 6-72 和图 6-73 所示。

通过上例可看出，采用监控表可以非常直观、及时地查看程序中关键装置和符号变量的状态及值的变化情况，不需要上下翻动程序来查看状态，有利于监控一些工作过程变化快的场合。

另外，监控表也可以与上述"程序监控"一样，可以在线修改监控对象的状态或数值，此部分参考"程序监控的在线操作"。

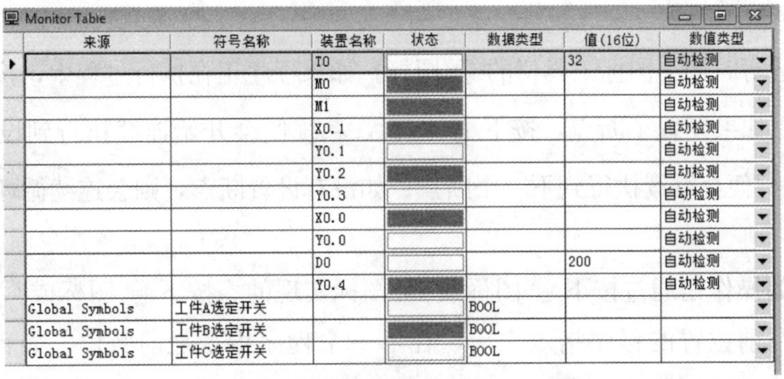

Monitor Table

来源	符号名称	装置名称	状态	数据类型	值(16位)	数值类型
		T0			32	自动检测
		M0				自动检测
		M1				自动检测
		X0.1				自动检测
		Y0.1				自动检测
		Y0.2				自动检测
		Y0.3				自动检测
		X0.0				自动检测
		Y0.0				自动检测
		D0			200	自动检测
		Y0.4				自动检测
Global Symbols	工件A选定开关			BOOL		
Global Symbols	工件B选定开关			BOOL		
Global Symbols	工件C选定开关			BOOL		

图 6-72　工件 B 加热过程中的监控表

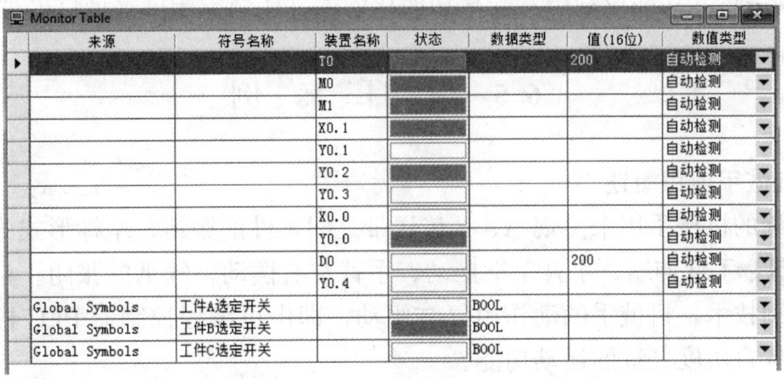

Monitor Table

来源	符号名称	装置名称	状态	数据类型	值(16位)	数值类型
		T0			200	自动检测
		M0				自动检测
		M1				自动检测
		X0.1				自动检测
		Y0.1				自动检测
		Y0.2				自动检测
		Y0.3				自动检测
		X0.0				自动检测
		Y0.0				自动检测
		D0			200	自动检测
		Y0.4				自动检测
Global Symbols	工件A选定开关			BOOL		
Global Symbols	工件B选定开关			BOOL		
Global Symbols	工件C选定开关			BOOL		

图 6-73　加热结束，起动装配工作的监控表

6.4.2　校验模式

系统必须先按下程序监控图标进入“程序监控”模式，并且 PLC 已处于 RNN 状态，才能按下图标进入“校验模式”。进入“校验模式”后，就可以通过图 6-74 的工具栏进行断点设置，在程序调试时实现程序的断点操作、连续运行和单步运行。

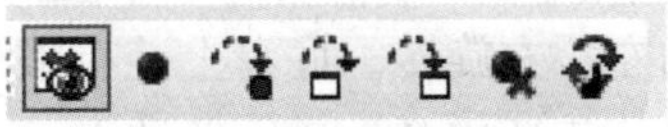

图 6-74　校验模式工具栏

1. 断点操作

在 AH500 系列机种中，一个项目程序（包含所有 POU）最多可设置 10 个断点。断点设置时，请先于程序画面中点选欲设置的位置，然后按下图标工具栏的图标便可加入断点；同样的，在已设置断点的位置上再次按下图标则可将该断点取消。断点设置如图 6-75 所示。当程序中设置断点时，每一次按下图标工具栏的图标，系统便会自动执行程序至下一个断点后暂停。当要清除所有断点时，按下图标即可。

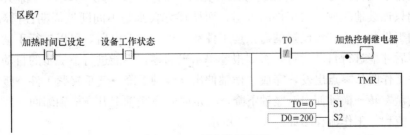

图 6-75　断点设置示例

2. 连续运行

需要连续运行时按下图标工具栏的 ⚙ 图标，如果程序正在执行过程中，按下 ⚙ 图标可停止程序的执行。如果设置了断点，按下 ⚙ 图标，系统便会开始连续执行到设置断点处暂停，再次按下 ⚙ 图标便会继续执行到下一个断点；如没有设置断点，则会连续循环扫描运行。

3. 单步运行

单步运行的操作是通过按下 ⬛ 图标或 ⬛ 图标实现的。按下 ⬛ 图标或 ⬛ 图标后，系统便会在执行完目前位置的程序指令之后，在下一个程序指令之前暂停。如程序中有功能块时，按下 ⬛ 图标便会直接执行完功能块的功能，跳出功能块暂停在下一个程序指令前；而按下 ⬛ 图标则会进入功能块当中，并在功能块内部程序指令中继续进行单步执行。

6.5　项　目　案　例

6.5.1　机械手项目概述

本项目设计的机械手用来实现 A、B 传送带之间工件的搬运，坐标形式为圆柱坐标，有 4 个自由度，即：手臂伸缩、手臂上下摆动、手臂左右摆动、气爪的张闭。机械手的驱动方式采用气动控制技术，机械手的动作由气缸驱动，即由可编程控制器 PLC 控制电磁阀线圈的通断电实现各自由度气缸的运动功能。

手爪采用二指式手爪，工件夹紧与否由压力继电器来检测，当夹紧到位即工件夹持平稳时，压力继电器的常开触点闭合。手爪抓重不超过 0.5kg。

机械手躯干由底盘和手臂两大部分组成。

底盘是支撑机械手全部重量并能带动手臂旋转的机构。底盘采用摆动缸驱动，实现底盘的左、右旋转。底盘上装有限位检测开关完成回转角度的限位，回转角度范围为 0°～ 180°，以便于适应 A、B 传送带之间不同的相对位置。

手臂是机械手的主要部分，它是支撑手爪、工件并使它们运动的机构。本设计中手臂由横轴和竖轴组成，由水平气缸和垂直气缸完成机械手手臂的伸缩、升降运动。横轴伸缩范围为 0～300mm，竖轴升降范围为 0～200mm。

6.5.2　机械手的工作流程

机械手工作模式有回零和运行两种。机械手初始位置在零点位置，零点位置设为底盘右侧限位处、竖轴上升限位处、横轴缩回限位处、手爪张开位置，零点条件的满足由各自由度的位置限位开关触发。运行模式又有手动和自动两种，手动主要由各手动按键完成机械手位置的调整；自动运行又分单周期控制方式和循环控制方式，每次自动运行都从零点开始运行，单周期只连续地完成一次工件的搬运，而循环方式则是不间断地周期性循环搬运工件，直至搬运的工件数已达到预设置的需搬运工件数。机械手上电后，可以进行手动操作，但必须是在回零后才能进行自动运行，否则报警提示未回零，不能进行下一步的自动运行操作。

机械手工作时从零点出发，完成"横轴伸出→竖轴下降→气爪夹紧工件→竖轴上升→横轴缩回→底盘左转→横轴伸出→竖轴下降→气爪张开→竖轴上升→横轴缩回→底盘右转→零点"的工作流程。工作流程图如图 6-76 所示。

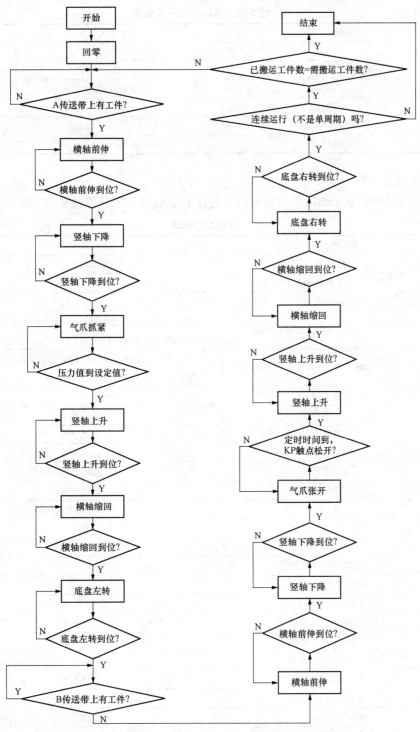

图 6-76 机械手的工作流程

6.5.3 硬件配置

1. 硬件配置

本项目的硬件选型如表 6-10 所示，在 HWCONFIG 中的硬件模块配置如图 6-37 所示。

表 6 - 10　　　　　　　机械手电气控制系统硬件配置

序号	产品名称	系列/型号	数量
1	电源	AHPS05 - 5A	1
2	主背板	AHBP04M1 - 5A	1
3	CPU	AHCPU510 - EN	1
4	数字输入模块	AH16AM10N - 5A	1
5	数字输出模块	AH16AN01R - 5A	1
6	触摸屏	DOP - B10S411	1

2. I/O 地址分配

根据机械手控制系统的输入、输出信号进行 I/O 地址分配，如表 6 - 11 所示。

表 6 - 11　　　　　　　　　I/O 地址分配表

输入		备注
X0.0	急停开关 SF0	
X0.1	启动开关 SF1	
X0.2	停止开关 SF2	
X0.3	工件检测开关（A 传送带）BG0	工件的来源地（A 传送带），如无工件，则机械手竖轴不下降取工件，直至此位有工件
X0.4	工件检测开关（B 传送带）BG1	运送工件的目的地（B 传送带），如有工件，则机械手竖轴不下降释放工件，直至此位无工件
X0.5	底盘右限位	微动开关
X0.6	底盘左限位	微动开关
X0.7	横轴正限位	微动开关
X0.8	横轴负限位	微动开关
X0.9	竖轴正限位	微动开关
X0.10	竖轴负限位	微动开关
X0.11	BP 触点	气爪夹紧压力继电器
输出		备注
Y0.0	气泵启动 QA	
Y0.1	故障指示灯 EA0	
Y0.2	正常工作指示灯 EA1	
Y0.3	机械手原点指示灯 EA2	
Y0.4	电磁阀 YV0 通电	手爪放松
Y0.5	电磁阀 YV1 通电	手爪夹紧
Y0.6	电磁阀 YV2 通电	横轴伸出
Y0.7	电磁阀 YV3 通电	横轴缩回
Y0.8	电磁阀 YV4 通电	竖轴上升
Y0.9	电磁阀 YV5 通电	竖轴下降
Y0.10	电磁阀 YV6 通电	底盘左转
Y0.11	电磁阀 YV7 通电	底盘右转

6.5.4　人机界面

根据机械手的控制模式和现场的操作要求，采用了基于触摸屏设计操作面板的方案。在开关操作面板上放置机械手电气控制系统运行所需要的运行控制键，如图 6 - 77 所示。控制方式选择开关有回零和运行状态，运行方式选择开关有手动控制操作和自动操作状态，自动控制操作有单周期和循环模式。手动控制操作安排了上升/下降按键、伸出/缩回按键、手爪夹紧和放松按键、底盘正转和反转按键。

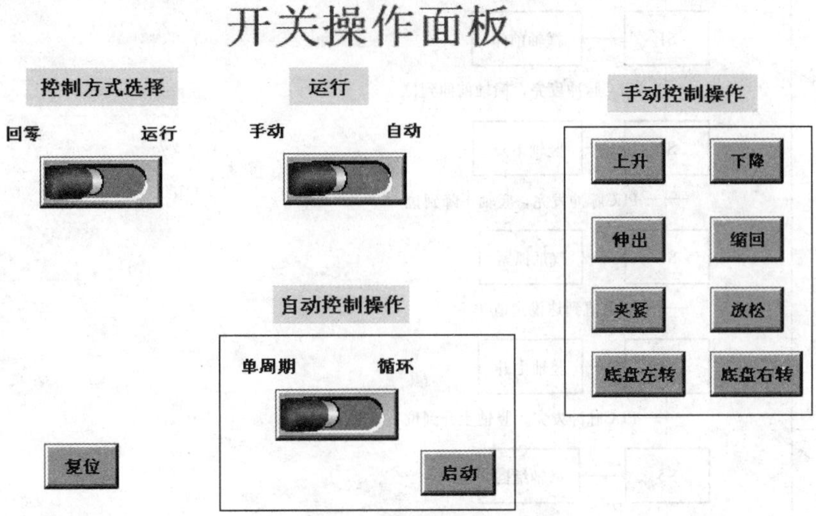

图 6 - 77　机械手开关操作面板

为了增加机械手运行的柔性，在人机界面上可以根据具体应用场合提供一些运行参数的设置，如搬运工件数等。另外，为了能实现对机械手运行过程的监控，可以设计状态监控画面、报警画面等。

6.5.5　编程

根据本章 6.1 介绍的程序创建方法新建 2 个 POU 程序，Task 分配为周期（0），然后新建 2 个 FB 功能块程序，根据条件进行调用。一个 POU 编程语言为梯形图 LD，完成初始化、急停和报警程序，以及按照一定的执行条件调用 2 个功能块程序，即回零程序和手动方式功能程序。另一个 POU 编程语言为 SFC，完成机械手自动控制方式功能程序，包括单周期和循环运行功能模块。创建的程序目录如图 6 - 78 所示。

初始化功能完成系统的参数设置，状态位的复位；急停功能完成当发生紧急情况，按下急停按钮时系统所要完成的工作任务；报警程序结合人机界面的报警画面，当系统运行发生故障时及时发布报警信息进行提示，并对系统的运行做安全处理。回零程序完成机械手各轴的回零点的操作。手动方式程序完成断电回位、设备出现故障时的位置调整，按下

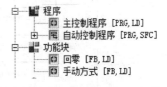

图 6 - 78　机械手 PLC 控制
程序目录

开关操作面板人机界面中各手动操作控制键，执行各自由度的手动操作任务。自动控制方式程序自动地无人干预地完成若干工件运送任务。由于机械手自动运送工件步骤很规范、很清晰，所以自动控制方式程序采用本章 6.3.2 介绍的顺序功能图 SFC 的程序设计方法，并且在每一步中均加上手动或自动的开关条件，以便在自动方式下局部手动调整机械手的位置；其他的程序可以采用 6.3.1 介绍的经验设计方法。

自动控制方式的顺序控制功能图如图 6 - 79 所示。

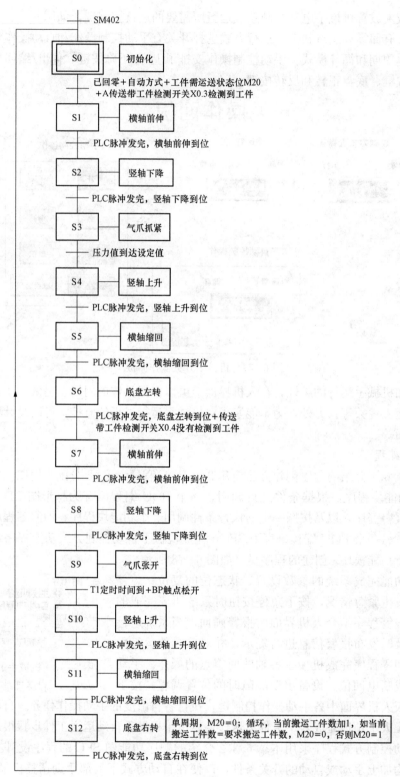

图 6-79　机械手自动运行方式顺序控制功能图

说明：为了实现自动控制方式下的单周期和循环方式的区别运行，设置了辅助继电器

M20，当人机界面的方式选择开关选择自动控制方式，并且自动方式启动开关按下一次，即置 M20 为 1，此置位指令在主控制 POU 程序中实现，而不在 S0 步中。这样，在搬运过一个工件回到 S0 步时，就可以按照系统的单周期或循环方式正确运行了。

　　详细的程序清单读者可以自行完成。

　　6-1　某设备有两套供水系统，可根据不同的工作要求起动，系统 1 有水泵 1、2；系统 2 有水泵 3、4。满负荷工作时，两系统同时工作，一般情况下单系统工作，可通过选择开关 SF1、SF2 进行工作状态设定。系统中，水泵 1（QA1）起动后，水泵 2（QA2）方可起动，同样水泵 3（QA3）起动后，水泵 4（QA4）方可起动。请根据题意给出 I/O 地址分配表，并编写 PLC 控制程序。

　　6-2　请用起保停的程序设计方法设计出图 6-80 所示的顺序功能图梯形图，T0 定时 5s。

　　6-3　请用以转换为中心的程序设计方法设计出图 6-81 所示的顺序功能图梯形图。

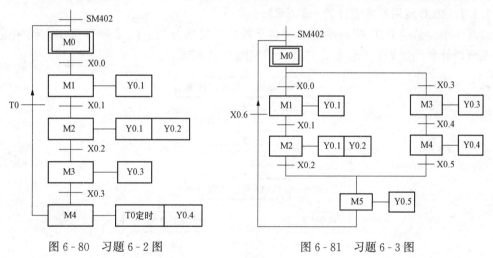

图 6-80　习题 6-2 图　　　　　　　　　图 6-81　习题 6-3 图

　　6-4　请用顺序功能图 SFC 的程序设计方法设计出图 6-82 所示的顺序功能图梯形图。

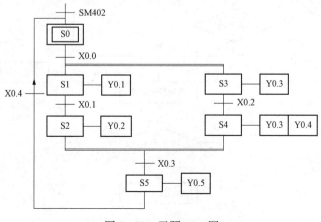

图 6-82　习题 6-4 图

第 7 章　AH500 系列 PLC 的综合应用设计

7.1　PLC 应用系统设计的步骤

　　任何工控装置和系统都是为了实现生产过程的控制要求和工艺要求，在接到一个控制任务后，要分析被控对象的控制过程和要求，看看用什么控制装备。PLC 最适合的控制对象是工业环境较差，而对安全性、可靠性要求较高，系统工艺复杂，输入/输出以开关量为主的工业自控系统或装置。另外，随着 PLC 的处理速度大大提高，开发了很多种智能模块，使 PLC 在各类工业控制行业不仅能进行逻辑控制，在模拟量闭环控制、数字量的智能控制、数据采集、监控、通信联网及集散控制系统等各方面都得到了广泛应用。

7.1.1　PLC 应用系统设计的一般步骤

　　设计一个完整的 PLC 控制系统一般包括被控对象的分析、PLC 硬件选型、程序设计、硬件系统设计和调试等几个步骤，详细步骤如图 7-1 所示。

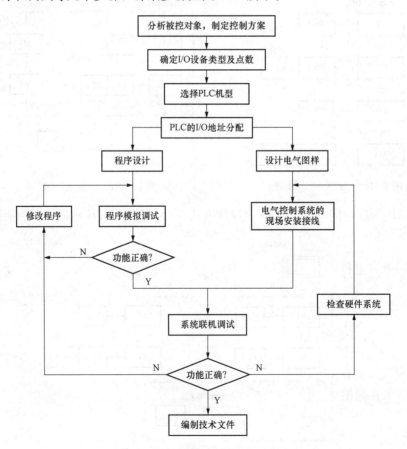

图 7-1　PLC 应用系统设计的一般步骤

1. 分析被控对象，制定控制方案

详细了解和分析被控对象的生产工作过程、工艺条件，了解机械、电气、液压和气动之间的关系，明确工作过程中动作的条件、动作顺序和联锁保护以及系统的操作方式，根据被控对象的工作特点和控制要求，梳理出被控对象对 PLC 控制系统的控制要求。一般 PLC 适用于四种控制类型，即顺序控制、过程控制、运动（位置）控制和网络通信等，考虑被控对象控制流程的控制类型，制定出对应的控制方案，使得控制系统在满足控制要求的基础上，经济实用，维修方便。系统功能还需留有适当的冗余量，主要考虑 PLC 的 I/O 点的数量，以利于系统的后续调整和扩充。

2. 确定 I/O 设备类型及点数

PLC 的输入设备有常用的开关量式的按钮、微动开关、转换开关、继电器触点、接近开关、数字拨码开关等，还有模拟量输入式的电位器、测速发电机和测量现场模拟量参数的各种传感器。PLC 的输出设备有开关量式的电磁阀、接触器、继电器以及各种状态指示灯，还有模拟量式的调速装置和调节阀等。I/O 点的性质除了需要确定开关量和模拟量外，还需确定是直流型的还是交流型、电压等级、电流容量、工作速度（如高速脉冲）等因素。

总之，根据系统的控制要求和现场需要，此步骤需要确定用户所需的输入和输出设备类型，确定需要的 I/O 点数。

3. 选择 PLC 机型

根据第二步选择具有合适输入/输出接口电路的 PLC 机型，I/O 模块，智能模块和电源等，此步骤可以从功能、价格、技术人员的喜好等因素方面进行选择考虑。

针对不同的应用场合，对 PLC 选型时需要进行相关因素的侧重考虑。如顺序控制中，PLC 的程序容量和 I/O 点的扩展能力是 PLC 选型的主要因素。过程控制中，模拟量的数量和模拟量的精度是 PLC 选型的主要因素。运动控制中，PLC 需要发出一定频率的脉冲来控制步进电机或伺服电机，还需要接收编码器反馈的现场移动部件的速度、位置信号，所以 PLC 处理数据的速度、输入接口接收高速脉冲的能力和输出接口发送高速脉冲的能力成为 PLC 选型的主要因素。大型复杂的控制对象，需要使用不同的 PLC 组网，所以 PLC 支持的网络类型成为 PLC 选型的主要因素。

4. PLC 的 I/O 地址分配

输入/输出信号在 PLC 接线端子上的地址分配是进行 PLC 控制系统设计的基础。I/O 地址分配以后才可进行 PLC 程序的设计；I/O 地址分配以后才可绘制电气原理图、安装接线图。分配输出点地址时，要注意负载类型与 PLC 或扩展模块的输出接口电路相匹配的问题。

I/O 地址分配时最好把 I/O 点的名称和地址以表格的形式列写出来。

5. 硬件系统与软件系统设计

硬件系统设计主要包括低压电器元件的选型，电气原理图、控制柜和操作面板的电器位置布置图与安装接线图的绘制，抗干扰措施的设计，以及电气控制系统的现场安装接线。

软件系统设计包括绘制程序流程框图，编制 PLC 控制程序及程序注释，以及控制程序的模拟调试及修改，验证程序功能的正确性。

硬件系统设计与软件系统设计可以同步进行，以缩短开发周期。

6. 系统联机调试

联机调试时，把模拟调试好的程序下载到现场的 PLC 中进行调试。为了安全起见，一般调试时，先将主电路断电，只对控制电路进行联调，即 PLC 负载先带上灯、继电器线圈或接触器线圈，通过现场联调信号的接入常常还会发现软硬件中的问题，遇到这种情况，需要对硬件和软件进行调整和修改，反复测试系统正常后再带上实际负载进行运行，全部调试正常后，才能最后交付使用。

7. 编制技术文件

系统完成后及时整理技术材料并存档，技术材料包括设备设计说明书（电气原理图、位置布置图、安装接线图、元器件清单表）、设备使用说明书等。

7.1.2 基于 ISPSoft 编程软件的项目开发步骤

ISPSoft 是台达新一代的可编程控制器（PLC）开发工具，基于 ISPSoft 进行项目开发的一般步骤如图 7-2 所示。

图 7-2　ISPSoft 项目开发步骤

1. 硬件组态

AH500 系列机种的硬件组态在 HWCONFIG 工具中完成，HWCONFIG 为附属于 ISP-Soft 的硬件规划工具，其功能包括模块背板的配置、CPU 主机参数的设置、模块参数的设置、硬件参数管理及在线诊断。模块背板的配置包括模块的增减、模块地址的配置等；PLC 主机参数包括 CPU 基本参数（名称、系统和停电保持区）、串行端口（COM Port）参数、以太网络（Ethernet）基本参数和进阶参数；模块参数可以为每个配置的模块设置其内部参数，从而决定各个模块在实际运作时表现出来的功能与特性。

2. 网络规划

NWCONFIG 为 ISPSoft 所提供的网络规划工具，当所应用的系统有运用网络架构或是装置之间的数据交换时，使用者通过 NWCONFIG 可轻易进行整个项目的网络架构，建立数据交换机制。

NWCONFIG 工具主要负责以下三方面的工作：

（1）项目的网络部署，建立数据传送路径。

（2）规划由 RS485 的连接来进行数据交换的网络机制 PLC Link。

（3）规划由 Ethernet 的连接来进行数据交换的网络机制 Ether Link。

3. 程序设计

使用者可以根据控制对象的控制要求在 ISPSoft 的程序编辑器上撰写控制程序，程序设计有梯形图 LD、顺序功能图 SFC、功能块图 FBD、指令列表 IL 和结构化语言 ST 等实现方法，程序完成之后进行编译，完成语法和结构的确定。当编译产生错误时，利用编译信息区的引导功能，使用者可快速移动至产生错误的位置以进行程序代码的确认；当检查没有错误时自动生成 PLC 运行的执行码。

4. 测试与除错

此阶段首先需完成 ISPSoft 软件与主机的联机，然后将编译完成的程序、硬件与网络的组态参数下载至 PLC，最后利用 ISPSoft 所提供的各种在线监控功能（装置监控和程序监控）对 PLC 的执行状况进行监控，完成测试与除错的工作。

7.2 入门级项目开发——大楼供水控制系统设计

本节以一常见工程项目为例，展示使用台达 AH500 中型 PLC 开发一项自动化任务的基本步骤，由一步一步地操作，将一个项目从建立新项目到下载至 PLC 主机执行的完整项目开发过程展示出来。

7.2.1 项目控制要求及任务分析

1. 项目控制要求

有大楼供水系统如图 7-3 所示，自来水自动补入地下水池，然后由水泵输送至顶楼的水塔内，利用重力分送到各楼层使用。水泵的起停依据地下水池与顶楼水塔的液位开关来控制。为监测自来水的供水情形，在地下水池装有压力式液位计，以便监视地下水池的蓄水容量。

2. 控制系统的输入输出装置与信号

（1）地下水池的单点式液位开关：信号（Low）接点会连接至数字输入模块。

（2）顶楼水塔的两点式液位开关：信号（Low & High）接点会连接至数字输入模块。

（3）地下水池压力式液位计：水位信号（Level）接点会连接至模拟输入模块（0～10V 对应水位深度 0.0～10.0m，0V 代表 0.0m、10V 代表 10.0m）。

（4）水泵电机。按一般的通用设计，水泵电机的控制通常需要占用三个输入点和一个输出点，三个输入点分别连接为电机远程控制按钮、电机

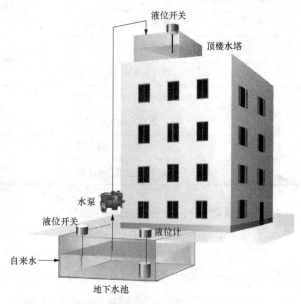

图 7-3 大楼供水系统示意图

运转按钮、异常情况按钮，一个输出点连接水泵电机交流接触器线圈，以控制电机得电与否。

3. 控制系统的硬件模块配置

根据以上分析，控制系统的硬件模块配置如表 7-1 所示。

表 7-1 大楼供水 PLC 控制系统硬件模块配置列表

序号	AH500 系列产品名称	系列/型号	数量(台/组)	模块说明
1	PLC 主机	AHCPU530-EN	1	基本型 CPU 模块，内建以太网、RS-485、USB 通信卡
2	电源模块	AHPS05-5A	1	100～240VAC，50/60Hz 电源模块

续表

序号	AH500 系列产品名称	系列/型号	数量（台/组）	模块说明
3	主背板（8 槽）	AHBP08M1 - 5A	1	
4	数字输入模块 16 点	AH16AM10N - 5A	1	规划地址：X0.0～X0.15
5	数字输出模块 16 点	AH16AN01R - 5A	1	规划地址：Y0.0～Y0.15
6	模拟输入输出混合模块（6 通道）	AH06XA - 5A	1	4 输入通道，规划地址：D0～D7 2 输出通道，规划地址：D100～D103

4. PLC 的 I/O 列表

PLC 输入输出 I/O 列表如表 7 - 2 所示。

表 7 - 2　　　　　　　　　　　　　　PLC 输入输出 I/O 列表

序号	输入信号地址	信号说明	输出信号地址	信号说明
1	X0.0	地下水池的 Low 液位	Y0.0	水泵的交流接触器线圈
2	X0.2	顶楼水塔的 Low 液位		
3	X0.3	顶楼水塔的 High 液位		
4	X0.5	水泵的远程控制按钮		
5	X0.6	水泵的运转按钮		
6	X0.7	水泵异常按钮		
7	D0	地下水池的 Level 值		

7.2.2　新建 ISPSoft 程序与硬件规划

1. 新建 ISPSoft 程序项目

步骤 1：开启 PC 端的 PLC 编辑软件 ISPSoft，进入软件主画面，见图 7 - 4 所示（开始→所有程序→Delta Industrial Automation→PLC→ISPSoftx.xx→ISPSoftx.xx）。

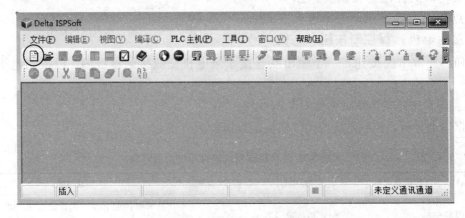

图 7 - 4　ISPSoft 软件主画面

步骤 2：点击图 7 - 4 画面中［新项目］按键新增一个项目，在弹出的［建立新项目］对话框中，分别填入项目名称、PLC 机种以及项目文件存储路径，如图 7 - 5 所示。按下确定键后，会显示整个项目主环境，如图 7 - 6 所示，左上角会显示项目名称 SPW，一个项目建立完成。

图 7 - 5　建立新项目对话框

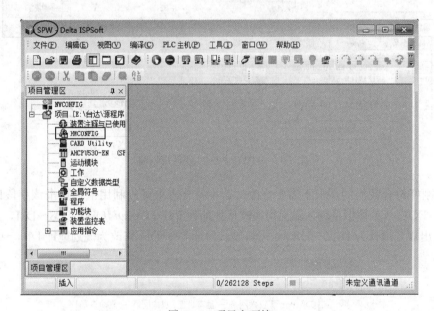

图 7 - 6　项目主环境

2. 项目的硬件规划

鼠标双击左侧项目管理区中的 HWCONFIG（硬件规划）图标与文字，如图 7 - 6 所示，开启硬件规划窗口，如图 7 - 7 所示。

（1）首先在图 7 - 7 中输入批注文字，以便项目分享。

（2）然后双击 CPU 模块，开启 PLC CPU 参数设定窗口，如图 7 - 8 所示，在窗口中填入图 7 - 8 所示相应内容，然后按下「确定」，关闭此对话框。

（3）接着放置模块，在图 7 - 7 左侧的产品列表窗口，找到第一个模块 AH16AM10N—5A 数字输入模块，将模块拖曳到 I/O 0 的位置后放开。依照同样的方式将 AH16AN01R—5A 数字输出模块置入 I/O 1 的位置，将 AH06XA—5A 模拟量输入输出模块置入 I/O 2 的位置。

（4）模块放置后，系统会自动配置地址，默认值由 0 开始，所以 AH16AM10N—5A 数字输入模块默认地址为 X0.0～X0.15，AH16AN01R—5A 数字输出模块默认地址为 Y0.0～

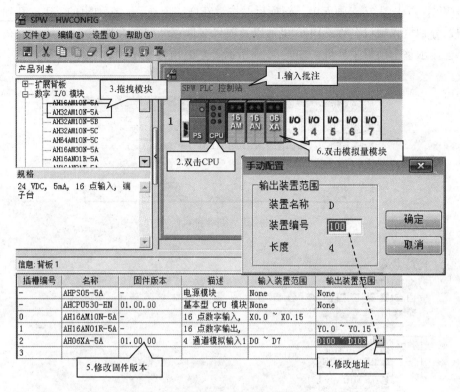

图 7-7　HWCONFIG 硬件规划窗口

Y0.15，刚好符合我们的需求不需要修改，若不符合需求可以利用鼠标点击该字段以进行修改。AH06XA—5A 模拟量输入输出模块默认地址为 IN：D0~D7/OUT：D8~D11，在本项目中模拟输出规划地址为 D100~D103，需将默认地址 D8~D11 修改为规划地址 D100~D103。

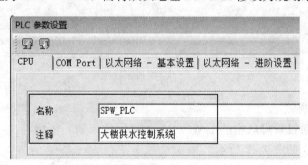

图 7-8　CPU 模块参数设置窗口

（5）除了指定装置的地址范围之外，模拟量输入输出模块还须依据模块的实际版本指定对应的固件版本。

（6）模拟量输入输出模块还必须设定信号类型与工程值转换关系，这样才算完成基本设定。双击模拟量模块，开启对应的参数配置窗口，如图 7-9 所示。在本项目中地下水池压力信号为 0~10V 电压信号，对应水池深度范围 0.0~10.0m，具体设置参见图 7-9 所示，其他设定可保持预设值不变，然后按下确定。

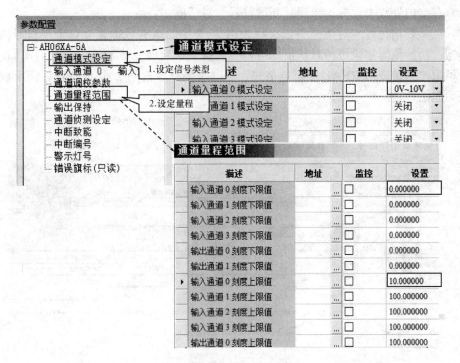

图 7 - 9　模拟量模块参数配置

至此，硬件架构部分规划完成，请存盘后关闭窗口离开，回到软件项目主画面。

7.2.3　建立全局符号和功能块

1. 建立全局符号

为了增加程序的可读性以及编程、调试的便利性，一般会给实体 I/O 的地址再配置一个全局符号名称，全局符号表支持汇入导出的功能，针对中大型系统点数较多的情形，可以利用 Excel 等软件便利快捷地建立和编辑全局符号表。本项目例子中的全局变量符号见表 7 - 3 所列。

表 7 - 3　　　　　　　　　　全局符号表

地址	符号	数据类型
X0.0	Tank _ B1F _ LSW BOOL	BOOL
X0.2	Tank _ RF _ LSW BOOL	BOOL
X0.3	Tank _ RF _ HSW BOOL	BOOL
X0.5	SPP01 _ Remote BOOL	BOOL
X0.6	SPP01 _ Run BOOL	BOOL
X0.7	SPP01 _ Trip BOOL	BOOL
Y0.0	SPP01 _ Start BOOL	BOOL
D0	Tank _ B1F _ LT	REAL

将表 7 - 3 中的各全局变量按要求输入，建立全局符号表，步骤如下：

（1）首先双击主画面左侧［项目管理区］的［全局符号］的图标与文字，弹出［全局符号］窗口，如图 7 - 10 所示。

（2）在空白处双击鼠标，出现［新增符号］对话框。

（3）在［新增符号］对话框中依次将表格 7-3 中的所有数据建立在全局符号内，其中关于类型、初始值等字段维持默认值即可，然后按下确定键完成输入，完成后应如图 7-11 所示。模拟输入量使用 REAL 浮点数格式，所以一个符号占用 2 个 D 装置，而字段内所填的地址为起始地址。

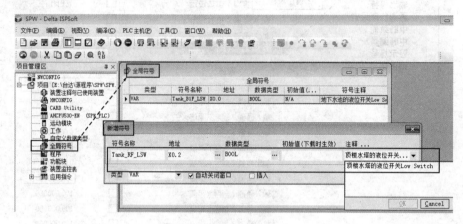

图 7-10　建立全局符号表

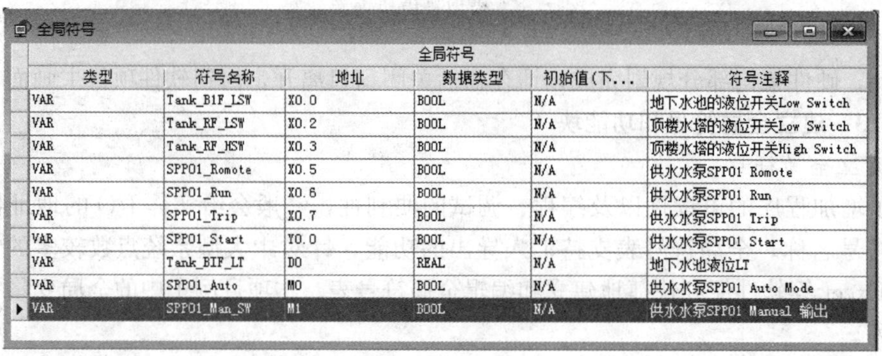

类型	符号名称	地址	数据类型	初始值(下...	符号注释
VAR	Tank_B1F_LSW	X0.0	BOOL	N/A	地下水池的液位开关Low Switch
VAR	Tank_RF_LSW	X0.2	BOOL	N/A	顶楼水塔的液位开关Low Switch
VAR	Tank_RF_HSW	X0.3	BOOL	N/A	顶楼水塔的液位开关High Switch
VAR	SPP01_Romote	X0.5	BOOL	N/A	供水水泵SPP01 Romote
VAR	SPP01_Run	X0.6	BOOL	N/A	供水水泵SPP01 Run
VAR	SPP01_Trip	X0.7	BOOL	N/A	供水水泵SPP01 Trip
VAR	SPP01_Start	Y0.0	BOOL	N/A	供水水泵SPP01 Start
VAR	Tank_B1F_LT	D0	REAL	N/A	地下水池液位LT
VAR	SPP01_Auto	M0	BOOL	N/A	供水水泵SPP01 Auto Mode
VAR	SPP01_Man_SW	M1	BOOL	N/A	供水水泵SPP01 Manual 输出

图 7-11　全局符号表

2. 建立功能块

在项目开发过程中，可以先建立功能块的程序部分，也可以先建立主流程的程序部分，没有绝对的先后顺序关系，不过建议先开发功能块会比较节省程序开发时间，尤其是常常重复使用的功能。

因为一个大楼不会只有一套这样的供水系统，通常会有两套以上的设计，所以在本例中把水池、水塔、与水泵的控制关系写成功能块（FB），使用功能块的方式，在程序上只需要更换功能块 Input 与 Output 接脚的变量，就等于完成第二套系统的开发。

（1）首先在主画面左侧的［项目管理区］内找到［功能块］的图标与文字，利用鼠标右键的方式选择［新增］，弹出建立功能块对话框，如图 7-12 所示。

（2）按图 7-12 所示填入 POU 名称与注释，其余可保持默认值并按下确定。这样在主画面就可以看到功能块的程序编辑窗口，如图 7-13 所示。

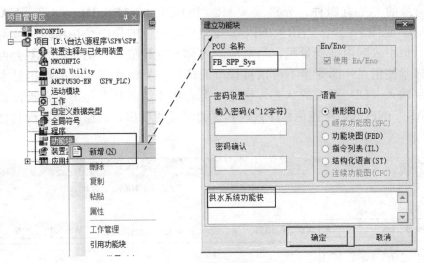

图 7 - 12　新建功能块

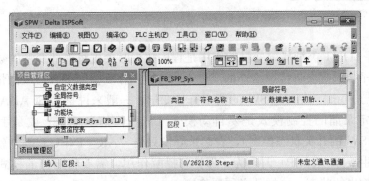

图 7 - 13　功能块程序编辑窗口

（3）建立功能块的「局部符号」。局部符号就是该功能块的参数引入与引出（接脚）的部分，建立方式与全局符号建立方式相同，唯一不同的是在地址部分，系统会自动配置局部符号地址，不允许用户自行输入，这样增强了功能块的可移植性。当然在程序内部仍然可以使用地址或全局符号来编辑程序，但是需要注意的是，这样使用时会降低这个功能块的可移植性与便利性。该局部符号与其他功能块的局部符号或是全局符号之间，其符号名称是可以重复的，当重复时系统会以程序或功能块本身的区域符号为识别优先。本范例需要建立的区域符号表如图 7 - 14 所示。

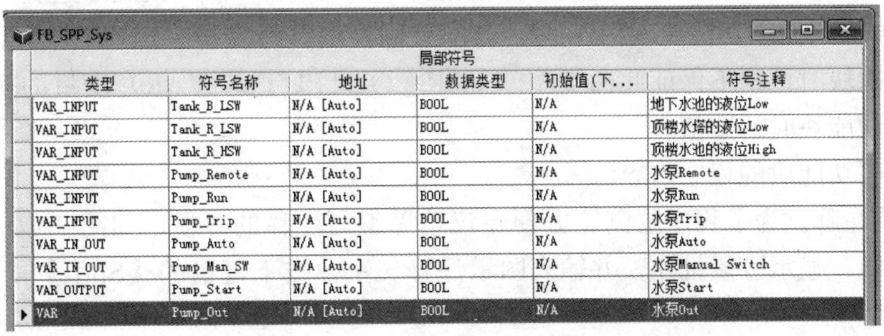

局部符号					
类型	符号名称	地址	数据类型	初始值（下...	符号注释
VAR_INPUT	Tank_B_LSW	N/A [Auto]	BOOL	N/A	地下水池的液位Low
VAR_INPUT	Tank_R_LSW	N/A [Auto]	BOOL	N/A	顶楼水塔的液位Low
VAR_INPUT	Tank_R_HSW	N/A [Auto]	BOOL	N/A	顶楼水池的液位High
VAR_INPUT	Pump_Remote	N/A [Auto]	BOOL	N/A	水泵Remote
VAR_INPUT	Pump_Run	N/A [Auto]	BOOL	N/A	水泵Run
VAR_INPUT	Pump_Trip	N/A [Auto]	BOOL	N/A	水泵Trip
VAR_IN_OUT	Pump_Auto	N/A [Auto]	BOOL	N/A	水泵Auto
VAR_IN_OUT	Pump_Man_SW	N/A [Auto]	BOOL	N/A	水泵Manual Switch
VAR_OUTPUT	Pump_Start	N/A [Auto]	BOOL	N/A	水泵Start
VAR	Pump_Out	N/A [Auto]	BOOL	N/A	水泵Out

图 7 - 14　功能块的局部符号表

局部符号的类型有四种，分别是 VAR ＿ INPUT、VAR ＿ IN ＿ OUT、VAR ＿ OUT-
PUT、VAR，见图 7 - 15。VAR ＿ INPUT 类型局部变量的作用是在功能块被调用时将外
部变量的数值引入到内部变量里，当对应的内部变量数值有变更时，并不会再传送给外
部变量，通常使用在外部变量不应该被修改的情形，类型局部变量的作用是本范例中大
多是由数字输入（DI）而来的状态，像这一类外部变量的状态是不应该被修改的，所以
定义成 VAR ＿ INPUT，可避免程序误改到这类变量的数值，而影响到后续其他程序或功
能块的使用。

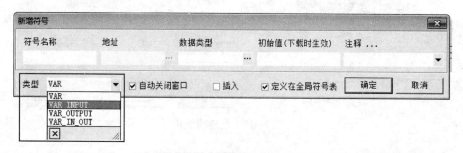

图 7 - 15　局部符号的类型

VAR ＿ IN ＿ OUT 类型局部变量的作用是程序执行时会先将外部变量的数值引入到内部
变量里，当程序结束时会再传送给外部变量，通常使用在变量需要被修改的情形，本范例中
Pump ＿ Auto 与 Pump ＿ Man ＿ SW 的两个符号变量，一般来说是给 SCADA 系统的用户操
作使用，以决定泵浦的控制模式是要自动模式（依液位信息控制）或是手动模式（依照
Pump ＿ Man ＿ SW 的开关状态控制），看起来好像只要 VAR ＿ INPUT 类别就可以，但是考
虑到当泵浦发生故障（TRIP）时，为了保护与提醒作用，需要将泵浦的模式自动切换到手
动且停止命令输出的状态，这样就必须要变更 Pump ＿ Auto 与 Pump ＿ Man ＿ SW 这两个符
号变量，所以需要将这两个变量定义成 VAR ＿ IN ＿ OUT 的类别。

VAR ＿ OUTPUT 类型局部变量的作用是程序执行时并不会先将外部变量的数值引入到
内部变量里，而是直接使用之前内部记忆的数值，在程序结束时会将内容再传送给外部变
量，一般来说此类变量在程序内使用时，都是落在指令的 OUT 位置，像本范例中的
Pump ＿ Start 就属于这类的使用。

VAR 类型的局部变量的作用是程序执行时会视为内部变量，与 VAR ＿ OUTPUT 一样
会使用之前内部记忆的数值，没有引入与传送外部变量的功能，一般来说此类变量在程序内
使用时，都是当作程序运算暂存使用，像本范例中的 Pump ＿ Out 就属于这类的使用。在程
序（Program）内使用功能块（FB）时，若配置同样的符号变量（FB 数据类型）给多次调
用使用的功能块时，则不保证此两类型（VAR ＿ OUTPUT 与 VAR）变量的初始数值会是
前一次离开功能块时的数值。

（4）编写功能块的程序内容。

1）区段注释。为了程序的浏览方便建议培养编写注释的习惯，如图 7 - 16 所示开启区
段注释的功能，显示区段批注，并输入图示注释文字，按下键盘的【Shift】＋【Enter】即
可换行。

2）放置接点开关（触点）和输出线圈。使用 LAD 语言编程，按下上方的［常开开关］

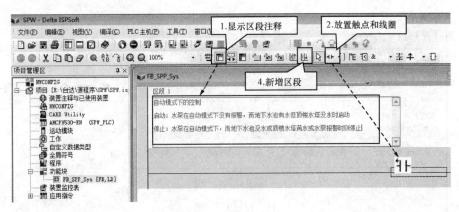

图 7 - 16　程序区段的注释

图标后将鼠标移到红框位置，移动鼠标调整放置位置，使光标出现 ⊣⊢ 接点串接符号后，按下鼠标左键放置。接着用鼠标点击触点处，并填入触点的符号名称，输入时会出现智慧下拉选单，可以直接选择内容，也可以自行输入文字。用同样的方式放置输出线圈并输入线圈符号名称。输入符号名称后若出现地址的信息，可以使用［地址模式］图标来切换地址显示模式和符号显示模式。

3）选择接点（触点）形式。用鼠标双击接点图标，系统会显示接点选择的下拉选单，如图 7 - 17 所示，从里面选择需要的接点型式。

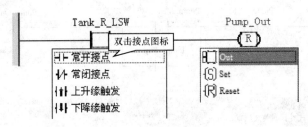

图 7 - 17　接点方式

4）新增区段。先在上方工具栏找到新增区段的图标，如图 7 - 16 所示，点击图标以便新增区段。

5）并联触点。方选择［常开开关］图标，并将鼠标移到预并连的接点下方，当鼠标出现 ⊣⊢ 的图示时按下左键放置。

6）编写和输入完整的 FB_SPP_Sys 功能块程序，具体程序见图 7 - 18。完成后存盘关闭就完成了这个功能块（FB）的开发。

7.2.4　建立主程序

（1）新建一个主程序。在主画面左侧［项目管理区］内找到［程序］的图标与文字，利用鼠标右键的方式选择新增一个 POU，填入 POU 名称与注释，如图 7 - 19 所示，其余可保持默认值并按下确定。

这样在主画面就可以看到主程序的程序编辑窗口，如图 7 - 20 所示。主程序的编辑环境与功能块一样，唯一的差别是功能块（FB）需要被调用才会执行，而程序（Program）是直接启动就会执行。

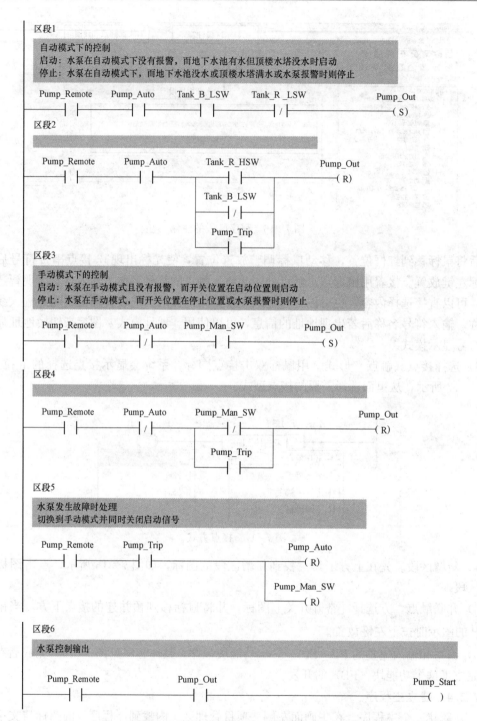

图 7-18 FB_SPP_Sys 功能块完整程序

（2）调用功能块。调用功能块（FB）的操作与放置接点的操作基本一样，鼠标单击工具栏中的［调用功能块或应用指令］的图标，弹出如图 7-21 所示的选择窗口，按图示在类别栏选择功能块，并在功能块名称处选择所需要的功能块名称，按下确定后就在程序段指定位置插入功能块，出现功能块的接口后，将对应的全局符号名称填入到接脚内。

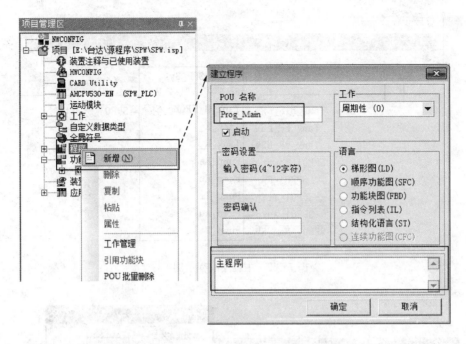

图 7 - 19   新建主程序

图 7 - 20   主程序编辑窗口

依照前面所学习的技巧，完成如图 7 - 22 所示的程序内容。

（3）为功能块建立一个数据区块。需要建立一个数据区块给被调用的功能块使用，这个数据区块可以建立在全局符号或是区域符号，在这里把它建立在主程序的区域符号内，而建立的方式与建立一般的符号一样，只是在数据类型的部分要选择［功能块］（FB），并指定［FB _ SPP _ Sys］的名称，按照图 7 - 23 的内容建立一个［SPP01 _ DB 的符号名称］。

图 7 - 21   选取功能块

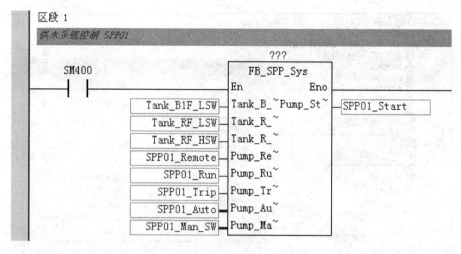

图 7-22　主程序编程示例

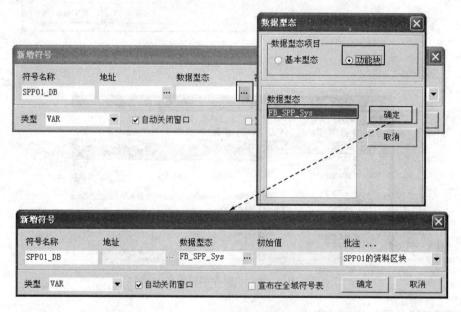

图 7-23　建立数据块

当区域符号建立完成后，就可以在程序内容里的功能块之上，填入功能块类型的符号名称了，如图 7-24 所示，符号的数据类型必须与功能块同名称才合法。存盘后整个程序编写完成。

7.2.5　程序的下载与监视

1. 程序的文法检查和项目编译

程序设计完成后，可以使用检查文法的按键来进行文法测试，若要测试整个项目是否正确，则可以使用项目编译的按键来进行编译测试，如图 7-25 所示。项目编译的功能与检查文法不同，项目编译包含了检查文法的功能，同时编译范围包含所有的程序与功能块内容。

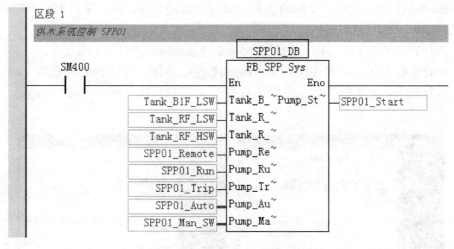

图 7-24　功能块的完整调用

图 7-25　文法检查和项目编译

2. 建立 PC 与 PLC 主机的联机与通信

程序编写完成后就可以进行程序下载与监视，程序的下载与监视需要在个人计算机 PC 与台达 PLC 主机之间建立连接和通信，如图 7-26 所示。PC 与台达 PLC 主机可以采用 RS232、Ethernet 或 USB 建立连接，本示例中采用便捷 USB 连接线的方式来与主机做联机。

图 7-26　PC 与 PLC 主机联机接线图

COMMGR 是台达电子于 2011 年开发的新一代通信管理工具，台达最新版的软件套件已将通信管理（COMMGR）与程序编辑（ISPSoft）拆分为两个主要软件以便于功能与便利性的提升。COMMGR 是台达软件与硬件之间的通信桥梁，使联机工作更为便利高效，如图 7-27 所示。可以事先将所有需要设定的联机参数建立在 COMMGR 的管理列表中，这些事先建立好的联机参数称之为 Driver，当该组 Driver 的状态被设定

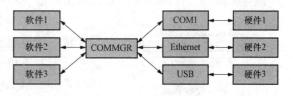

图 7-27　COMMGR 工作流程图

为启动（START）状态之后，实际的联机通道便会自动建立，接下来只需在 ISPSoft 中指定欲使用的 Driver 即可进行联机。

在个人计算机 PC 与台达 PLC 主机之间建立连接和通信的具体步骤如下：

（1）在计算机上安装 PLC 主机的 USB 驱动程序。若计算机与 PLC 主机的 USB 是第一次联机，计算机上会出现要求安装 PLC 主机的 USB 驱动程序的窗口画面。按图 7-28 所示操作。

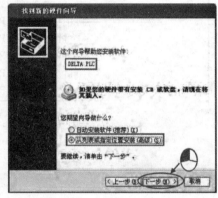

图 7-28   安装 PLC 主机 USB 驱动程序（1）

如图 7-29 内的路径为软件默认的安装位置 [C：\ Program Files \ Delta Industrial Automation \ ISPSoftx. xx \ drivers \ Delta _ PLC _ USB _ Driver]，若用户修改过软件安装位置，则请选择用户自定义的软件安装位置路径。安装向导自动进行硬件安装，若出现图 7-30 画面时，选择继续安装，直至安装完成。

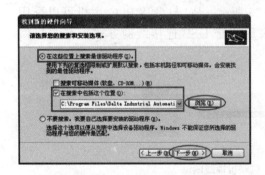

图 7-29   安装 PLC 主机 USB 驱动程序（2）   图 7-30   安装 PLC 主机 USB 驱动程序（3）

完成安装后可以在设备管理器看到新增的 USB 驱动装置组件，如图 7-31 所示（每个计算机与 USB 接口所配置的 COM 数值可能会不一样）。

图 7-31   设备管理器中
新增的串口

（2）在 COMMGR 中建立一个 USB 的联接 Driver。一般来说，计算机开机后默认是自动启动 COMMGR，在操作系统的右下角任务栏内可以看到软件图标，若没有看到图标，亦可以手动启动该软件 [开始→程序集→Delta Industrial Automation → Communication → COMMGR]。

COMMGR 开启后，按下［Add］按键建立一个 USB 的联接 Driver，如图 7 - 32 所示。设定完成后会增加一个 Driver 内容在窗口内，在使用前必须利用［Start］的按键将该 Driver 启动起来。

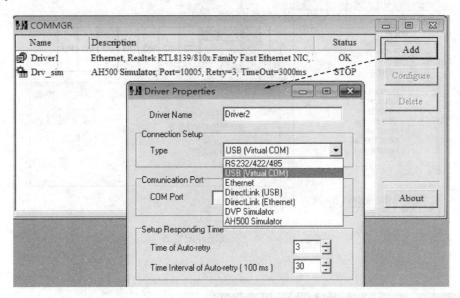

图 7 - 32　增加一个 USB Driver

在 COMMGR 设定完成后，在软件 ISPSoft 的项目环境内设定通讯，选择工具菜单的通讯设定，如下图 7 - 33 所示。出现通信设定窗口后，请选择之前设定的 USB _ Driver。

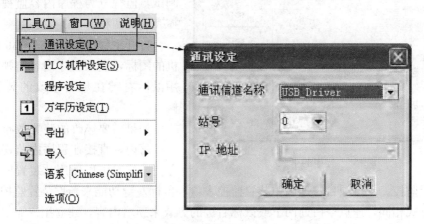

图 7 - 33　ISPSoft 中的通讯设定

3. 下载硬件配置和程序内容

首先，打开 HWCONFIG 的硬件规划接口，ISPSoft 的通信设置会自动带入到 HW-CONFIG 内，按下硬件规划窗口中的下载图标进行下载，如图 7 - 34 所示。

硬件配置下载完成后进行程序的下载，当项目程序编译成功之后就可以按下工具栏的下载图示来进行程序的下载，图片省略。当传输设定的窗口出现后，可以勾选［程序］与［批注］的选项，这样系统会把目前的项目数据也备份一份在主机内，以避免程序的遗失，

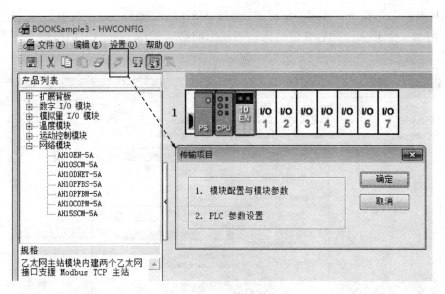

图 7 - 34　下载硬件配置

见图 7 - 35。

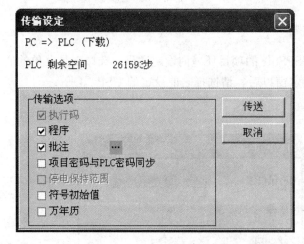

图 7 - 35　程序的下载

4. 程序监视

当程序运行的时候，用户可以通过监视来了解系统目前的逻辑控制状态，或是修改部分装置的数值来进行系统的测试，监视分为程序内容监视和装置监控表监视两种。

打开主程序，按图 7 - 36 所示的联机的图标，进入程序内容监视状态，使用鼠标右键在想要修改的装置上进行修改。

如果需要修改的装置散布在各个程序段落内，直接在程序内监视修改并不方便，这时可以使用［装置监控表］的

方式来进行监控。点击项目管理区中装置监控表项，鼠标左键功能来新增装置监控表，与符号表建立方式相同，连点空白处两下或鼠标右键的方式来新增内容，建立用户需要的监控变量的监控表，如图 7 - 37 和图 7 - 38 所示，然后按下装置监控的按键即可。

图 7 - 36　启动监视功能

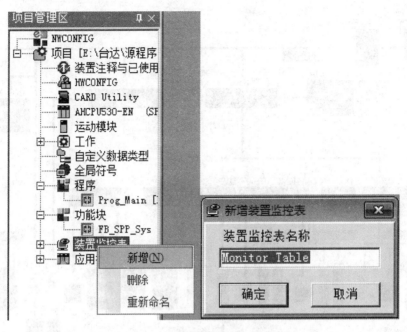

图 7 - 37　新增装置监控表

来源	符号名称	装置名称	状态	数据型态	值(16位)	值(32位)	值(32位浮点数)	数值型态	批注
Global Symbols	Tank_B1F_LSW			BOOL					地下水池的液位
Global Symbols	Tank_RF_LSW			BOOL					顶楼水塔的液位
Global Symbols	Tank_RF_HSW			BOOL					顶楼水塔的液位
Global Symbols	SPP01_Remote			BOOL					地下供水 泵浦
Global Symbols	SPP01_Run			BOOL					地下供水 泵浦
Global Symbols	SPP01_Trip			BOOL					地下供水 泵浦
Global Symbols	SPP01_Start			BOOL					地下供水 泵浦
Global Symbols	Tank_B1F_LT			REAL				有号数十进	地下水池液位 L
Global Symbols	SPP01_Auto			BOOL					地下供水 泵浦
Global Symbols	SPP01_Man_SW			BOOL					地下供水 泵浦

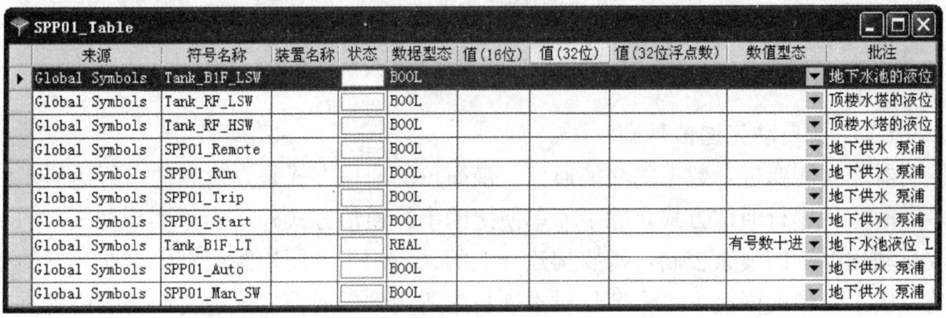

图 7 - 38　监控表

7.3　综合项目开发——自动灌溉控制系统设计

随着工业各行业工艺水平和控制要求的不断提高，越来越要求实现工厂或企业范围内的全集成自动化控制。为了实现工厂自动化的要求，控制器与传感/执行器、编程设备、控制器之间、通用计算机、HMI、打印机等设备之间需要进行数据交换，即通信。控制设备的数据通信与联网功能成为衡量设备能力的重要技术指标。世界各大工业控制品牌制造商都提供了各自各种开放的、应用于不同控制级别的工业环境的通信网络系统，提供有各自具有特色的解决方案，图 7 - 39 所示为台达工业自动化系统解决方案。

本节以一自动灌溉控制系统（部分功能）为例，讲述台达 AH500 PLC 控制器与现场执行器/传感器、HMI、上位机监控管理组成的工业自动化系统的设计和构建。

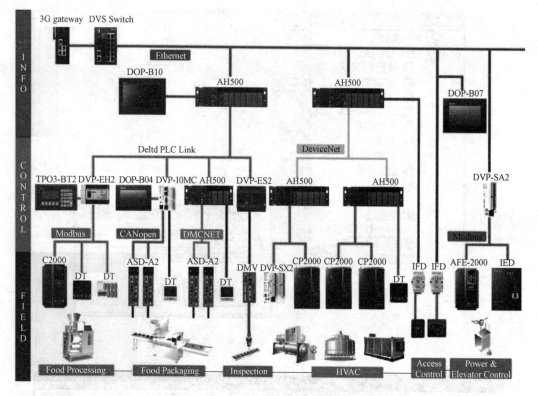

图 7 - 39　台达工业自动化系统解决方案

7.3.1　工业自动化通信基础

控制器之间需要进行数据的交换通信。最简单的通信方式是点对点的串行通信，以及一点对多点的主从串行通信方式，除了简单便捷的串行通信方式外，为了实现如图 7 - 39 所示的集散自动化系统的复杂控制，需要构建开放的、应用于不同控制级别的工业环境的通信网络系统。由于篇幅的限制，本章节仅对本项目中所用到的通信方式进行简要的讲解。

一、串行通信

串行通信是一种简便通用的通信方式，按位（bit）进行传输，最少只需两根线（双绞线），每个字符以"起始位"开始，以"停止位"结束，数据格式见图 7 - 40，字符之间没有固定的时间间隔要求。串口是一种接口标准，它规定了接口的电气标准，通常使用的串口有 RS - 232、RS - 422、RS - 485。进行串口通信的双方需要采用相同的电气标准，需要约定使用相同的数据格式、传输波特率等。

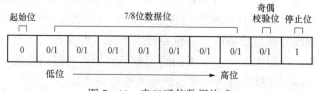

图 7 - 40　串口通信数据格式

1. RS232 串口特点

（1）接口信号电平值较高，接口电路芯片容易损坏。

（2）传输速率低，最高波特率 19200bps。

（3）抗干扰能力较差，传输距离有限，一般在 15m 以内。

（4）只能实现点对点的通信方式。

2. RS485 串口特点

（1）采用差分信号传输，具有良好的抗干扰能力，最大传输距离可达 3000m。

（2）两线间电压差为＋（2～6）V 表示逻辑 "1"，－（2～6）V 表示逻辑 "0"，接口信号电平比 RS232C 降低，不易损坏接口电路芯片，且该电平与 TTL 电平兼容，可方便地与 TTL 电路连接。

（3）RS485 的数据最高传输速率为 10Mbps。

（4）RS485 可实现点对多的主从通信方式，在同一总线上最多可接 32 个结点。

因此 RS485 接口具有良好的抗干扰能力，长的传输距离和多站能力等优点使其成为首选的串行接口。

二、网络通信

国际标准化组织 ISO 提出的 7 层开放系统互连模型（OSI），是数据网络的基本框架，按照国际及国家标准，以 ISO/OSI 为参考模型，工业自动化通信网络根据通信数据量、实时性要求的不同，提供各种通信网络来适应不同的工业应用环境。通常工业自动化通信网络从下到上分为三层结构：

（1）现场设备层。现场设备层完成现场设备的控制，连接分布式 I/O、传感器、驱动器、执行机构和开关设备等。有的场合将传感器和执行器又单独分为一层，称为执行层。一般来说，现场设备层传输数据量较小，要求响应时间为 10～100ms。主要的通信技术有传感/执行层的 AS-i 网络，各种现场总线网络。

（2）车间监控层。完成车间主生产设备之间的连接，实现车间级设备的监控。这一层要求响应时间短为 100ms～1s，但传送数据量比现场设备层大。主要的通信技术有各种系统级现场总线网络、工业以太网等。

（3）工厂管理层（工业以太网）。车间管理网作为工厂主网的一个子网，通常采用依据 IEEE802.3 标准的工业以太网或标准以太网进行联网控制。随着工业以太网 Industrial Ethernet（IE）技术的发展，由于其适用于大数据量和长距离，越来越成为管理级和单元级的主要通信方式。PLC 用工业以太网连接上位监控站是比较通行的做法。

以太网的网络访问机制是 CSMA/CD（载波监听多路访问/冲突检测），即每个站在发送数据前都要检测是否有其他站正在传输数据（侦听），如果没有则可以马上发数据，否则不发，等待网络空闲。

在物理连接上，传输介质可以是同轴电缆、双绞线、光纤和无线通信。接口有屏蔽双绞线（ITP）接口 Sub－D 9 针接口，屏蔽使得通信距离达 100m，RJ45 接口通信距离 10m，光纤通信距离更远，多模 3000m，单模 15 000m。

三、Modbus 协议

RS485 接口只定义了电气特性标准，没有具体的数据通信协议，通信协议是指通信双方为完成通信或服务所必须遵循的规则和约定。Modbus 通信协议是 Modicon 公司提出的一种报文传输协议，广泛应用于工业控制领域，已经成为一种通用的工业标准。不同厂家的控制设备之间可以通过 Modbus 协议联成网络互相通信。

　　Modbus 协议定义了一个控制器能认识使用的公共报文格式，而不管信息是经过何种网络进行通信的，传统的 RS232、RS422、RS485 串行通信和以太网都可以通过 MODBUS 协议进行通信，因此，Modbus 协议分为串行 Modbus 协议和以太网 Modbus 协议。

　　1. 串行 Modbus 协议

　　串行 Modbus 协议采用主—从、请求—应答方式，只有一个主站，可以有 1～247 个从站，Modbus 通信只能由主站发起，主站发出带有从站地址的请求报文，具有该地址的从站响应报文进行应答，从站之间不能互相通信。

　　串行 MODBUS 协议共有 2 种报文模式：ASCII 模式和 RTU（Remote Terminal Unit）模式，用户可以根据实际情况选择相应的模式。ASCII 模式和 RTU 模式最大的区别在于 ASCII 模式中一个信息帧中的每 8 位字节作为 2 个 ASCII 字符传输，而在 RTU 模式中每 8 位数据作为 2 个 4 位 16 进制字符，所以 RTU 模式相对于 ASCII 模式在表达相同的信息时需要较少的位数，相同的通信速率下可以传输更多的数据流量，因此，目前一般工业智能仪表仪器较多采用 RTU 模式的 MODBUS 规约，RTU 模式的报文格式见表 7 - 4 所示。

表 7 - 4   RTU 模式的报文格式

设备地址	功能码	数据量	数据 1	...	数据 N	CRC H	CRC L

　　其中，设备地址是指主站欲与其通信的从站地址在一个 Modbus 总线网络中，每个从站具有唯一不重复地址。Modbus 协议支持共 16 条功能码（1～16）。其中台达 AH500 支持 8 条最常用的功能码，见表 7 - 5 所示。

表 7 - 5   AH500 支持的最常用的 8 条 Modbus 协议通信功能码

功能码	描　　述
1（16♯01）	读取多笔位数据（Bit）（非离散输入装置数据）
2（16♯02）	读取多笔位数据（Bit）（离散输入装置数据）
3（16♯03）	读取多笔字数据（Word）（非输入寄存器装置数据）
4（16♯04）	读取多笔字数据（Word）（输入寄存器装置数据）
5（16♯05）	写入单笔位数据（Bit）
6（16♯06）	写入单笔字数据（Word）
15（16♯0F）	写入多笔位数据（Bit）
16（16♯10）	写入多笔字数据（Word）

　　例如，现主站需要读取从站内 2 个连续字寄存器内的数据，从站地址为 01H，欲读取数据的起始寄存器地址为 2102H。

　　根据要求，需用 Modbus 功能码 03（16♯03）来实现读取多笔（多个）字数据的通信功能。如果从机 2102H 和 2103H 字寄存器中的数据分别为 1770H 和 0000H，则主站需要向从站发送如下表所示的报文，从机接到主站的命令报文后，按主站要求返回响应报文。CRC 校验码的计算参见其他参考书。

主机发送命令报文：

从机地址	01H
功能码	03H
起始地址	21H
	02H
数据量（字）	00H
	02H
CRC 高位	6FH
CRC 低位	F7H

从机返回报文：

从机地址	01H
功能码	03H
数据量（字节）	04H
第一笔（地址 2102）数据内容	17H
	70H
第二笔（地址 2103）数据内容	00H
	00H
CRC 高位	FEH
CRC 低位	5CH

例如，现主站需要向从站内的 2 个连续字寄存器中写入数据，从站地址为 01H，欲写入数据的起始寄存器地址为 0500H，欲写入的数据是 1388H 和 0FA0H。

根据要求需用 Modbus 功能码 16（16♯10）来实现写入多笔（多个）字数据的通信功能。主站需要向从站发送如下表所示的报文，从机接到主站的命令报文后，按主站要求返回响应报文。

主机发送命令报文：

从机地址	01H
功能码	10H
起始地址	05H
	00H
数据量（字）	00H
	02H
数据量（字节）	04H
第一笔数据内容	13H
	88H
第二笔数据内容	0FH
	A0H
CRC 高位	4DH
CRC 低位	D9H

从机返回报文：

从机地址	01H
功能码	10H
起始地址	05H
	00H
数据量（字）	00H
	02H
CRC 高位	41H
CRC 低位	04H

2. 以太网 Modbus 协议

如果在网络层使用 IP 协议，在传输层使用 TCP 协议，就构成了目前最常用的 TCP/IP，如果在应用层使用 Modbus 协议，就构成了完整的 Modbus 工业以太网的应用。Modbus 协议的消息转换为在此网络上使用的帧或包结构。这种转换也扩展了根据具体的网络解决节地址、路由路径及错误检测的方法。

7.3.2　项目控制要求及方案

一、项目控制要求

本项目是一个自动灌溉系统（部分主要功能），要求根据土壤实际的温湿度实现自动灌溉，实现灌区的恒湿度控制。PLC 对灌区土壤的温度、湿度传感器值进行实时采集，将采集的实际温湿度值与目标值进行比较，通过 PLC 内置的 PID 模块进行 PID 运算，将 PID 运算结果传输给变频器，控制水泵电机的转速，组成闭环的控制模式。当湿度值再次降到设定值之下时，PID 有输出，起动电机运转。

系统要求有良好的人机交互界面，能够方便地实现现场操作、控制以及重要信号、报表的现场查看和监控。例如土壤目标温/湿度的现场设定、实际温/湿度的现场查看监控，现场的手动操作等。

系统要求在中控室实现远端实时监控管理，上位 PC 机可以监控灌溉系统的实时运行状况，出现故障时能够及时地进行处理，提高系统的可靠性和可管理能力。

二、控制任务分析

根据项目提出的任务要求，控制系统按照功能可以分为三层：

（1）现场检测执行。温湿度传感器、变频器、电机。

（2）现场操作控制。PLC（带通信模块）、人机界面 HMI。

（3）上位机监控管理。PC 机＋上位机监控管理软件。

根据项目的控制要求，控制系统的开发包括四大主要任务：温度/湿度传感器值的采集和处理、变频器的控制、HMI 界面的开发和设计、上位监控管理系统的开发和设计。

1. 温度、湿度传感器值的采集和处理

通常传感器的输出信号有两种，一种是模拟量输出，一种是数字量输出。模拟量传感器的输出需要接入模拟量输入模块，由模拟量输入模块将模拟量信号转化为数字量信号由PLC 读取并计算。这种方法编程相对简单，但是需要增加模拟量输入模块，每个模拟量信号需要一条（对）接线，如果系统中使用多个传感器就必须布相对应的线，增加了灌溉系统的成本与接线难度。另外，模拟量信号的抗干扰能力较弱，传输的距离有限。

数字温/湿度传感器输出的是数字量，PLC 主机通过内嵌的通信接口读取传感器数据，在主机通信接口够用的情况下，不需要额外增加模块。在本项目中，选用实验室现有的RS485 标准 MODBUS 协议的数字温/湿度传感器，该传感器每固定时间周期主动上传一次数据，具体数据传输格式见后面章节。虽然 RS485 信号传输速度慢于模拟量信号的传输速度，但 RS485 通信抗干扰能力较强，传输距离远；在布线上，多个 RS485 传感器采用手牵手菊花链式的总线型拓扑结构布线方式，如图 7 - 41 所示，极大地省去了系统接线，原则上讲只需要两根电缆就能完成布线连接。

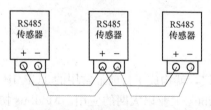

图 7 - 41　RS485 总线布线

2. 系统的通信网络方案

为了实现灌溉系统现场检测执行、现场操作控制、上位机监控管理三层全集成自动化的控制要求，控制器与传感/执行器、编程设备、通用计算机、HMI 等设备之间的数据交换与通信是本项目实现的基础，也是本项目开发的重点及难点内容。所以将整个项目网络架构的规划和设置作为本项目开发的重点进行讲述。

本项目系统的通信网络规划有三点：

（1）本项目中的数字温/湿度传感器采用 RS485 接口，以固定时间周期用 modbus 主站功能码 16♯10 直接往 PLC 主机写入数据，因此在 PLC 主机与温/湿度传感器的通信过程中，传感器为主站，PLC 主机为从站。

（2）基于台达 PLC Link 的主机与变频器、触摸屏的通信。

本项目选用台达 VFD-E 系列交流电机驱动器（变频器）和 DOP-B 系列 HMI 装置，两者均有内嵌 RS485 接口，所以在 PLC 主机与变频器、触摸屏通信时，采用 RS485 总线通信，设置 PLC 主机为主站，变频器、触摸屏为从站。当某个 RS485 的网络上存在多个节点时，便可于该网络中规划一个数据交换的机制，当该数据交换机制的设置参数被下载至设为主站的主机且开始运行之后，透过特殊继电器与特殊寄存器的操作，系统便可自动进行数据交换的动作，可以大大地简化通信编程。PLC Link 就是这样一种透过 RS485 的联机来进行数据交换的网络机制，PLC Link 是主从架构，一个 RS485 的网络上只能有一个主站，主站会轮流对其他从站发出读写的命令，而其他从站则必须被动地在接收到主站的命令后才可做出响应，从站与从站之间无法直接交换数据。

（3）PLC 用以太网连接上位监控站是比较通行的做法，所以在本项目中扩展以太网通信模块 AH10EN-5A 以联接上位监控系统，见图 7-42（b）。

因此在本项目中主机需要两个 RS485 接口，故采用 AHCPU530-RS2 型主机，见图 7-42（a），其中 COM1 口具有 PLC Link 功能，COM2 口则不能设为 PLC Link 网络。项目的具体方案见图 7-43，项目的主要硬件见表 7-6 所示。

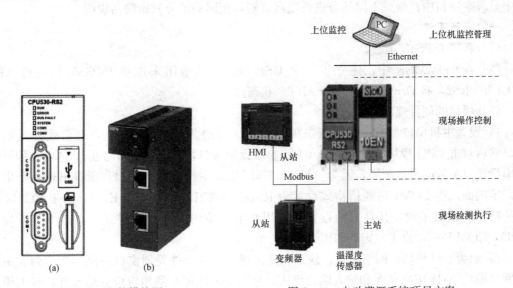

图 7-42　硬件模块图　　　　图 7-43　自动灌溉系统项目方案

（a）PLC 主机；（b）以太网模块 AH10EN-5A

表 7-6　　　　　　　　　　　项目硬件配置列表

序号	AH500 系列产品名称	系列/型号	数量（台/组）	硬件说明
1	PLC 主机	AHCPU530-RS2	1	
2	电源模块	AHPS05-5A	1	
3	主背板（8 槽）	AHBP08M1-5A	1	
4	数字输入模块 16 点	AH16AM10N-5A	1	规划地址：X0.0～X0.15
5	数字输出模块 16 点	AH16AN01R-5A	1	规划地址：Y0.0～Y0.15

续表

序号	AH500 系列产品名称	系列/型号	数量（台/组）	硬件说明
6	太网通信模块	AH10EN-5A	1	
7	7" 触摸屏	DOP-B07E415	1	

7.3.3 台达 PLC Link 通信的应用

PLC Link 的实质是通过特殊继电器与特殊寄存器的操作，轮流对同一网络上的从站依次发出读写命令。用户通过开启 PLC Link 规划工具，在其引导下逐步完成 PLC Link 的建构，主要步骤是：选择主站装置→设定通信参数→设定数据交换表。规划工具提供了较为亲切的用户界面，协助用户将 PLC Link 的相关参数下载至对应的特殊继电器与特殊寄存器中。当 PLC Link 开始执行后，主站装置便会依据数据交换表的设定，轮流向各个从站进行数据读写的动作，自动进行数据交换，大大地简化通信编程。根据项目方案，台达 AH-CPU530-RS2 主机通过 COM1 口联接变频器和触摸屏的内嵌 RS485 接口，以 PLC 主机为主站，变频器、触摸屏为从站，通过 PLC Link 来进行数据交换。

现在开始新建 ISPSoft 项目，以实现台达 PLC Link 通信在本项目中的应用。新建 ISP-Soft 项目文件、进行 HWCONFIG 硬件规划等步骤，具体的方法和操作见 7.2 节例子，本节中只对本项目中新增或不同部分进行重点讲解，相同的部分只做简洁说明。

一、准备工作

（1）新建 ISPSoft 项目。

（2）在 COMMGR 中，建立了一个 USB Driver 通道用来连接 ISPSoft 和主机 AH-CPU530-RS2，将 Driver 处于「START」状态。

（3）项目的硬件规划。

1）设置主机串口参数。鼠标双击项目管理区中的「HWCONFIG」，开启硬件规划窗口，然后双击 CPU 模块，开启 PLC CPU 参数设定窗口，点选「COM Port」选项卡即可进入串行端口参数的设置画面，因为 AHCPU530-RS2 主机有两个串口，所以出现两个串口的设定画面，将 COM1 口通信格式设置为 RS485 ASCII，9600，7，E，1。由于 COM2 用于传感器的数据采集，其具有的设置和应用在下一节内容中详细讲述。点击下载，勾选 CPU，COM Port，点击确定，如图 7-44 所示。

2）放置硬件模块：网络模块、输入和输出模块。在硬件规划窗口左侧的产品列表中找到网络模块 AH10EN-5A 和输入输出模块，分别将模块拖曳到相应位置后放开，双击模块进行设置。再点击该窗口的下载，进行硬件配置的下载。

二、网络规划工具—NWCONFIG

NWCONFIG 是 ISPSoft 所提供的网络规划工具，其功能在于规划整个项目的网络架构，并为此建立常态性的数据交换机制，其主要作用有：

（1）规划整个项目的网络部署，并建立数据的传送路径。

（2）规划 RS485 的数据交换机制——PLC Link。

（3）规划 Ethernet 的数据交换机制——Ether Link。

进行项目网络规划的步骤如下：

第一步，添加 MODBUS Driver 设备。鼠标双击项目管理区的［NWCONFIG］，开启

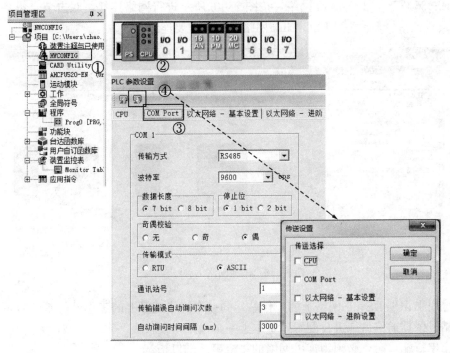

图 7 - 44　主机串口设置

NWCONFIG（网络规划）窗口，双击 MODBUS Driver，添加 3 个 MODBUS Driver 设备，名称分别为 VFD _ E、HMI、Sensor，如图 7 - 45 所示。

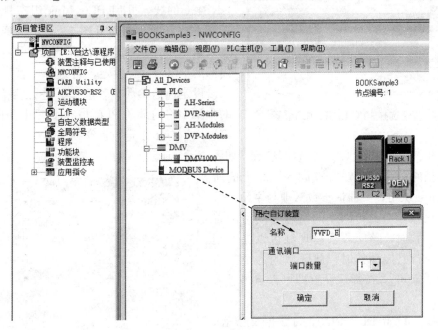

图 7 - 45　NWCONFIG 网络规划窗口

第二步，添加网络，设置站号。分别点击 RS485、Ethernet 图标，如图 7 - 46 所示，分别添加 RS485 网络和 Ethernet 网络，按图 7 - 46 所示进行网络连接，双击节点设备按图 7 - 46 所示设置各站号，注意，PLC Link 网络的站号需要连续。

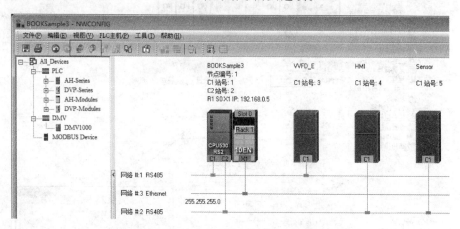

图 7 - 46　添加网络 & 设定站号

站号用来识别 RS485 网络上的工作站，同一个网络编号上的工作站，其站号不可重复。此外，站号依据通信口来进行配置，基本上一个通信口便代表一个工作站，因此当一个节点包含数个串行端口时，必须为连上网络的每个串行端口指定一个站号。

三、PLC LINK 规划

根据方案，将主机 COM1 的网络♯1 RS485 设置为 PLC LINK。

图 7 - 47　选择 PLC LINK 主站装置

第一步，选择 PLC Link 主站。双击网络♯1 RS485 的线，开启 PLC Link 组态规划工具，选择主站装置，画面见图 7 - 47，选择完成后，进入下一步。系统会询问是否要上传主站装置内部的 PLC Link 设定，若选择「否」，进入第二步设定通信参数；若选择「是」，系统从指定的主站中将内部的 PLC Link 设定上传回来，直接进入第三步设定数据交换表。

第二步，设定 PLC Link 的通信参数。如图 7 - 48 所示，画面左侧区域显示由主站上传回来的通信端口参数，注意在同一网络上的所有 PLC Link 从站，其通信参数必须与主站一致才可正常运作，当上传回来的站号与网络配置的站号不一致时，该字段会呈现红色以提醒用户。若未执行上传动作时，此区域的各个字段便会显示「未知」，按默认设置即可，点击进入下一步。

第三步，设定 PLC LINK 的数据交换表。为各主、从站通信设置读写数据区，见图 7 - 49，数据交换表中区块序号♯1 表示主站从 3 号从站（Modbus Device）的寄存器地址 16♯0000～

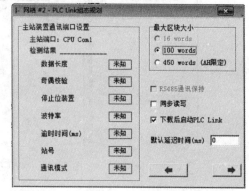

图 7 - 48　设定 PLC LINK 的通信参数

16♯0009 中读取共 10Words 的数据，将其存放于主站的 D0～D9 当中，同时将主站本身的 D100～D119 共 20 Words 的数据写入从站的 16♯1000～16♯1013 寄存器中。欲设定或修改区块中的参数时，直接在该区块的行列上双击鼠标左键即可打开设定窗口，见图 7 - 50。链接状态设为启动，设好后点击确定。

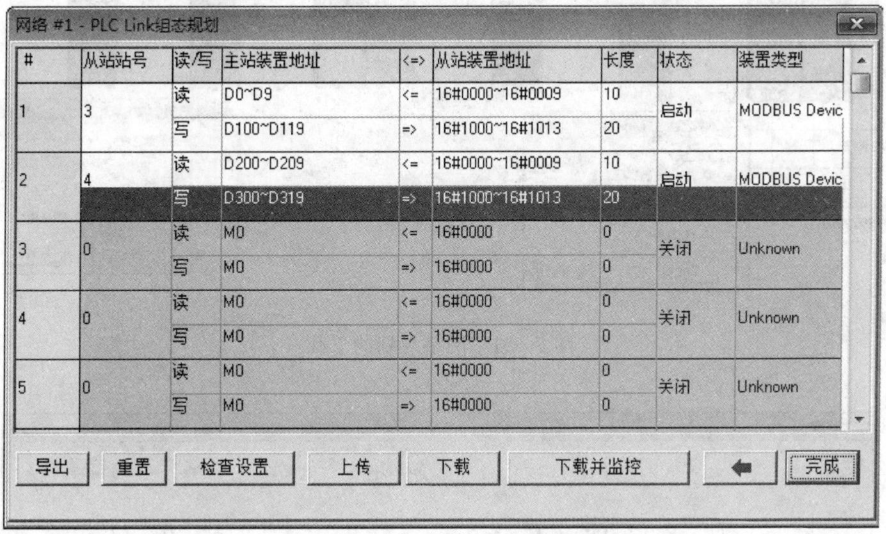

图 7 - 49　设定 PLC LINK 的数据交换表

MODBUS 从站设备内部装置的 MODBUS 地址在后面章节具体列出。

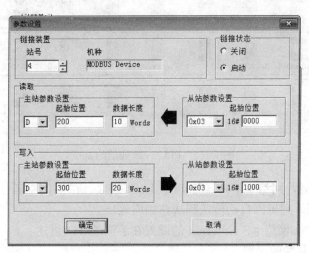

图 7 - 50　数据表参数设置

　　第四步，下载。在网络规划窗口中，选中 AH530 - RS2，点击下载，选中 Routing Table 和 PLC Link，点击确定。然后依次选中 VFD _ E、HMI，点击下载，选中 PLC Link，点击确定，见图 7 - 51。

　　第五步，点击数据交换表中的下载并监控，如图 7 - 52 所示，出现链接监控画面，其中可以看到 PLC 运作状态、PLCLINK 启动及自动模式指示灯为绿色启动状态。

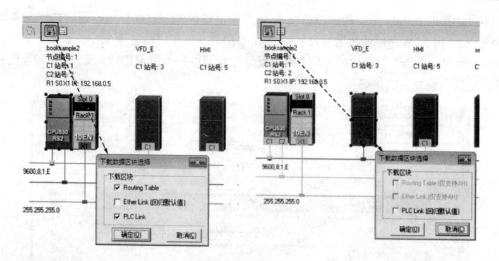

图 7 - 51　网络规划的下载

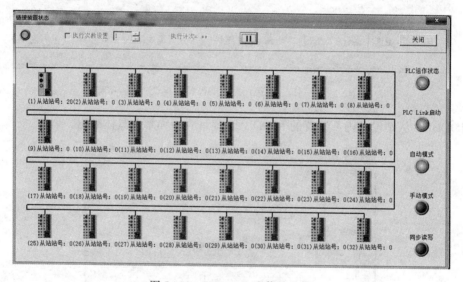

图 7 - 52　PLC Link 通信的监控

以上设置完毕后,网络♯1 RS485 PLC Link 建立,在本例中若主机程序中修改主站 D100~D119 中的值,则可以自动传送到从站相应地址。

网络♯2 RS485 和网络♯3 Ethernet 的设置在下面的章节讲述。

四、PLC Link 从站的设置

1. 变频器的参数设置

PLC 主机通过通信接口控制变频器运行时,需要在变频器上进行两类参数的设置,第一类是变频器操作方式的设置,即设定变频器运行所需要的频率指令和运转方向指令的信号来源,其来源可以是外部端子、数字操作器和通信界面等,具体来源方式通过参数来设定。第二类是通信参数的设置,同一 PLC Link 网络上的所有从站的通信参数必须与主站一致才能正常通信,主机 COM1 口通信格式为 RS485 ASCII、9600、7、E、1,对应的变频器的通信参数也必须与之一致，变频器参数设置见表 7 - 7 所列。

表 7 - 7　　　　　　　　　　　　　变频器参数设置

参数	设置值	参数意义
02.00	3	频率由 RS - 485（RJ - 45）/USB 通信控制
02.01	3	运转指令由通信界面操作，键盘 STOP 键有效
09.00	3	从站通信地址
09.01	1	通信传送速度 9600（波特率，bps）
09.02	0	通信错误处理：警告并继续运转
09.03	1000ms	通信超时检出时间
09.04	1	通信资料格式：7，E，1 for ASCII

2. 变频器的参数地址

变频器作为 PLC Link 网络上的从站，主站通过从站的 Modbus 地址读写从站数据，数据交换表中的从站装置地址指的是从站在通信中的 Modbus 地址。第一类是变频器内部参数号的地址，在 VFD - E 系列变频器中参数号与参数地址的对应关系非常简单，参数号为 GG. nn（GG 表示参数群，nn 表示参数号码）对应的参数地址为 GGnnH。例如：参数号 04.01 的参数地址即是 0401H。第二类是通信协定的参数字地址定义，具体见表 7 - 8 所列。

表 7 - 8　　　　　　　　　　　通信协定的参数字地址定义

对驱动器的命令	2000H	Bit0～1	00B：无功能
			01B：停止
			10B：启动
			11B：JOG 启动
		Bit2～3	保留
		Bit4～5	00B：无功能
			01B：正方向指令
			10B：反方向指令
			11B：改变方向指令
		Bit6～7	00B：第一段加减速
			01B：第二段加减速
		Bit8～15	保留
	2001H	频率命令	
	2002H	Bit0	1：E. F. ON
		Bit1	Reset 指令
		Bit2～15	保留

监视驱动器状态	2100H	0：无异常	
		1：过电流 oc	
		2：过电压 ov	
		3：IGBT 过热 OH1	
		4：变频器内部过热	
		5：驱动器过负载 oL	
		6：电机过负载 oL1	
		……（具体参见变频器手册）	
	2101H	Bit 0～1	数字操作器 LED 状态
		Bit 2	1：有 JOG 指令
		Bit 3～4	指示灯状态
		Bit 5～7	保留
		Bit8	1：主频率来源由通信界面
		Bit9	1：主频率来源由模拟信号输入
		Bit10	1：运转指令由通信界面
		Bit11～15	保留
	2102H	频率指令（F）	
	2103H	输出频率（H）	
		……（具体参见变频器手册）	

在图 7-53 所示的 PLC Link 数据交换表中，PLC 中的 D0 对应变频器的 H2100 参数，当 PLC Link 功能启动后，变频器 H2100 参数数据将显示在 PLC 中的 D0，主机程序直接读取 D0 的值就是变频器的 H2100 参数值，就可以监控变频器的状态。同样，PLC 中的 D100 对应变频器的 H2001 参数，当 PLC Link 功能启动后，变频器 H2001 参数值将由 PLC 中的 D100 值决定，改变 PLC 的 D100 中的值即可下达命令给变频器，变频器的转速随之改变。

图 7-53　数据交换表设置举例

3. DOP-B 装置 MODBUS 地址

DOP-B 触摸屏寄存区 MODBUS 地址对照表如表 7-9 所示。

表 7-9　　　　　　　　　　　　　　　　**DOP-B 触摸屏寄存区 MODBUS 地址对照表**

Modbus address	HMI 内部数据定义	
W40001～W41024	$0～$1023	内部缓存器
W42001～W43024	SM0～SM1023	断电保持内部缓存器

续表

Modbus address	HMI 内部数据定义	
W44001	RCPNO	配方编号缓存器
W45001～…	RCP0～RCPn	配方缓存器
B00001～B01024	S2000.0～S2063.15	内部缓存器（bit）
B01025～B02048	SM200.0～SM263.15	断电保持内部缓存器（bit）

4. AH500 的 Modbus 通信指令

如果主机与变频器、HMI 装置之间不是通过 PLC Link 网络，而是普通的 RS485 Modbus 主从通信协议，主站对 Modbus 从站进行数据读写时，需要使用 Modbus 数据读写指令 MODRW，主站用 MODRW 指令编程对从站数据进行读写，指令具体说明见表 7 - 10 所列。

表 7 - 10　　　　　　　　　　　　MODRW 指令说明

MODRW	S1：从站地址	Word	0～254
En	S2：通信功能码	Word	支持最常用的 8 条通信功能码 具体见表
S1	S3：欲读写数据的地址	Word	从站的内部装置地址
S2	S：欲读写之数据在主站的存放寄存器	Bit/Word	主站将欲写入从站的数据事先存入寄存器，或数据读取后存放的寄存器
S3	n：读写数据长度	Word	数据量不大于 240 个字节
S			
n			

7.3.4　基于 RS - 485 通讯的数据采集
一、任务分析

本项目中的数字温/湿度传感器是基于 RS - 485 标准 MODBUS 协议的数字温/湿度传感器，传感器以波特率为 9600，8 位数据位，无校验，1 位停止位（9600 8 n 1）的通信格式，每 3s 主动上传数据报文，上传报文格式如：01 10 10 64 00 02 04 08 40 17 B4 35 87，根据 Modbus 协议及传感器资料可知：

01：设备地址，也即接收传感器数据的控制设备的站地址必须设成 1。

10：功能码，写入多个数据。

10 64：欲写入寄存器的起始地址 10 64H

00 02：写入的数据量是 2 个字

04：写入的数据长度是 4 个字节

08 40：空气温度，0840H（十六进制）＝2112D（十进制），空气温度为 2112/100 ＝ 21.12℃空气温度为有符号数

17 B4：空气湿度 17B4H＝6068D，空气湿度为 6068/100＝60.68％ 系数 0.01

35 87：CRC 校验

在本例中传感器作为主站，台达 AH500 主机作为从站接收数据，通过主机 COM2 口用 RS 指令实现传感器数据的采集通信。

二、自定义串口通信指令 RS

RS 指令为传送寄存器自行定义的通信命令，专为主机使用串联通信接口所提供的便利指令，用户只要将其相关参数（S、m、D、n）设定完成，即可发送与接收数据。RS 指令说明如表 7 - 11 所示。

表 7 - 11　　　　　　　　　　　　　　　RS 指令说明

	S：传送数据的起始地址	Word
	m：传送数据的笔数	Word
	D：接收数据的起始地址	Word
	n：接收数据的笔数	Word

（左侧为指令框图：RS，En，S，D，m，n，输入端 ??? ??? ???，输出端 ???）

1. 设置 COM2 口通信格式

在执行串行通信命令之前，必须先设定通信格式，设定通信参数的方式有两种，一是在 HWCONFIC 内针对 PLC 通信端口直接进行设定，二是编程针对其相对应的特殊辅助继电器进行设定。在本例中将通信参数设定成：RS485 RTU，9600，8，N，1，任选一种方法进行设置即可。

（1）方法一：利用 HWCONFIG 设定通信格式。鼠标双击项目管理区中的 HWCON-FIG，开启硬件规划窗口，然后双击 CPU 模块，开启 PLC CPU 参数设定窗口，如图 7 - 54 所示，点选「COM Port」选项卡即可进入串行端口参数的设置画面，按图 7 - 54 所示进行设定。

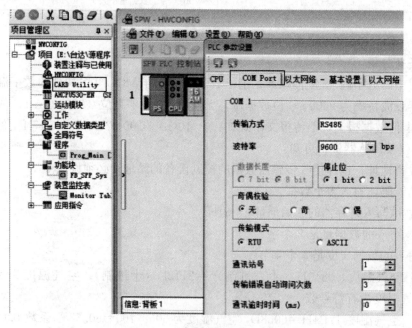

图 7 - 54　利用 HWCONFIG 设定通信格式

（2）方法二：编写程序设定相应的特殊寄存器。与主机串口 2 通信相关的特殊寄存器见

表 7‑12 所列，SR212 各数据位所对应的串口 2 通信格式如表 7‑13 所示。对所列特殊寄存器按要求进行编程赋值。具体程序见图 7‑55。

表 7‑12　　　　　　　　　　　与主机串口 COM2 通信相关的特殊寄存器

SR216	设定通信端口 2 的传输方式	=0，RS232 =1，RS485 =2，RS422
SR212	设定 COM2 通信速率与格式	=0021H，为 9600，8，N，1 具体设置见下表所列
SR214	设定 COM2 自动询问次数	=1
SR213	设定 COM2 逾时时间	=0，不逾时
SM107	设定 8/16 位模式，具体见表所示	=1，8 位模式
SM211	设定通信生效	=ON，通信生效
SM97	COM2 送信标志	
SR202	PLC 主机当从站时的通信地址	=1，主机从站地址为 1

表 7‑13　　　　　　　　　　　SR212 各数据位所对应的串口 2 通信格式

数据位	内容	0	1
b0	数据长度	0：表示数据长度是 7 位	1：表示数据长度是 8 位
b1 b2	同位	00：无（None） 01：奇同为（Odd） 11：偶同位（Even）	
b3	停止位	1 bit	2 bit
b4 b5 b6 b7		0001（H1）：4800 0010（H2）：9600 0011（H3）：19200 0100（H4）：38400 0101（H5）：57600 0110（H6）：115200 0111（H7）：230400 1000（H8）：460800 1001（H9）：921600	
b8‑b15		无定义	

2. 执行 RS 串行数据传送指令

PLC 对传感器的传送数据笔数设置为 0，即没有数据发送；接收数据笔数设置为 13，将接收的数据存入到 D0～D12。每 5s 接收一次数据，具体程序见图 7‑56。SM407 是 1s 时钟脉冲，0.5s ON/0.5s OFF，计数器 3 对 1s 时钟脉冲进行计数，计数到 5 时，执行 RS 指令进行一次数据接收。

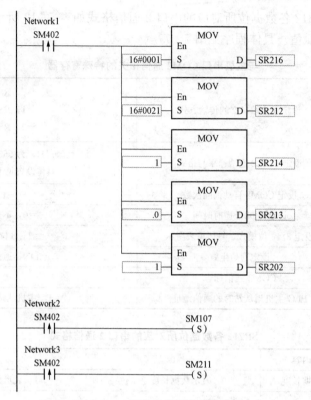

图 7-55　通信参数的编程设定

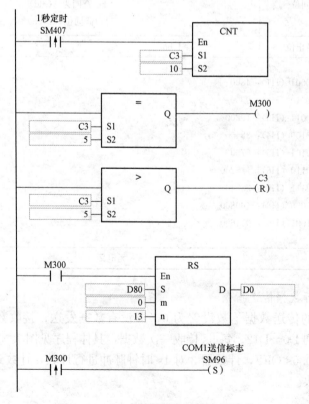

图 7-56　RS 串行数据传送指令的编程

3. 对接收到的数据进行处理，计算得到当前的温度和湿度

数据的传送格式分成 8 位与 16 位模式，本例中 SM106＝1，设定为 8 位模式，该模式是将 16 位数据分成上 8 位，下 8 位，上 8 位被省略，仅下 8 位为有效数据做数据的传送和接收。表 7-14 以传送数据 0x01234567 为例来说明 8 位与 16 位模式的不同，16 位模式时要特别注意高低位部分的交换。

表 7-14　　　　　　　　　　8/16 位数据的传送格式举例说明

8 位模式，传送数据 0x01234567

D10（上）	D10（下）	D11（上）	D1（下）	D12（上）	D12（下）	D13（上）	D13（下）
无效	16#01	无效	16#23	无效	16#45	无效	16#67

16 位模式，传送数据 0x1234567

D10		D11		D12		D13	
16#2301		16#6745		不需要		不需要	

如图 7-57 是装置监控表某一时刻 D0～D12 的数据，显示的数值类型为 16 进制数，数据均保存下 8 位中，表 7-15 为各数值的含义注释。返回的温、湿度的信息放在了 D7、D8、D9、D10 的下 8 位，所以需要将 D7 切换到上 8 位并和 D8 的下 8 位相加保存，将 D9 切换到上 8 位并和 D10 的下 8 位相加保存，图 7-58 是温度和湿度的计算程序。

装置名称	状态	数据类型	值(16位)	值(32位)	值(32位浮...	数值类型	注释
D0			0001	00100001	0.000	十六进制 ▼	
D1			0010	00100010	0.000	十六进制 ▼	
D2			0010	00640010	0.000	十六进制 ▼	
D3			0064	00000064	0.000	十六进制 ▼	
D4			0000	00020000	0.000	十六进制 ▼	
D5			0002	00040002	0.000	十六进制 ▼	
D6			0004	00080004	0.000	十六进制 ▼	
D7			0008	00B40008	0.000	十六进制 ▼	
D8			00B4	001A00B4	0.000	十六进制 ▼	
D9			001A	00D2001A	0.000	十六进制 ▼	
D10			00D2	00F000D2	0.000	十六进制 ▼	
D11			00F0	00CF00F0	0.000	十六进制 ▼	
D12			00CF	000000CF	0.000	十六进制 ▼	

图 7-57　装置监控图

表 7-15　　　　　　　　　　　装 置 注 释 表

寄存器	DATA	说明
D0	01	设备地址
D1	10	功能码
D2 D3	10 64	寄存器起始地址
D4 D5	00 02	写寄存器数量
D6	04	数据长度 N×2 寄存器数×2
D7 D8	08 B4	空气温度×100 H08B4=D2228

寄存器	DATA	说明
D9 D10	1A D2	空气湿度×100 H1AD2＝D6866
D11	F0	CRC 校验
D12	CF	CRC 校验

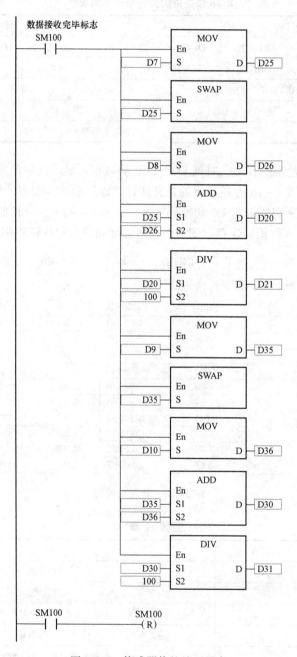

图 7-58　传感器值的处理程序

　　当数据接收完毕后，数据接收完毕标志 SM100 自动 ON，程序中处理完接收数据后，须将 SM100 RESET 为 OFF，再度进入等待传送接收的状态。指令 SWAP 为上下字节互换指令，作用是将 D7 与 D9 中的数据上 8 位与下 8 位的内容互换，保存于 D25 与 D35 中。将 D8 与 D10 中的数据移动到 D26 与 D36 中，然后将 D25 与 D26 相加，D35 与 D36 相加，分别保存于 D20 与 D30 中，最后将 D20 与 D30 中的数据除以 100 得到温湿度值。

参 考 文 献

[1] 郁汉琪. 电气控制与可编程序控制器应用技术. 3 版. 南京：东南大学出版社，2019.

[2] 张希川. 台达 ES/EX/SS 系列 PLC 应用技术. 北京：中国电力出版社，2009.

[3] DELTA 台达. AH500 程序手册. 上海：中达电通股份有限公司，2013.

[4] DELTA 台达. AH500 操作手册. 上海：中达电通股份有限公司，2012.

[5] DELTA 台达. ISPSoft 软件使用手册. 上海：中达电通股份有限公司，2015.

[6] DELTA 台达. AH500 硬件手册. 上海：中达电通股份有限公司，2013.

[7] DELTA 台达. AH500 运动控制模块手册. 上海：中达电通股份有限公司，2014.

[8] DELTA 台达. AH500 模组手册. 上海：中达电通股份有限公司，2014.